彩图1　全国猪联合育种协作组会议（2006年10月，北京）

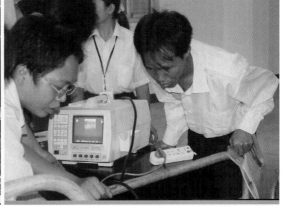

彩图2　大白猪育种协作组2005年四川绵阳种猪性能测定与育种软件应用技术培训班合影、测定培训现场

彩图3　测定站采用ACEMA64种猪自动饲喂性能测定系统集中测定

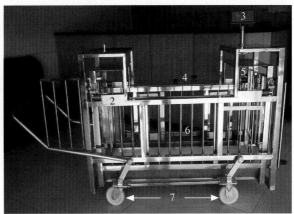

彩图4　检测装置结构

1. 载物台　2. 传感器　3. 显示仪表　4. 侧保定
5. 耳标读写系统　6. 秤栏　7. 行走轮

彩图5　9JC-Z2型种猪性能检测装置

1. 称重控制、显示仪表　2. 24V直流电源，可以工作10h以上
3. 电子耳标读识器

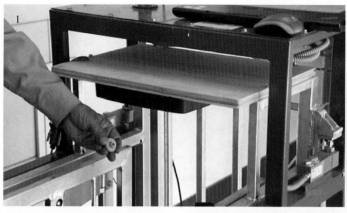

彩图6 检测装置读取猪只电子耳标信息

1. 电子耳标靠近识别系统 2. 种猪信息自动录入计算机

彩图7 种猪性能检测装置工作模式

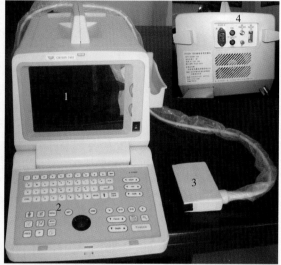

彩图8 活体测膘B超主要结构

1. 显示屏 2. 操作键盘 3. 探头 4. 外设与接口

彩图9 ACEMA64基本结构

1. 送料系统 2. 主料斗 3. 下料口 4. 电源、信号等
5. 单机控制单元 6. 测定单元

彩图10 ACEAM64终端（测定站单机）

彩图11　ACEAM64终端（单机控制单元）

彩图12　ACEAM64主控中心电脑

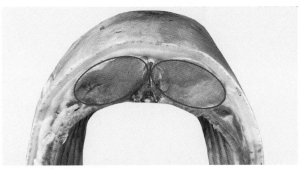

彩图13　猪背膘、眼肌图

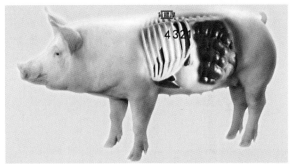

彩图14　活体测膘位点

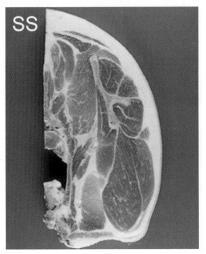

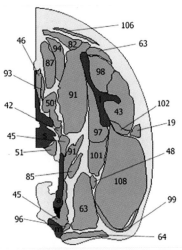

彩图15　判断倒数第三、四根肋骨：
　　　　注意50号背最长肌、106号
　　　　斜方肌、93号棘肌的变化

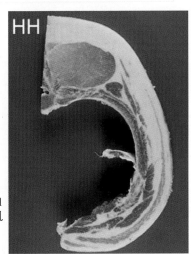

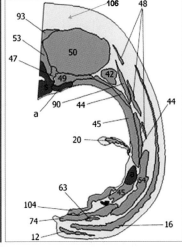

彩图16　判断倒数第三、四根肋骨（10~11
　　　　肋骨）的关键：106号位斜方肌
　　　　的消失

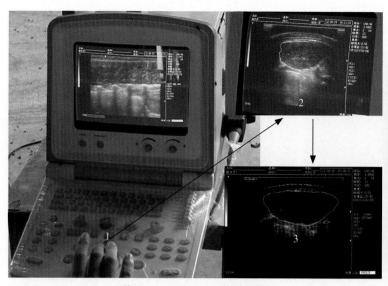

彩图17 亚卫9000V活体测定

1. 移动轨迹球光标 2. 描绘眼肌轮廓图 3. 获取、存储眼肌面积

彩图18 阿洛卡SSD-500V测定背膘厚

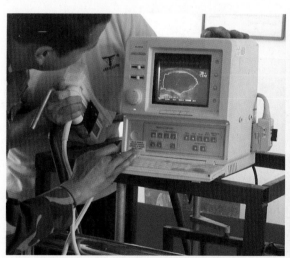

彩图19 阿洛卡SSD-500V测眼肌面积

彩图20 结测：活体称重→测背膘、眼肌厚（面积）

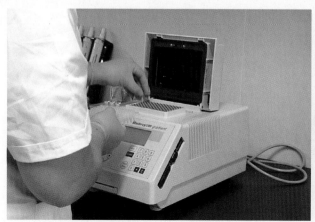

彩图21 基因检测

彩图22 种猪外貌评定

种猪性能测定实用技术

ZHONGZHU XINGNENG CEDING SHIYONG JISHU

王晓凤　苏雪梅　王楚端　主编

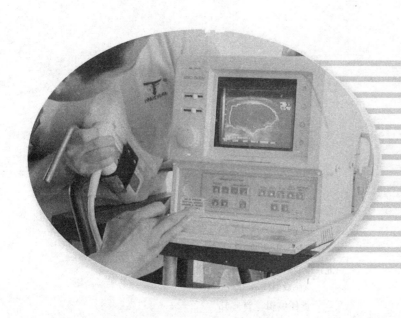

中国农业出版社

图书在版编目（CIP）数据

种猪性能测定实用技术/王晓凤，苏雪梅，王楚端
主编 . —北京：中国农业出版社，2016.4
ISBN 978-7-109-21519-1

Ⅰ.①种…　Ⅱ.①王…②苏…③王…　Ⅲ.①种猪—
遗传育种—教材　Ⅳ.①S828.02

中国版本图书馆 CIP 数据核字（2016）第 056650 号

中国农业出版社出版
（北京市朝阳区麦子店街 18 号楼）
（邮政编码 100125）
责任编辑　肖　邦

中国农业出版社印刷厂印刷　新华书店北京发行所发行
2016 年 5 月第 1 版　2016 年 5 月北京第 1 次印刷

开本：787mm×1092mm 1/16　印张：20.75　插页：2
字数：496 千字
定价：85.00 元
（凡本版图书出现印刷、装订错误，请向出版社发行部调换）

本 书 编 委 会

编委会委员　云　鹏（北京市畜牧总站）

　　　　　　　郑瑞峰（北京市畜牧总站）

　　　　　　　路永强（北京市畜牧总站）

本书编写人员

主　　编　王晓凤（北京市畜牧总站）

　　　　　苏雪梅

　　　　　王楚端（中国农业大学）

编　　者（按姓氏笔画排序）

　　　　　于　凡（北京顺鑫农业茶棚种猪场）

　　　　　王以君（北京市昌平区畜牧水产技术推广站）

　　　　　王庆林（北京市顺义区木林镇兽医站）

　　　　　王良田

　　　　　任　康（北京市畜牧总站）

　　　　　李　爽（北京市畜牧总站）

　　　　　杨宇泽（北京市畜牧总站）

　　　　　肖　炜（北京市畜牧总站）

　　　　　陈少康（北京市畜牧总站）

　　　　　陈瑶生（中山大学）

　　　　　孟庆利（北京养猪育种中心）

　　　　　郭　峰（北京市畜牧总站）

　　　　　唐韶青（北京市畜牧总站）

　　　　　黄路生（江西农业大学）

　　　　　潘玉春（上海交通大学）

　　　　　薛振华（北京市畜牧总站）

　　　　　魏荣贵（北京市畜牧总站）

主　　审　张　勤（中国农业大学）

　　　　　王爱国（中国农业大学）

选种是育种的核心，测定是遗传评估的基础、选种的主要依据，规范、科学地开展种猪性能测定，是获得可靠基础数据的保证。

种猪性能测定的最终目标是通过测定评估、选种选配，达到增产、改进肉质、改善风味、降低饲养成本、增加养猪收益的目的，实现供给与市场需求的紧密结合，使我国从养猪大国走向养猪强国。

为实现这一目标，自 1993 年以来，农业部畜牧业司、全国畜牧总站和农业部办公厅印发了一系列文件，如《关于成立全国大白猪、长白猪、杜洛克猪育种协作组》（农业部畜牧业司〔1993〕农［牧］字第 174 号）、《全国种猪遗传评估方案（试行）》（全国畜牧总站，2000 年）及农业部办公厅关于印发《〈全国生猪遗传改良计划（2009—2020）〉实施方案》的通知（农办牧〔2010〕10 号）等。这些文件的发布，推动了种猪性能测定和遗传评估工作的开展，加快了生猪遗传改良计划实施进程，培育了一些新品系和配套系。但是，我国种猪业仍然存在"引种→维持→退化→再引种"的不良循环状态。

我国育种界在现代育种理论掌握方面与先进国家差距并不大，育种观念已经历了体形外貌选择（1960）→指数选择（1980）→BLUP 育种值选择（1995）→大规模种猪联合育种（2004）四个发展阶段，但在长期坚持的育种基础工作方面与发达国家存在着差距。主要表现在：对种猪登记和性能测定的认识存在误区，工作的开展受人为影响大；测定技术掌握水平参差不齐，人员流失多，登记、标识、测定的方法规范性受到影响，导致符合要求的性能测定数据少，测定数据实际应用不够，限制了场间遗传交流等。2011 年，种猪性能测定员职业技能鉴定开展以来，以上问题得到了一定的改善。

本书是有关专家根据实用教学与培训需要，围绕种猪性能测定和遗传评估工作的技术要点，本着从实际情况出发、从实践出发、从可操作性强考虑，在总结实践经验基础上，共同编写的一本实用技术书。

本书共分五部分十八讲，主要包括国内外种猪性能测定现状与体系建设、基础理论、技术规范、测定实际操作技术及计算机与网络育种。内容翔实，可操作性强。理论部分主要由中国农业大学等农业院校、科研院所专家学者撰写，实操部分由具有多年实践经验的一线技术人员编写。特别是实操部分，作者通过现场采集并综合广大一线技术人员实践经验，摄制成视频（DV）光盘资料，作为辅助教材，通过2013年11月在北京培训现场试放，获得良好反响。

希望通过《种猪性能测定实用技术》规范相关实用技术的应用，为行业技术人员培训和现场测定提供参考，使从事种猪性能测定和育种信息工作的人员尽快、规范、熟练掌握相关技术，缩短我国与发达国家的差距，在加快遗传进展、提高养猪生产效益的基础上，使优秀种猪的遗传资源得到保护和充分利用，为早日实现养猪强国的梦想做出应有的努力。

北京市畜牧总站

2016年5月

前言

第一部分　国内外种猪性能测定现状与体系建设

第一讲　国内外种猪性能测定与遗传评估概况 ………………………………… 1

第一节　国际种猪性能测定与遗传评估历史及现状 ……………………… 1

第二节　国内种猪性能测定与遗传评估历史及现状 ……………………… 1

第三节　北京市种猪性能测定与遗传评估历史及现状 …………………… 2

一、北京市种猪性能测定与遗传评估历史 ……………………………… 2

二、北京市种猪产业现状 ………………………………………………… 5

三、北京市种猪遗传评估体系框架 ……………………………………… 5

四、遗传评估体系人才队伍建设 ………………………………………… 5

五、遗传评估网络系统 …………………………………………………… 6

六、北京市现行技术管理规范 …………………………………………… 7

七、技术辐射 ……………………………………………………………… 11

第二讲　育种体系 ………………………………………………………………… 15

第一节　体系保障 ………………………………………………………… 15

一、国内外种猪测定与遗传评估体系 …………………………………… 15

二、北京市种猪测定与遗传评估体系 …………………………………… 16

第二节　测定专业人员配置 ……………………………………………… 17

一、种猪性能测定员 ……………………………………………………… 17

二、育种信息员 …………………………………………………………… 17

第三节　种猪性能测定员职业技能鉴定 ………………………………… 18

一、法律依据 ……………………………………………………………… 18

二、家畜繁殖员（种猪性能测定员）条件 ……………………………… 18

三、家畜繁殖员（种猪性能测定员）的培训 …………………………… 19

四、主要培训内容 ………………………………………………………… 19

第二部分　基础理论

第三讲　遗传学基础 …………………………………………………………… 20

第一节　染色体与基因 …………………………………………………………… 20

第二节　数量性状与质量性状 …………………………………………………… 21

第三节　遗传参数 ………………………………………………………………… 22

一、重复力 ………………………………………………………………………… 22

二、遗传力 ………………………………………………………………………… 23

三、遗传相关 ……………………………………………………………………… 24

第四节　选择与群体遗传进展 …………………………………………………… 25

第四讲　遗传评估 …………………………………………………………… 26

第一节　遗传评估定义与意义 …………………………………………………… 27

第二节　育种值估计的基本原则 ………………………………………………… 27

一、尽可能地消除环境因素的影响 ……………………………………………… 27

二、尽可能地利用各种可利用的信息 …………………………………………… 27

三、采用科学的育种值估计方法 ………………………………………………… 28

第三节　育种值估计方法 ………………………………………………………… 28

一、育种值估计模型 ……………………………………………………………… 29

二、BLUP 方法概述 ……………………………………………………………… 31

三、动物模型 BLUP ……………………………………………………………… 32

第四节　数据的准备与筛选 ……………………………………………………… 32

一、数据范围 ……………………………………………………………………… 33

二、错误检查 ……………………………………………………………………… 33

第五节　估计育种值的可靠性 …………………………………………………… 34

第五讲　联合育种 …………………………………………………………… 36

第一节　联合育种的概念与意义 ………………………………………………… 36

一、联合育种的概念 ……………………………………………………………… 36

二、联合育种的意义 ……………………………………………………………… 36

第二节　开展联合育种（跨场遗传评估）的前提条件 ………………………… 37

第三节　联合育种的主要内容 …………………………………………………… 37

第四节　群间关联性 ……………………………………………………………… 37

一、群间关联性的概念 …………………………………………………………… 37

二、群间关联性的度量 …………………………………………………………… 38

第五节　如何建立与增强场间关联性 …………………………………………… 38

第六节　联合育种的实施 ………………………………………………………… 39

一、遴选国家生猪核心育种场 ·· 39

二、组织开展种猪登记 ·· 40

三、种猪性能测定 ·· 40

四、遗传评估 ·· 40

五、遗传交流与稳定遗传联系的建立 ··· 40

六、种公猪站建立 ·· 40

第六讲　育种目标的制订 ··· 41

第一节　个体的综合育种值 ·· 41

第二节　多性状的选择方法 ·· 42

一、顺序选择法 ·· 42

二、独立淘汰法 ·· 42

三、综合选择法 ·· 42

第三节　育种目标性状的确定 ··· 43

一、性状应有很重要的经济意义 ··· 43

二、性状应有足够大的遗传变异 ··· 43

三、性状间有较高遗传相关时二者取其一 ··· 43

四、性状测定相对应简单易行 ·· 43

第四节　经济加权值的确定 ·· 44

第五节　建议的综合选择指数 ··· 45

第七讲　选择 ·· 47

第一节　单性状的选择 ·· 47

一、选择反应 ·· 47

二、提高选择反应的方法 ·· 48

第二节　多性状的选择 ·· 48

一、选择指数 ·· 48

二、经济加权值 ·· 48

三、个性化的选择指数 ·· 49

第三节　选种流程 ··· 49

一、选种概念 ·· 49

二、选种的基本原则 ·· 49

三、种猪的选择阶段及选种标准 ··· 49

四、选种流程 ·· 52

第八讲　个体选配 ··· 53

第一节　选配的基础知识 ··· 53

一、近交与杂交 ·· 53

二、个体近交系数、群体近交系数 ·· 54

第二节 选配 ······ 55

一、选配的概念 ······ 55

二、选种与选配的关系 ······ 55

三、选配的作用 ······ 55

四、选配的类型 ······ 55

五、种猪的选配原则 ······ 56

六、选配计划制订程序 ······ 57

第九讲 杂交生产模式 ······ 58

第一节 杂交生产的原理 ······ 58

第二节 商业化的杂交育种体系 ······ 59

第三节 专门化品系的培育 ······ 60

一、概念 ······ 60

二、优点 ······ 60

三、专门化品系的培育方法 ······ 60

第三部分　技术规范

第十讲 种猪登记与个体标识 ······ 62

第一节 种猪登记 ······ 62

一、种猪登记定义与意义 ······ 62

二、种猪登记机构 ······ 62

三、登记的品种 ······ 62

四、参加登记的种猪要求 ······ 63

五、种猪登记内容 ······ 63

六、自留或销售后备种猪标记 ······ 64

七、种猪登记流程 ······ 64

第二节 个体标识 ······ 64

一、个体识别的特征 ······ 64

二、个体标识的意义 ······ 64

三、个体标识方法 ······ 64

四、编号规则 ······ 65

第十一讲 性能测定 ······ 67

第一节 性能测定意义 ······ 67

第二节 性能测定的方法与原则 ······ 68

一、测定方法 ······ 68

二、测定结果的记录与管理 ······ 68

三、性能测定的实施 ……………………………………………………………… 68

第三节　必测性状与建议测定性状 …………………………………………… 69

一、全国生猪遗传改良计划实施方案要求 …………………………………… 69

二、北京市遗传评估方案要求 ………………………………………………… 69

第四节　性能测定的基本形式 ………………………………………………… 69

一、测定站测定 ………………………………………………………………… 69

二、场内测定 …………………………………………………………………… 69

第五节　场内测定的基本要求 ………………………………………………… 70

一、生长性能测定 ……………………………………………………………… 70

二、繁殖性能测定 ……………………………………………………………… 71

三、屠宰测定 …………………………………………………………………… 71

第六节　中心测定站测定的基本要求 ………………………………………… 71

一、送测猪的要求 ……………………………………………………………… 71

二、测定程序 …………………………………………………………………… 71

三、测定频次 …………………………………………………………………… 71

第十二讲　种猪外貌评定 ………………………………………………………… 72

第一节　外貌评定的必要性 …………………………………………………… 72

第二节　外貌评定与外貌选择的方法 ………………………………………… 72

一、肉眼鉴定 …………………………………………………………………… 72

二、测量鉴定与体尺的测量 …………………………………………………… 73

三、线性评定 …………………………………………………………………… 73

第十三讲　测定数据的记录与应用 ……………………………………………… 73

第一节　现场记录 ……………………………………………………………… 73

第二节　记录表样式 …………………………………………………………… 74

第三节　计算机与网络育种 …………………………………………………… 78

第四节　育种软件的应用 ……………………………………………………… 79

一、主要软件简介 ……………………………………………………………… 79

二、种猪场管理与育种分析系统 ……………………………………………… 81

第四部分　测定实际操作技术

第十四讲　测定与测定性状 ……………………………………………………… 83

第十五讲　测定设备 ……………………………………………………………… 83

第一节　日增重测定设备 ……………………………………………………… 84

一、结构原理 …………………………………………………………………… 84

二、使用方法 …………………………………………………………………… 84

三、注意事项 ……………………………………………………………… 84

四、种猪性能检测装置 ……………………………………………………… 84

第二节　活体测膘设备 ………………………………………………………… 92

一、结构原理 ……………………………………………………………… 93

二、常用超声测膘设备 ……………………………………………………… 94

三、使用方法 ……………………………………………………………… 95

四、上海 ALOKA SSC-218/SSC-210 型 B 超基本结构与操作 …………… 95

第三节　自动生产性能测定系统 ……………………………………………… 101

一、法国 ACEMA 种猪自动化饲喂测定系统 …………………………… 101

二、美国奥斯本 OSBORNE 全自动生产性能测定系统 ………………… 102

三、河顺种猪生产性能测定系统 ………………………………………… 103

四、旺京种猪生长性能自动测定系统 …………………………………… 104

第四节　基因检测设备 ………………………………………………………… 104

第十六讲　测定方法 …………………………………………………………… 105

第一节　场内测定 ……………………………………………………………… 105

一、个体标识 ……………………………………………………………… 105

二、繁殖性能测定 ………………………………………………………… 106

三、生长性能测定（主要进行达 100kg 体重日龄的测定）………………… 106

四、活体背膘厚和眼肌面积（厚度）的测定 …………………………… 107

第二节　测定站测定 …………………………………………………………… 108

一、收测 …………………………………………………………………… 108

二、加载耳标 ……………………………………………………………… 109

三、隔离预饲 ……………………………………………………………… 109

四、结测 …………………………………………………………………… 109

第三节　外貌评定 ……………………………………………………………… 110

第四节　基因检测 ……………………………………………………………… 112

一、影响猪繁殖、肉质和健康的主效（候选）基因 …………………… 112

二、种猪的基因检测 ……………………………………………………… 112

三、氟烷基因 PCR-RFLP 检测方法及结果 ……………………………… 113

第五部分　计算机与网络育种

第十七讲　种猪育种数据管理与分析系统 …………………………………… 115

第一节　系统安装与系统恢复 ………………………………………………… 115

一、运行环境 ……………………………………………………………… 115

二、数据库的安装 ………………………………………………………… 115

三、GBS 安装与启动 ……………………………………………………… 119

　　四、系统崩溃的恢复处理 ……………………………………………………………………… 124

　第二节　系统操作 ……………………………………………………………………………… 128

　　一、系统管理 ……………………………………………………………………………… 131

　　二、基本信息 ……………………………………………………………………………… 141

　　三、种猪管理 ……………………………………………………………………………… 147

　　四、生产性能 ……………………………………………………………………………… 159

　　五、育种分析 ……………………………………………………………………………… 181

　　六、猪群管理 ……………………………………………………………………………… 196

　　七、销售管理 ……………………………………………………………………………… 222

　　八、疫病防治 ……………………………………………………………………………… 225

　　九、帮助信息 ……………………………………………………………………………… 227

　　十、切换用户 ……………………………………………………………………………… 227

　　十一、退出系统 …………………………………………………………………………… 228

第十八讲　网络联合育种 ……………………………………………………………………… 229

　第一节　北京种畜遗传评估中心（北京市种质资源管理中心） …………………………… 231

　第二节　用户注册和登录 ……………………………………………………………………… 231

　　一、用户注册 ……………………………………………………………………………… 231

　　二、用户登录 ……………………………………………………………………………… 233

　　三、用户信息维护 ………………………………………………………………………… 234

　第三节　通知公告 ……………………………………………………………………………… 234

　第四节　综合查询 ……………………………………………………………………………… 235

　第五节　种猪育种 ……………………………………………………………………………… 236

　　一、数据导出 ……………………………………………………………………………… 236

　　二、数据上传 ……………………………………………………………………………… 239

附录 ……………………………………………………………………………………………… 245

　附录一　全国畜牧总站关于印发《全国种猪遗传评估方案（试行）》的通知 …………… 245

　附录二　农业部办公厅关于印发《全国生猪遗传改良计划（2009—2020）》的通知 …… 254

　附录三　农业部关于印发《关于加强种畜禽生产经营管理的意见》的通知 …………… 260

　附录四　北京市遗传评估技术规范（试行）（2003 年合订本） ………………………… 263

　附录五　北京市关于印发《关于加强种畜禽生产经营管理的意见》的通知 …………… 276

　附录六　种猪登记技术规范（NY/T 820—2004） ……………………………………… 282

　附录七　种猪生产性能测定规程（NY/T 822—2004） ………………………………… 288

　附录八　瘦肉型猪胴体性状测定技术规范（NY/T 825—2004） ……………………… 294

　附录九　猪肌肉品质测定技术规范（NY/T 821—2004） ……………………………… 297

　附录十　B 型超声诊断设备（GB 10152—2009） ……………………………………… 303

　附录十一　种猪外貌评定标准（试行） …………………………………………………… 315

　附录十二　北京市农业局关于开展种畜禽质量监测工作的通知 ……………………… 317

>>> 第一部分 国内外种猪性能测定现状与体系建设

第一讲 国内外种猪性能测定与遗传评估概况

种猪性能测定是对种猪主要性状的度量、观测，以及主要影响因子的检测等。

种猪性能测定数据是遗传评定的基础，是选种选配的依据，是有计划加快遗传进展的主要手段。种猪性能测定已有大约 100 年的历史。其间，与遗传学理论发展同步，随着猪的选种由表型选择发展到育种值选择，再到基因型选择，测定方法和测定设备不断升级与完善，经过近百年不断改进和发展，形成了以现场测定为主，测定站性能测定为辅的测定方式。主流测定设备有超声波测膘仪、自动计料系统等。

现在世界上大多数养猪发达国家都拥有相当数量的测定站。20 世纪 80 年代中后期，测定站先后引入最佳线性无偏预测法（Best Linear Unbiased Prediction，BLUP），测定规模不断扩大，为遗传评估、选种选配、建立遗传联系、加快遗传进展奠定了基础。

性能测定为遗传评估提供了依据，促进了计算机数据管理系统的开发应用。

第一节 国际种猪性能测定与遗传评估历史及现状

1907 年，丹麦创建了世界上第一个后裔测定站。截至 1996 年，每年能测定 85 000 头种猪，其中现场测定 80 000 头，中央测定站每年测定 5 000 头。

加拿大 1935 年建立了第一个种猪性能测定站。截至 1991 年，这种测定站已遍布全国各地。1988 年，加拿大测定的种公猪为 4 000 头。

日本于 1960 年建立了国立种猪测定站，随后在各都道府县相继设立了 25 个测定站。

美国 1965 年在艾奥瓦州建立了第一个种猪测定站，1971 年在养猪较多的 26 个州建立了 36 个测定站。

第二节 国内种猪性能测定与遗传评估历史及现状

我国于 20 世纪 50 年代初开始试验性的后裔测定，80 年代初少数大专院校和科研单位在进行新品种品系选育时，开始进行综合测定，1985 年建立了第一个种猪测定机构——中国武汉种猪测定中心。随后，种猪测定中心在广东、四川、浙江、北京等地相继建立。目前，已建成广州、武汉、重庆3个农业部种猪质量监督检验测试中心，和河北、山东、四川、浙江、北京、上海等十多家省（直辖市）级测定站。

根据农业部畜牧业司〔1993〕农〔牧〕字第174号文精神，1994年5月、8月、9月，相继成立全国大白猪育种协作组、杜洛克猪育种协作组和长白猪育种协作组，三个协作组分别制订了种猪性能测定规程等相关技术文件。

1997年初，全国畜牧总站和中加瘦肉型猪项目办公室合作，在全国开展种猪生产性能现场测定与遗传评估技术推广工作。

2000年5月，全国畜牧总站发布"关于印发《全国种猪遗传评估方案（试行）》的通知"，对我国种猪遗传评估测定的性状、测定数量及统一遗传评估方法等作了规范，全国种猪测定和遗传评估工作正式启动。

2002年，全国畜牧总站第一次公布种猪遗传评估结果。

2003年，大白猪育种协作组数据库初步建立，到2005年9月，从62个成员单位、后备成员单位中，共收集到GBS（GPS）系统数据52份，有比较完整的个体测定记录2万多条。

2006年，全国畜牧总站将我国原有的大白猪、长白猪、杜洛克猪育种协作组整合为一个猪育种协作组，在全国范围内开展猪联合育种。当年，重新申报成员单位88个。

2007年，启动了国家生猪产业技术体系，其中，育种专家和繁育岗位专家7名，在大规模性能测定组织与跨场间遗传评估体系建立、国家良种繁育体系建设等方面做了大量的工作。

2009年8月份，经过2年多的反复调研、讨论与修改，农业部正式颁布了《全国生猪遗传改良计划（2009—2020年）》农办牧〔2009〕55号，明确了以国家生猪产业技术体系为主的专家组承担相关技术工作的任务，并动员全国大中型种猪场积极参与，初步构建了政府指导下的产学研合作平台。

2010年3月12日，农业部办公厅关于印发《〈全国生猪遗传改良计划（2009—2020）〉实施方案》的通知，正式颁布了《〈全国生猪遗传改良计划（2009—2020）〉实施方案》，在全国畜牧总站具体组织实施下，开展国家生猪核心育种场的遴选与种猪育种群的组建，至今已完成6批核心场的遴选工作，已有核心场成员96个，启动了全国性猪联合育种工作。

目前，形成全国种猪遗传评估五大片区：以广东省为中心的华南区域、以四川省为中心的西南区域、以河南省为中心的中原区域、以北京为中心的华北区域和以浙江为中心的华东区域。区域内基本实现计算机联网、信息共享。

第三节 北京市种猪性能测定与遗传评估历史及现状

一、北京市种猪性能测定与遗传评估历史

北京市种猪性能测定与遗传评估工作是全国的一个缩影，经历十多年努力逐步走上正轨。

按照农业部有关要求，北京市从20世纪末开始组织开展种猪性能测定和遗传评估工作。相继建成2个种猪性能测定站、3个种公猪站。

21世纪初，将配备测定设备、计算机和育种软件、系统开展测定列为种猪场验收条件，

在全市种猪企业场内测定的基础上，定期开展测定站集中测定，参与全市或全国种猪遗传评估。

1998年，首批为顺义、大兴、昌平3个区县种猪场和北京养猪育种中心配备了B型超声波背膘测定设备。

1998年建成北京养猪育种中心种猪性能测试站，1999年建成北京市顺义区种猪性能测定站。2001年建成北京浩邦猪人工授精服务中心，2006年建成北京养猪育种中心种公猪站，2009年建成北京中顺景盛养殖有限公司（人工授精站）。

2002年，启动北京市种猪遗传评估体系建立及产业化工程项目。

2003年，根据《北京市种猪遗传评估体系及产业化工程》项目和全市种猪联合选育工作的实际需要，及国内外联合育种经验，在试行、现场调研和技术研讨的基础上，制定了3个技术管理规范文件：《北京市种猪性能测定规程（试行）》（修改稿）《北京市种猪遗传评估方案（试行）》（修改稿）与《北京市种猪遗传评估数据管理暂行办法》（修改稿）（图1-1～图1-3）。

图1-1　2003年种猪遗传评估技术研讨会

图1-2　2003年小组圆桌会研讨技术规范

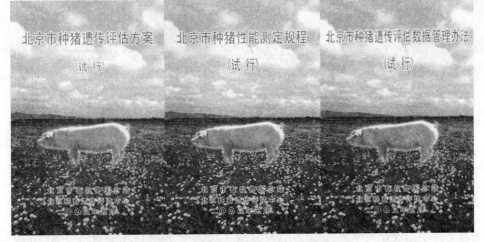

图1-3　下发的遗传评估技术规范

有关技术规范文件详细内容详见附件5。

同年，为40多家种猪场补配了B超和GBS种猪管理系统软件（FoxPro版），在全市推广种猪性能测定和遗传评估工作，开展人工授精建立遗传联系等。

2004年创建域名为http：//www.bcage.com 和http：//www.bcage.org.cn种畜遗传

评估信息支持系统（图1-4～图1-5）。为实现测定数据的即时上传与遗传评估结果查询，定期进行遗传评估及结果发布，提供了网络平台。

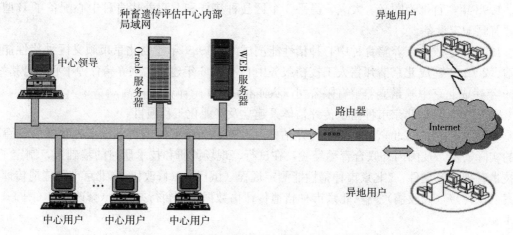

图1-4　北京种畜遗传评估中心信息支持系统结构

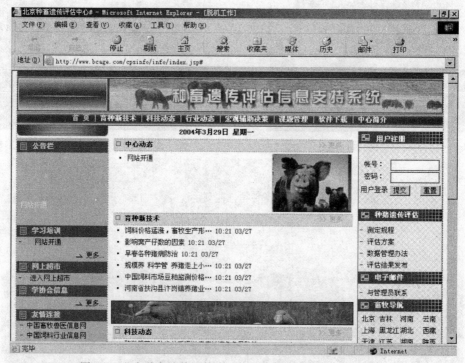

图1-5　北京种畜遗传评估中心信息支持系统主页（2004年）

项目支持中国农业大学进行GBS软件升级，2005年为种猪场免费将FoxPro版升级为SQL版。

2009年，启动生猪产业技术创新团队，繁育室岗位专家开始对全市种猪场育种技术员进行系统的性能测定与遗传评估技术培训，并于2011年开展种猪性能测定员职业技能鉴定工作。研发、改进现有测定设备，集成种猪自动化测定系统，为种猪大规模性能测定的开展奠定了基础。

2009年启动种猪活体质量监测，制定了《北京市种猪活体质量监测方案（试行）》，开展达100kg体重日龄、100kg体重活体背膘厚、30～100kg平均日增重、饲料转化率、体形外貌、氟烷基因等项监测。

二、北京市种猪产业现状

北京市在发展都市型现代农业规划中，将技术含量高、产品附加值高、经济效益好的种猪产业作为发展的重点。已建成由原种猪场、祖代种猪场和商品猪场（户）组成的、较为完善的种猪良种繁育体系。截至2015年，全市共有种猪场90个，基础母猪存栏6万头，饲养大白猪、长白猪、杜洛克猪、皮特兰猪、北京黑猪、达兰配套系、斯格配套系等品种，年可产种猪50万头，其中纯种猪出栏10余万头。初步形成以顺义为主的京北、以大兴和房山为主的京南2个种猪主产区，形成首农集团和北京顺鑫农业两大种猪生产龙头企业，形成"中育""中顺""华都"等国内知名种猪品牌。种猪销往全国绝大多数省（自治区、直辖市）。

三、北京市种猪遗传评估体系框架

根据北京市种猪产业特点，借鉴国内外先进的成果和成功的经验，建立了高效运行的区域性种猪遗传评估体系。

北京市种猪遗传评估体系是在北京市农业局监督和管理下，在专家组技术指导，由北京种猪遗传评估中心负责组织实施的，以种猪场为主体，公猪站和测定站参加，技术协作型的组织体系。

北京市农业局负责相关政策制定和监督实施，监督遗传评估实施过程的公平、公正和公开性。

专家组由北京科研院所养猪生产和育种专家组成，由中国农业大学动物科学技术学院张勤教授任组长，负责遗传评估相关技术的研究，参与技术规范和管理制度的制订与技术培训和技术指导。

北京种猪遗传评估中心挂靠在北京市畜牧总站（原北京市畜牧兽医总站），负责组织遗传评估工作的实施。组织开展种猪登记、场内测定和测定站测定；负责种猪性能数据收集、整理和分析；开展种公猪精液质量监测，按计划组织开展精液和种猪交换，确保种猪基因有序流动；开展种猪遗传评估和优秀种猪公布；负责技术规范的修订和技术指导；负责组织人才培训和管理。

种公猪站负责人工授精技术推广和种猪精液的交换，组织场间遗传联系的建立。

测定站负责种猪集中测定，为公猪站选择优秀种公猪。

种猪场负责本场的种猪登记、场内测定、种猪选留和选配，负责场内测定记录的收集、整理和上报等工作；按照种猪遗传评估中心的要求和计划，协助开展相关技术研究与示范。

四、遗传评估体系人才队伍建设

（一）建立育种信息员制度

为了全面、及时掌握各种猪场的生产和育种状况，方便种猪场和遗传评估中心的沟通和联系，自2003年起建立了育种信息员制度，要求每个种猪场至少有一名育种技术人员为本场的育种信息员。

1. 育种信息员基本职责

（1）开展本场（站）种猪登记，完成数据的采集和上报工作。

（2）开展本场（站）种猪性能测定，完成数据的采集和上报工作。

（3）按照遗传评估结果，组织实施本场（站）种猪选种选配工作。

（4）向有关部门提供种猪选育动态信息。

（5）保持育种信息员与遗传评估中心的联系与沟通。

育种信息员除了享受企业基本权利以外，还可以免费接受遗传评估中心组织的相关技术培训、技术交流和研讨、实习等；优秀育种信息员可受到相应的表彰。

2. 育种信息员的选拔　育种信息员的选择由各种猪场（站）推荐，由北京种猪遗传评估中心审核通过后，统一备案。各场的育种信息员发生变更时，要重新备案。

（二）因地制宜开展技术培训

自 2003 年起，正式开展对育种信息员的技术培训。通过培训，无论对育种信息员还是遗传评估中心的工作人员，对种猪性能测定和遗传评估实用技术的了解、掌握和提高，都起到了不可替代的作用。

1. 培训模式　以现场指导、定期集中培训（包括技术讲座、参与培训、研讨交流和实际操作等）为主，以网上答疑、电话咨询、资料发放等为辅。其中集中培训一般每年 2～3 期。

2. 培训内容　主要包括：种猪遗传育种理论与方法、性能测定技术（超声波测膘技术）、遗传评估技术、选种选配、数据记录标准与方法、GBS 软件使用、测定数据上传等。

3. 培训师资　培训老师由北京科研院所从事种猪育种的专家、遗传评估中心的技术人员、种猪生产企业一线技术人员和技术负责人组成（图 1-6）。

图 1-6　北京市种猪育种技术培训班教室合影

4. 视频辅助培训　2013 年，遗传评估中心将种猪性能测定技术摄制成 30 分钟的 DV，在培训班播放，使培训工作在 ppt 幻灯片、现场指导的基础上，增加了视频辅助，现场收视反映良好。

五、遗传评估网络系统

建立了基于互联网的种猪性能测定数据上报与遗传评估网络平台，实现了种猪性能测定数据的即时上传与遗传评估结果查询，定期进行遗传评估及结果发布。

六、北京市现行技术管理规范

北京市目前执行的技术管理规范包括：种猪登记、种猪性能测定、种猪遗传评估、种猪活体质量监测方案等。

（一）种猪登记

1. 种猪登记条件　所有纯种个体均需进行登记。

2. 个体标识　个体号实行全国统一的种猪编号系统，是保证种猪遗传评估工作开展的必要前提条件。编号系统由 15 位字母和数字构成，编号原则为：前 2 位用大写英文字母表示品种（DD 表示杜洛克，LL 表示长白，YY 表示大白，HH 表示汉普夏，二元杂交母猪用父系＋母系的第一个字母表示。例如，长大杂交母猪用 LY 表示）；第 3 位至第 6 位用大写英文字母表示场号（遗传评估中心统一认定）；第 7 位用数字或英文字母表示分场号（先用 1 至 9，然后用 A 至 Z，无分场的种猪场用 1）；第 8 位至第 9 位用数字表示个体出生时的年度；第 10 位至第 13 位用数字表示场内窝序号；第 14 位至第 15 位用数字表示窝内流水号。

个体现场标识用"耳标＋耳缺"作双重标记。

3. 主要内容　种猪登记的主要内容包括基本信息和生产性能。基本信息包括现在场耳缺号、猪只编号、出生场耳缺号、猪只 ID、性别、品种、来源、出生日期、初生重、登记日期、登记号、系谱（包含本身的 4 代系谱以上）、照片等；生产性能信息包括达 100kg 体重日龄、30～100kg 平均日增重、30～100kg 饲料转化率、100kg 活体背膘厚、体型外貌评分、总产仔数、产活仔数等。

（二）种猪性能测定

建立了"以场内测定为主，测定站测定为辅"的测定体系，场内测定在全部种猪场中进行，测定站测定对全市种猪场的种猪进行测定，并兼顾种猪场种猪质量监督。

1. 场内测定　场内性能测定由种猪场技术人员对全场所有测定猪进行测定，测定数量要求在 25kg 开始测定时，每窝有 2♂和 3♀，100kg 测定结束时保证每窝有 1♂和 1♀。北京种猪遗传评估中心指定专人负责对所属猪场进行定期的巡回抽测，监督场内性能测定数据的可靠性、完整性、准确性和真实性。

种猪场年测定数量要求：北京市种猪场的验收标准规定每个种猪场年测定量为基础母猪存栏量的 60%；国家核心场验收标准规定单个品种年测定 2 000 头以上。

（1）测定性状　场内测定的性状共计 17 个，其中必测性状有三个：①达 100kg 体重的日龄；②达 100kg 体重的活体背膘厚；③总产仔数。其余的性状可根据各场的实际情况尽量考虑进行测定，这些性状分别为：达 50kg 体重的日龄、断奶窝重、产活仔数、校正 21 天窝重、产仔间隔、初产日龄、30～100kg 平均日增重、饲料转化率、眼肌厚度、后腿比例、肌肉 pH、肉色、滴水损失、大理石纹。

（2）测定要求

①饲养管理条件

A. 测定猪的营养水平和饲料种类应相对稳定，并注意饲料卫生条件。采用全价配合饲料，充分发挥测定猪的生产潜力。自配料场，对原料要经常化验分析，防止出现伪劣品，注意微量元素和维生素的添加。

B. 同一猪场内测定猪的圈舍、运动场、光照、饮水和卫生等管理条件应基本一致。

C. 测定单位应具备相应的测定设备和用具：如背膘测定仪（基本统一为阿洛卡 B 超系列）、电子秤、自动计料系统等，并指定经过省级以上主管部门培训并达到合格条件的技术人员专门负责测定和数据记录。

D. 保证充足的饮水，适宜的温度、湿度。并注意有害气体的含量。

E. 测定猪必须由技术熟练的工人进行饲养，并有具备基本育种知识和饲养管理经验的技术人员进行指导。

②卫生防疫条件

A. 测定场要有健全的卫生防疫体系，使猪保持在健康的情况下，特别是无传染病的条件下，进行测定选育。引猪应从健康无病的场内引种，并严格进行隔离饲养。

B. 测定场根据本场的具体情况，建立健全的消毒制度、免疫程序和疫病的检测制度，选择注射疫苗的种类，并注意产地与质量。

C. 工作人员应有统一的工作服、统一的清洗消毒制度，猪场的一切用具严禁出场，谢绝参观，切断传染途径。

③测定猪的条件

A. 测定猪的个体号（ID）和父、母亲个体号必须正确无误。

B. 测定猪必须是健康、生长发育正常、无外形缺陷和遗传疾患。

C. 测定前应接受负责测定工作的专职人员检查。

（3）测定方法　各性状测定方法参照有关标准和技术管理规范。

2. 测定站测定

（1）测定频次　北京市要求取得《种畜禽生产经营许可证》的种猪场，每 3 年至少送测 1 次。

（2）测定性状　测定站测定包括 30～100kg 平均日增重、达 100kg 体重日龄、达 100kg 体重活体背膘厚、饲料转化率（料重比）、氟烷基因（Hal 基因）和体型外貌。

（3）送测猪的选择

①原种场测定 1 个品种，祖代种猪场测定 2 个品种，每个品种纯种猪选 3 公 2 母，5 头为一组送测。

②送测猪编号清楚，原始记录健全，有三代以上系谱记录，符合品种特征，生长发育正常，同窝无遗传缺陷。

③送测猪在 60～70 日龄，体重 25kg 左右。

④送测猪应临床健康，在测前 10 天完成必要的免疫接种，并在市级兽医试验诊断机构进行猪瘟、猪伪狂犬病、猪口蹄疫、猪布鲁氏菌病病原检测，确认阴性后方可进入测定舍。

（4）测定方法

①送测猪隔离观察结束后进入测定舍，转入测定期，体重达到 90～105kg 时结束测定。

②在始测和终测时各称重 1 次（清晨空腹称重），同时记录称重日期、重量，整个测定过程记录采食量，计算 30～100kg 平均日增重、达 100kg 体重日龄和 30～100kg 体重饲料转化率。分别按照以下公式计算：

30～100kg 平均日增重(g)＝(终测体重 kg－始测体重 kg)÷(测定天数 d)×1000g

校正日增重（g）＝（70kg×1000g/kg）÷（达 100kg 日龄 d－达 30kg 日龄 d）

校正达 30kg 日龄（d）＝实测日龄（d）＋［30－实测体重（kg）］×b

其中：大约克夏猪 b＝1.550；长白猪 b＝1.565；杜洛克猪、皮特兰猪 b＝1.536。

达 100kg 体重日龄（d）＝测定日龄（d）－［（实测体重 kg－100）/CF］

其中，CF ＝（实测体重/测定日龄）×1.826 040（公猪）

＝（实测体重/测定日龄）×1.714 615（母猪）

$$饲料转化率＝\frac{测定期总耗料}{测定期总增重}$$

③活体测膘　终测时进行活体测膘。在种猪自然站立的情况下，采用 B 超测定倒数第3~4 肋间左侧距背中线 5cm 处的背膘厚。

④外貌鉴定　终测时进行种猪体型外貌评分，评分专家由科研院所和生产一线的专家组成。评定标准可参照表 1-1 或参照其他有关标准。

表 1-1　种猪外貌等级评定标准

项目	重点	理想要求	损 征	分数阈 总分	分数阈 给分	分数阈 系数
品种特征	整体感观	高长开阔，结实匀称，活力强，品种特征明显	短粗、骨骼纤细、杂合特征	30	5	3
品种特征	头部特征	比例适当，耳型、额头、脸型、嘴筒符合品种特征	眼部色斑、卷耳、兜齿	30	5	2
品种特征	被毛	短薄顺帖	杂色、色斑、背旋	30	5	1
躯体	前、后躯	肌肉丰满，明显凸出体宽	静脉曲张、棱角分明、成为负担	35	5	3
躯体	胸腰	胸宽深，背宽平直，结合流畅，腹部和膁无赘肉	胸椎肌萎缩、扎肋	35	5	5
躯体	四肢	正立，步态稳健有力，关节灵活，骨骼粗壮，前、后肩等高	卧系、大小蹄、大球节、O形腿	35	5	2
生殖器官	有效乳头	白猪 7 对，杜洛克 6 对以上，排列均匀对称，发育良好	副乳、乳头扁平	30	5	♂2♀4
生殖器官	睾丸发育	发育充分、匀称，附睾明显，阴囊松弛，与肛门距离适中	单睾、隐睾、偏睾	30	5	2
生殖器官	尿泡	无	积尿、软鞭	30	5	2
生殖器官	阴户发育	正常	小、上翘	30	5	2
性格	亲和性	活泼，灵敏，稳重	木讷、毛躁	5	5	1

注：本标准适用于 100kg 左右的大白猪、长白猪、杜洛克猪种猪的外貌等级评定，评分分度为 0.5。

⑤氟烷基因　采用 PCR-RFLP 方法检测。PCR 扩增产物 660bp，用 Hha Ⅰ内切酶酶切，根据酶切后电泳片段判断基因型（Hal^{N}Hal^N：495bp、165bp；Hal^{N}Hal^n：660bp、495bp、165bp；Hal^{n}Hal^n：660bp）。

⑥综合选择指数　综合选择指数的计算方法如下：

$$GPI＝100＋a×（DG－\overline{DG}）－b×（FE－\overline{FE}）－c×（BF－\overline{BF}）$$

其中：GPI：综合选择指数；DG：个体平均日增重（g）；$\overline{DG}$：群体平均日增重（g）；FE：个体饲料转化率；$\overline{FE}$ 为群体平均饲料转化率；BF：活体背膘厚（mm）；$\overline{BF}$：群体平

均活体背膘厚（mm）；

大白猪和长白猪的系数 a、b、c 分别为 0.35、34 和 10；杜洛克和皮特兰猪的系数 a、b、c 分别为 0.15、9.3 和 9.5。

（三）种猪遗传评估

1. 数据管理

数据上报： 本市所有种猪场、性能测定站和公猪站及时上传数据，遗传评估中心每个季度评估一次，上报市农业局。

遗传评估和结果发布： 遗传评估中心运用遗传评估网络每季度对种猪登记和性能测定数据进行处理，开展遗传评估，估计育种值和计算选择指数。每年度在遗传评估中心网站公布一次遗传评估结果报告、性能测定报告，并以公文形式下发到各区县主管部门和种猪生产企业。

信息交流： 全市种猪场、性能测定站、公猪站，可随时向北京种猪遗传评估中心查询本场（群）种猪个体育种值。北京种猪遗传评估中心负责向社会发布评估结果，按要求向国家遗传评估中心上报本市种猪遗传评估资料，并组织开展技术交流与协作。

数据应用： 北京市农业局根据遗传评估中心上报的遗传评估结果，确定颁发种猪合格证。遗传评估中心在发布遗传评估总体信息和提供个体咨询的基础上，根据评估结果向公猪站推荐优秀种公猪，根据需要在专家组指导下修正相关种猪技术参数。种猪场根据遗传评估结果，开展种猪的选留和选配。

数据管理： 场（站）测定记录资料由育种信息员按技术档案标准进行管理。北京种猪遗传评估中心建立全市种猪数据库，测定数据和资料长期存档，不得向任何单位泄露各个种猪场（站）的测定数据和基本材料。

种猪遗传评估由北京种猪遗传评估中心进行，每个季度对全市所有种猪场进行遗传评估。

2. 遗传评估方法 采用动物模型 BLUP 法，对总产仔数、达 100kg 体重的日龄、达 100kg 体重的活体背膘厚 3 个性状进行遗传评估，并计算父系指数和母系指数。

（1）总产仔数的遗传评估模型

$$y_{ijklm} = \mu + F_i + H_j + G_k + S_l + M_m + a_{ijklmn} + e_{ijklmn}$$

其中，y_{ijklm}：个体观察值；μ：样本总平均数；F_i：出生场效应；H_j：世代的固定效应；G_k：胎次效应；S_l：分娩年度固定效应；M_m：季节固定效应；a_{ijklmn}：个体加性效应，服从 $N(0, A\sigma_a^2)$ 分布，A 为个体间亲缘系数矩阵；e_{ijklmn}：随机残差效应，服从 $N(0, I\sigma_e^2)$ 分布，I 为单位矩阵。

（2）生长性状的遗传评估模型

$$y_{ijkl} = \mu + F_i + B_j + C_k + D_l + a_{ijklm} + e_{ijklm}$$

其中，y_{ijkl}：个体观察值；μ：样本总平均数；F_i：出生场效应；B_j：年的固定效应；C_k：季节的固定效应；D_l：性别的固定效应；a_{ijklm}：个体加性效应，服从 $N(0, A\sigma_a^2)$ 分布，A 为个体间亲缘系数矩阵；e_{ijklm}：随机残差效应，服从 $N(0, I\sigma_a^2)$ 分布，I 为单位矩阵。

（3）选择指数

父系指数（SLI）：$SLI = 100 + a \times EBV_{age} + b \times EBV_{fat}$

母系指数（DLI）：$DLI = 100 + a \times EBV_{age} + b \times EBV_{fat} + c \times EBV_{born}$

EBV_{age}：达 100kg 体重日龄的估计育种值；EBV_{fat}：100kg 活体背膘厚的估计育种值；EBV_{born}：总产仔数的估计育种值。

a、b、c 分别为相应性状的经济加权值，由于我国目前尚无自行估计的参数，因此暂时借用加拿大的资料，选择指数中各性状的经济加权值如表 1-2。

表 1-2　各性状的经济加权值

品　种	性状	杜洛克猪	长白猪	大白猪
父系指数	a	−4.21	−3.62	−3.79
	b	−17.1	−14.7	−15.4
母系指数	a	−3.16	−2.5	−2.54
	b	−12.85	−10.17	−10.33
	c	43.4	34.33	34.88

3. 遗传参数估计　北京市种猪主要经济性状的遗传参数见表 1-3。

表 1-3　北京市种猪主要经济性状的遗传参数

性　状	大白猪	长白猪	杜洛克猪	皮特兰猪
100kg 体重日龄	0.55 (0.022)	0.73 (0.037)	0.67 (0.093)	0.35 (0.099)
校正背膘厚度	0.48 (0.014)	0.48 (0.044)	0.32 (0.130)	0.03 (0.076)
眼肌厚度	0.55 (0.022)	0.59 (0.053)	0.62 (0.093)	0.49 (0.184)
窝总产仔数	0.17 (0.010)	0.11 (0.018)	0.26 (0.055)	0.29 (0.080)
窝产活仔数	0.16 (0.010)	0.08 (0.019)	0.26 (0.059)	0.18 (0.108)
出生窝重	0.05 (0.007)	0.02 (0.012)	0.01 (0.017)	0.14 (0.081)
21 天校正窝重	0.15 (0.017)	0.01 (0.003)	0.05 (0.018)	0.00 (0.095)
断奶窝数	0.00 (0.006)	0.02 (0.020)	0.01 (0.058)	0.14 (0.068)
断奶窝重	0.12 (0.016)	0.01 (0.032)	0.05 (0.008)	0.05 (0.064)
断奶成活率	0.15 (0.013)	0.03 (0.027)	0.01 (0.008)	—
21 日龄个体重	—	0.19 (0.005)	0.07 (0.009)	0.16 (0.018)
断奶个体重	0.17 (0.062)	0.17 (0.0210)	0.33 (0.045)	0.33 (0.086)

七、技术辐射

1993—2006 年，全国大白猪育种协作组作为自发的民间组织运行 13 载。北京市畜牧局、畜牧兽医总站，在开展北京市种猪性能测定和遗传评估的同时，承担全国大白猪育种协作组组长单位，将技术和资源辐射到全国大白猪育种协作组，成员队伍扩大到 66 个。

（一）组织召开协作组年度技术交流会议

在承担全国大白猪育种协作组组长单位期间，共组织召开 10 次年会（图 1-7）。

2005 年北京市畜牧兽医总站主办、浙江加华种猪有限公司（原金华种猪场）协办召开大白猪育种协作组第十次年会，有协作组成员单位和相关单位共 66 家 115 人参加了本次年

图 1-7　大白猪育种协作组 2002 年年会在云南昆明召开，并首次实现育种数据交流

会，除性能测定、育种技术交流和讲座外，聘请 3 名外籍专家进行专题讲座。

丹麦肉类协会的 Dr. Bent. Nielson：猪肉安全技术。

美国亚利桑那动物疫病诊断中心的 Dr. Robert D. Glock：猪病防治。

加拿大 CCSI 首席遗传专家 Muthur 博士：育种专题讲座。

2006 年承办全国猪联合育种协作组会议，撰写会议纪要，收录汇总成员申报等（彩图 1）。至此，育种协作组工作圆满结束。

（二）组织开展协作组技术培训

在承担全国大白猪育种协作组组长单位期间，组织举办两届育种技术培训班。

2004 年 6 月底 7 月初，由北京市畜牧兽医总站主办、日照种猪场协办，在山东省日照市举办大白猪协作组第一期种猪性能测定与育种软件应用、网络传输技术培训班，有 81 人参与培训（图 1-8 和彩图 2）。

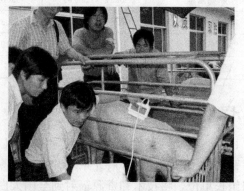

图 1-8　大白猪育种协作组 2004 年山东日照种猪性能测定与育种软件应用、网络传输技术培训班

2005 年 6 月，由北京市畜牧兽医总站主办、四川铁骑力士集团（原绵阳种猪场）协办，在四川绵阳举办大白猪育种协作组种猪性能测定与育种软件应用技术培训班，有 105 人参与培训。

（三）组织成员单位进行数据交流

通过和协作组成员单位建立的互信和良好沟通，利用年会、技术培训班、现场采集、网络交流等收集数据。截至 2005 年 9 月，共收集到协作组单位种猪性能测定数据 53 份，其中 GBS 数据 52 份，仅 2005 年金华年会收集到完整的 GBS 数据 24 份。2005 年底将所有数据提供给中国农业大学，为全国种猪遗传评估做出应有贡献。

用 GPS 软件统计分析，大白猪育种协作组部分单位提交测定情况和结果如下。

（1）大白猪育种协作组收集测定情况见表 1-4。

（2）育种协作组大白猪主要性状结果见表 1-5。

表 1-4　大白猪育种协作组收集测定情况统计

序号	场　　名	总记录数	被测个体	目标日龄	校正膘厚	产仔窝数
1	北京小店畜禽良种场	26 018	23 775	4 659	4 650	2 986
2	北京小店种猪选育场	29 191	27 269	3 795	3 747	2 535
3	广东中山白石猪场	28 009	13 382	3 580	3 580	17 849
4	北京华都原种猪场	26 430	24 124	2 199	2 162	2 948
5	福建天马种猪场	4 184	3 857	1 825	1 825	394
6	广西永新种猪改良有限公司	8 752	3 364	1 735	1 732	6 934
7	云南省原种猪场	16 465	11 987	1 370	1 308	5 889
8	天津宁河原种猪场	6 270	5 583	1 104	1 104	950
9	厦门国寿种猪开发有限公司	2 118	1 598	1 060	1 048	685
10	石家庄清凉山种猪场	12 553	11 260	1 043	1 039	1 775
11	福建一春农业发展有限公司	4 147	2 397	932	913	2 619
12	北京养猪育种中心资源场	12 894	11 214	683	682	2 266
13	安徽省全椒种猪场	12 571	10 155	578	539	3 145
14	北京昌平区种猪场	9 100	8 145	474	448	1 301
15	北京大兴区种猪场	1 944	1 716	409	405	386
16	北京华都卸甲山种猪场	13 987	12 175	359	359	2 419
17	重庆市种猪场	2 568	1 828	312	300	903
18	河北玉田种猪场	3 314	3 314	282	288	0
19	贵州省畜禽良种场	1 870	738	267	253	1 423
20	北京通州区（东方）种猪场	2 516	2 334	226	226	338
21	北京资源亚太集团种猪场	20 007	17 641	223	217	3 090
22	北京顺新龙养殖有限公司	8 642	5 046	175	151	4 570

（续）

序号	场 名	总记录数	被测个体	目标日龄	校正膘厚	产仔窝数
23	北京平谷区种猪场	5 046	4 397	164	80	835
24	北京鲲鹏（豹房）原种猪场	5 640	5 136	133	132	811
25	湖南正虹种猪场	872	403	127	126	651
26	江苏常州康乐农牧有限公司	3 074	1 357	122	121	2 790
27	山东日照原种猪场	3 418	3 418	121	121	0
28	北京房山区种猪场	3 363	2 796	109	108	788
29	北京密云第二种猪场	2 932	2 760	106	106	40
30	湖北省畜牧良种场	396	396	96	96	0
31	湖北三湖种畜有限公司	12 199	11 012	90	90	1 680
32	河南省燎原种猪改良有限公司	5 303	4 721	70	64	917
33	北京北郎中种猪场	15 336	13 587	50	48	2 311
34	北京怀柔绿源种猪场	1 508	1 508	48	48	0
35	上海新农源种猪有限公司	1 044	408	32	32	979
36	北京六马养猪科技有限公司	2 753	2 049	29	29	925
37	北京兴华绿源牧业有限公司	59	59	22	22	0
38	广东肇庆市种猪场	1 961	602	11	11	1 868
39	北京陈各庄种猪场	62	58	1	1	6
40	海口罗牛山公司	6 714	6 116	0	0	818
41	北京汇正农业发展有限公司	110	110	0	0	0
42	江西国昌种猪场	89	78	0	0	22
43	唐山大北农猪育种有限公司	750	750	0	0	0
44	北京良山畜牧场	3 114	2 834	0	0	0
45	北京绿健现代农业发展有限公司	42	42	0	0	0
46	北京燕河种猪有限公司	560	560	0	0	0
47	北京同心种猪场	581	581	1	1	0
48	北京育种中心原种二场	155	155	0	0	0
49	北京浩邦猪人工授精服务有限公司	33	33	0	0	0
50	其他	9	9	1	1	0
	合计	330 673	268 837	28 623	28 213	80 846

表 1-5 大白猪育种协作组年度测定成绩

r_year	c_dadjwt	c_adjf	c_adjlma	c_adg	c_fcr	r_bno	r_alno
年份	日龄（d）	校正背膘（mm）	校正眼肌（cm²）	日增重（g）	饲料转化率	总产仔（头）	产活仔（头）
1995	0	0	0	0	0	10.837	9.577
1996	0	0	0	0	0	11.015	9.605
1997	160.68	10.534	73.670	869.4	0	10.292	9.361
1998	170.32	10.958	65.808	795.7	2.513 0	10.494	9.905
1999	167.84	12.507	53.553	828.5	2.602 1	10.395	9.898
2000	162.73	13.588	58.261	859.4	2.558 0	10.560	9.939
2001	166.83	13.902	59.880	828.0	2.331 9	10.441	9.969
2002	169.98	13.136	58.714	755.1	2.409 6	10.404	9.994
2003	171.05	12.500	53.006	776.9	2.403 3	10.217	9.867
2004	167.13	12.281	53.745	773.5	2.467 5	9.648	9.258
2005	164.18	12.201	55.988	805.3	2.416 3	0	0

注：2004、2005 年数据不全，因此产仔等性状测定成绩偏低。

（四）编印育种协作组论文集（专刊）

2004、2005、2006 年，配合协作组年会，主编论文集（专刊）共 3 集。其中 2006 全国猪联合育种协作组会议共收到论文、报告等 50 余篇，其主要内容为种猪性能测定、遗传育种等内容。由全国畜牧总站、北京市畜牧兽医总站、《当代畜牧》杂志社组成编辑委员会，对论文进行了审阅，从中筛选出 40 篇，编成论文集。

第二讲 育种体系

第一节 体系保障

一、国内外种猪测定与遗传评估体系

种猪性能测定与遗传评估是一项技术性强且延续性工作，需要相应的组织机构以保证连续运行，而高效运行的猪育种体系是保持育种长期有效的基础。

早在 1907 年，丹麦建立了世界上第一个猪的中心测定站，随后北欧各国如瑞典、芬兰、挪威等地相继效仿。在 20 世纪 30～40 年代，美国、加拿大等国也建立起各自的中心测定站。在 20 世纪 60～70 年代，测定站测定在发达国家中得到了普遍使用。在此基础上，又建立了较为完善的全国或区域性遗传评估体系，种猪质量、生产水平和经济效益不断提高。

美国和加拿大猪的育种体系基本由三部分组成，即国家育种体系、跨国育种公司和个体育种场或育种公司。

1. 美国猪育种体系主体结构 国家种猪登记协会、性能测定和遗传评估系统等。美国种猪性能测定和遗传评估系统（STAGES：Swine Testing and Genetic Evaluation System），始于 1985 年，由美国农业部、普渡大学和美国约克夏俱乐部合作建立，资金来源于这三家

发起单位和国家猪肉生产协会（NPPC），目前由 NSR 利用系谱登记费用资助专业测定和遗传评估，评估信息可通过网站 www. nationalswine. com 直接获得，使全美的种猪育种信息共享和种猪商务国际化。

美国国家种猪登记协会（NSR：National Swine Registry），1994 年成立。目前，可进行品种登记、种猪改良、遗传评估、DNA 储备、在线查询和营销援助等。

美国种猪改良联盟（NSIF：National Swine Improvement Federation），1974 年 3 月由 25 个测试站的经理、主管和推广人员组建全国猪试验站的协会，每年为期两天的会议"育种者圆桌会议"，发表了《猪育种手册》等。

2. 加拿大猪育种体系主体结构　育种者协会（CSBA）和猪改良中心（CCSI）等。加拿大猪育种者协会（Canadian Swine Breeders Association，CSBA）1889 年成立。从 100 多年前开始进行种猪登记，已有 200 万个体遗传历史，纯种猪注册系谱携带 CSBA 标识。CSBA 于 1994 年规定进入猪改良登记程序（Swine Improvement Procedure，SIP）。

加拿大（Canadian Centre for Swine Improvement，CCSI）：加拿大种猪改良中心，由加拿大养猪业于 1994 年创立，为猪遗传改良提供指导、合作等服务。

3. 丹麦猪育种计划　简称丹育（Danbred），在丹麦国家养猪生产委员会的监督和指导下进行。丹麦国家育种计划始创于 20 世纪初。

4. 我国猪育种体系　我国遗传评估体系建设相对较晚，育种基础工作与发达国家存在差距。20 世纪末，分别成立了全国大白猪、长白猪、杜洛克育种协作组及地方品种育种协作组，联合育种工作开始运行，形成以全国畜牧兽医总站、省市畜牧兽医总站、育种协作组及成员单位为主的较松散的猪遗传评估体系。

2006 年，大白猪、长白猪、杜洛克育种协作组合并为全国猪联合育种协作组。同年，国家遗传评估系统及联合育种体系——全国种猪遗传评估中心建成，体系由全国畜牧总站、联合育种专家组、国家遗传评估中心，区域性公猪站，区域性遗传评估中心（华北区、华中区、华东区、华南区、西南区、中原区），种猪企业等五级结构组成。全国种猪遗传评估中心体系基本框架见图 2-1。

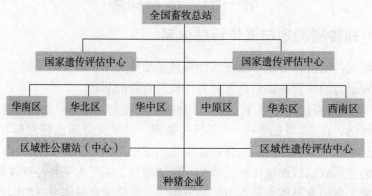

图 2-1　全国种猪遗传评估中心基本框架图

二、北京市种猪测定与遗传评估体系

2001 年筹建、2002 年运行的北京市种猪遗传评估体系（图 2-2），由遗传评估中心、人工授精站、测定站和种猪场组成。体系组织完善、技术管理规范、人才队伍建设和遗传评估网络体系健全。体系内共有 3 个公猪站、1 个测定站和 90 个种猪场、1 个专业遗传评估网站。其中遗传评估网站隶属于遗传评估中心，设在北京市畜牧总站（原为北京市畜牧兽医总站）。体系专业人员定期培训。

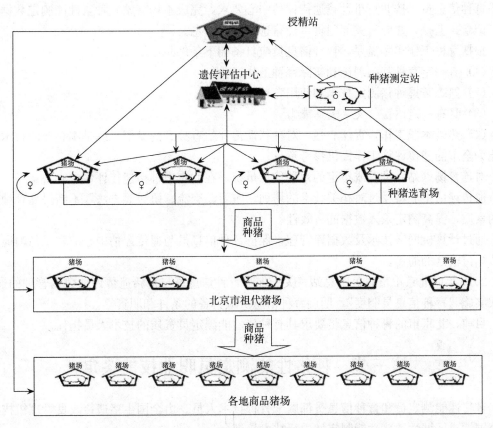

图 2-2　北京市种猪遗传评估体系组织模式

第二节　测定专业人员配置

根据种猪饲养规模和测定计划，一般需要配置 1～3 名专业人员进行测定与数据录入和网络上传工作。此项工作一般由经过专业培训的猪性能测定员或育种信息员担任。

一、种猪性能测定员

自 1997 年，全国畜牧总站和中加瘦肉型猪项目办公室合作，在全国开展种猪生产性能测定和遗传评估，并开展相关培训，到 2010 年，农业部、人力资源和社会保障部将家畜繁殖员（种猪性能测定员）正式列入职业技能培训范畴。

二、育种信息员

育种信息员是在掌握种猪性能测定技能基础上，增加了育种信息采集、登记、传输等技能的专业人员。

2003 年 4 月，北京市遗传评估中心下发《北京市种猪遗传评估数据管理暂行办法》，并提出实施育种信息员制度，具体内容如下：

参加种猪遗传评估项目的种猪场、人工授精站和种猪性能测定站，指定（推荐）专职或兼职育种信息员，按北京市种猪遗传评估中心要求，完成本场（站）种猪性能测定数据的采集、记录、上报，并向有关部门提供种猪选育动态信息。

根据育种工作实际需要，育种信息员应具备如下条件：

（1）有一定育种基础理论和实际育种工作经验。

（2）熟练掌握种猪测定技术和使用育种软件。

（3）具有一定语言、文字表达能力。

（4）热爱本职工作，责任心强，对种猪遗传评估有独到的见解，既是本企业的技术骨干又能为全市的遗传评估工作提供参考意见。

对选育场（站）推荐或指定的育种信息员统一在北京市种猪遗传评估中心备案。

遗传评估中心将通过对相关技术的培训、实习、交流、研讨等方法，不断提高育种信息员的素质，提高测定录入数据的有效性。

通过计算机网络技术及数据库管理，保持育种信息员与遗传评估中心的联系与沟通，保证数据传输链的通畅。

2010 年以北京市畜牧兽医总站《关于加强育种信息员与种猪遗传评估数据管理的通知》正式实施"育种信息员制度"，明确育种信息员应具备的条件和职责等。

目前，北京市的育种信息员要求具有种猪性能测定员资质的技术人员担任。

第三节　种猪性能测定员职业技能鉴定

种猪性能测定员和育种信息员都属于育种技术人员。由全国生猪遗传改良管理机构授权的全国性或区域性种猪性能测定站进行技术培训。

相关技术职业技能鉴定，由农业部批准的特有工种职业技能鉴定站承担。

一、法律依据

2005 年 12 月 29 日发布的《中华人民共和国畜牧法》第二十七条规定，专门从事家畜人工授精、胚胎移植等繁殖工作的人员，应当取得相应的国家职业资格证书。

职业资格证书是反映劳动者专业知识和职业技能水平的证明，是劳动者通过职业技能鉴定进入就业岗位的凭证。

国家职业资格证书的等级设置为五个级别，即国家职业资格五级、四级、三级、二级、一级，分别对应初级、中级、高级、技师和高级技师。

二、家畜繁殖员（种猪性能测定员）条件

（一）初级（具备以下条件之一者）

1. 从事家畜繁殖、育种等职业连续见习工作 2 年以上。

2. 学徒期满。

（二）中级（具备以下条件之一者）

1. 取得家畜繁殖员初级职业资格证书后，连续从事家畜繁殖、育种工作 5 年以上。

2. 连续从事家畜繁殖、育种工作 7 年以上。

3. 取得国家承认的畜牧兽医等相关专业的中专毕业证书。

（三）高级（具备以下条件之一者）

1. 取得家畜繁殖员中级职业资格证书后，连续从事家畜繁殖、育种工作 7 年以上。

2. 取得国家承认的畜牧兽医等相关专业的高职毕业证书。

3. 取得家畜繁殖员中级职业资格证书的大专以上毕业生，连续从事本职业 2 年以上。

三、家畜繁殖员（种猪性能测定员）的培训

2006 年 10 月全国畜牧总站主办，北京市畜牧兽医总站承办、《当代畜牧》杂志社协助，成功召开和举办全国猪联合育种协作组会议暨种猪性能测定员培训班。

2010 年以来，广东省、山东省、北京市相继开始举办猪性能测定员培训班。

2010 年 7 月 1 日，由农业部种猪质量监督检验测试中心（广州）和广东省农业干部学校联合举办种猪生产性能测定技术人员培训班。

2010 年 9 月，山东省举办种猪生产性能测定技术培训班。

2011 年 3 月，北京市正式开展家畜繁殖员之种猪性能测定员的技术培训和职业技能鉴定。目前主要进行中级和高级两个级别的职业技能鉴定。截至 2014 年共培训 8 期，培训学员 370 名，其中有 234 名技术人员获得中、高级职业技能资格证书，成为行业骨干。

四、主要培训内容

培训内容分理论知识学习和实操两部分。主要内容见表 2-1。

表 2-1　家畜繁殖员培训内容

理论知识	实操培训
（1）遗传学原理； （2）种猪遗传评估； （3）联合育种； （4）育种目标和育种方案； （5）选种与选配； （6）杂交模式； （7）生产性能测定； （8）种猪外貌评定； （9）种猪登记制度等。	（1）测定设备与测定方法； （2）测定数据的记录与应用； （3）育种软件的使用； （4）网络育种等。

>>> 第二部分　基础理论

种猪性能测定涉及多学科、多种应用技术，是相关理论与技术试验、实践的集合，是一项涵盖内容广泛的系统工程。遗传学与育种学理论是种猪性能测定的重要理论依据。

第三讲　遗传学基础

第一节　染色体与基因

染色体（Chromosome）或染色质（Chromatin）是真核生物细胞内遗传物质的主要载体，因可被碱性染料着色而得名，它们的主要组成成分完全一致，主要由 DNA、组蛋白、非组蛋白及少量 RNA 组成，差别仅在于同种物质在细胞周期不同阶段的形态结构不同，在细胞分裂间期是染色质形态，细胞分裂期染色质高度螺旋成染色体。

猪的体细胞中染色体数目为 19 对，其中包含 18 对常染色体和 1 对性染色体（母猪有两条 X 染色体，公猪有 1 条 X 和 1 条 Y 染色体）。

一条染色体含有一个双链脱氧核糖核酸（DNA）分子，A、G、C、T 四种碱基以互补配对形式构成双螺旋 DNA 的基本结构，每个 DNA 分子含有成千上万个基因，这些基因在染色体上呈线性排列。从现代遗传学上理解，基因是指有功能的 DNA 片段，它含有合成有功能的蛋白质多肽或 RNA 所必需的全部核苷酸序列。某一物种单倍体染色体所携带的一整套基因则为该物种的基因组（Genome）。

典型的基因结构包括如下几个部分：外显子和内含子、信号肽序列、侧翼序列和调控序列。

外显子为编码蛋白质或 RNA 的、包含在成熟信使 RNA（mRNA）中的对应 DNA 序列。

内含子则在原始转录产物的加工过程中被切除、不包含在成熟 mRNA 的对应序列中。

信号肽是分泌蛋白基因中位于起始密码子之后的一段编码富含疏水氨基酸多肽的序列，所编码的信号肽行使运输蛋白质的功能。

侧翼序列指基因的第一个和最后一个外显子的外侧不被转录和翻译的非编码序列。

调控序列则为影响基因表达的 DNA 序列，包括诸如启动子、增强子、沉默子、终止子、核糖体结合位点、加帽和加尾信号等。

第二节　数量性状与质量性状

猪的表型性状按其表现方式及其对它的考察、度量手段来看，主要分为两类：

一类性状其表型变异是连续的，且易受环境影响，个体间表现的差异只能用数量来区别，如猪的日增重和背膘厚等，称之为数量性状（Quantitative Trait），猪的重要经济性状多为数量性状，数量性状一般受多基因控制。

另一类性状的表型可以截然区分为几种明显不同的类型，其变异呈不连续分布，一般用语言来描述，如猪的毛色、耳型等，这类性状称为质量性状（Qualitative Trait），质量性状一般由单基因或少数基因所控制，其表型受环境的影响不大。

数量性状和质量性状的这种分类也不是绝对的，"量变是质变的基础"，一些表型性状表面上看起来是质量性状，如黑毛色，但如果分析其中的色素含量，在个体间也表现出量的变异；有的性状可以计数，如母猪的产仔数是整数，表现为不连续变异，而几胎的平均产仔数却表现为连续变异；此外，还有一类特殊的性状，不完全等同于数量性状或质量性状，其表现呈非连续型变异，与质量性状类似，但是又不服从孟德尔遗传规律，这类性状具有一个潜在的连续型变量分布，其遗传基础是多基因控制的，与数量性状类似，通常称这类性状为阈性状（Threshold Trait）。例如，猪对某些疾病的抵抗力表现为发病或健康两个状态。

数量性状的表现是通过度量（如体重、背膘厚等）或计数（如产仔数）获得的，并且是用数值来表示的，这个数值称为表型值。每个个体在某个性状上的表型值的大小是由遗传和环境两方面的因素决定的，可表示为

$$P=G+E$$

其中 P 代表表型值，G 代表基因型值，即影响该性状的所有基因的效应的总和，E 代表环境效应，即所有影响该性状的环境因素的效应总和。

影响数量性状的基因有很多，但每个基因座上的基因的遗传是遵从孟德尔遗传规律的。每个基因座的基因型值是由基因的加性效应和显性效应组成的，加性效应是一个基因型中的两个等位基因各自的效应，显性效应是这两个等位基因的相互作用产生的效应，基因型值即为两个基因的加性效应以及显性效应之和。当多个基因座组合在一起时，不同基因座上的等位基因彼此间也会有相互作用，所产生的效应称为上位效应，因此多个基因座的总的基因型值由 3 部分组成：一是所有基因座上的加性效应之和（A），二是所有基因座上的显性效应之和（D），三是所有基因座的上位效应之和（I）。

因此，总的基因型值可表示为：

$$G=A+D+I$$

需要注意的是，显性效应和上位效应都与基因的特定组合有关，但在基因从上代到下代遗传的过程中，基因会发生分离和重组，并不能将某种特定的基因组合稳定地遗传给下一代，也就是说，显性效应和上位效应是不能稳定遗传的，只有加性效应能稳定遗传。因此，从育种的角度来说，亲本的育种价值主要体现在其所携带的基因的加性效应，所以我们将基因的加性效应之和，即上式中的 A，称为育种值。

由此，可将表型值表示为：

$$P = A + D + I + E$$

影响数量性状的环境效应可分为两大类，一类是系统环境效应，它是指可对一群个体产生相同影响的环境效应，如年度、季节、性别等；另一类是随机环境效应，它是指随机地对每个个体产生不同影响的环境效应，对于不同个体，其影响可能是正面的，也可能是负面的，整个群体平均起来，其效应值趋于 0。在随机环境效应中，又分为持久性环境效应和暂时性环境效应。持久性环境效应是指对一个个体可产生持久性（甚至是永久性）影响的环境效应，对于可以在一个个体的一生中多次表现的性状（如产仔数）来说，这种效应能够对性状的每次表现都产生正面或负面的影响。例如，如果一头母猪在其生长发育阶段由于受到某种环境因素（如营养不良）的影响，导致某个繁殖器官（如子宫）发育不良，这种结果是不可逆的，将伴随该母猪的一生，这将使该母猪各个胎次的产仔数都受到负面影响。暂时性环境效应是指只对某个体的某次性状表现产生影响的环境效应，它对该个体其他次的性状表现没有影响。

根据以上对环境效应的剖分，可将表型值表示为：

$$P = G + E_S + E_R$$
$$= (A + D + I) + E_S + (E_P + E_T) \text{（对于可以多次表现的性状）}$$

其中，E_S 是系统环境效应，E_R 是随机环境效应，E_P 是持久性环境效应，E_T 是暂时性环境效应。

对于一个群体来说，我们主要关心两个群体参数，一是群体平均数，它代表了群体的平均水平，二是群体方差，它代表了群体内的变异性，也就是个体之间的差异性。

由以上对表型值的分解，可得：

$$\overline{P} = \overline{G} + E_S$$
$$V_P = V_G + V_{ER}$$
$$= V_A + V_D + V_I + V_{EP} + V_{ET}$$

其中，V_P 是表型值方差，V_G 是基因型值方差，V_{ER} 是随机环境效应方差（简称环境方差），V_A 是育种值方差（也称为加性方差），V_D 是显性效应方差，V_I 是上位效应方差，V_{EP} 是永久环境效应，V_{ET} 是暂时性环境效应方差。

第三节　遗传参数

定量描述数量性状遗传规律有三个最基本的遗传参数：重复力、遗传力和遗传相关，它们都是从变量方差剖分这一角度说明数量性状变异及两个性状的协变异在多大程度上受到遗传效应的制约。这三个遗传参数，特别是遗传力和遗传相关，在小至个体育种值估计、大至整个育种规划决策中，都起着十分重要的作用，它们估计的准确与否直接关系到整个育种工作效率的高低。

一、重复力

重复力（repeatability）是在表型方差中基因型值方差和持久性环境效应方差所占的比例，即：

$$r = \frac{V_G + V_{EP}}{V_P}$$

重复力衡量了一个数量性状在同一个体多次度量值之间的相关程度，反映了一个性状受到遗传效应和持久性环境效应影响的大小。重复力高说明性状受暂时性环境效应影响小，每次度量值的代表性强，因而所需度量的次数就少；反之，重复力低说明性状受暂时性环境效应影响大，每次度量值的代表性差，因而所需度量的次数就多。重复力的作用主要有以下3个方面。

1. 重复力可用于验证遗传力估计的正确性，由重复力估计原理可以知道，重复力的大小不仅取决于所有的基因型效应，而且取决于持久性环境效应，这两部分之和必然高于基因加性效应，因而重复力是同一性状遗传力的上限，如果遗传力估计值高于同一性状的重复力估计值，则一般说明遗传力估计有误。

2. 重复力可用于确定性状需要度量的次数，重复力越小，增加度量次数对度量准确度改进的效率越高，应适当增加度量次数；反之，重复力越大，每次度量值的代表性越强，增加度量次数对准确度改进的效率就不太大，只需适当地度量几次就可以了。

3. 重复力可用于种猪育种值的估计，当利用个体多次度量均值进行育种值估计时，需要用到重复力，由于多次度量消除了个体一些暂时性环境效应的影响，从而能够提高对育种值的估计准确度。

二、遗传力

遗传力（Heritability）有两种：

一是广义遗传力（Broad Sense Heritability），用 H^2 表示，它是指基因型值方差占表型方差的比例，即：

$$H^2 = \frac{V_G}{V_P}$$

式中，V_P 是表现型方差，V_G 是基因型方差。

二是狭义遗传力（Narrow Sense Heritability），用 h^2 表示，它是育种值方差占表型方差的比例，即：

$$h^2 = \frac{V_A}{V_P}$$

式中，V_A 为效应方差：等位基因间和非等位基因间的累加作用所引起的变异量。

遗传力反映了在个体间的表型差异中，如前所述，在遗传效应中，只有育种值是可以稳定遗传的，所以狭义遗传力在育种上更具有重要意义，一般情况下所说的遗传力就是指狭义遗传力。由遗传力的定义可知，一个数量性状的遗传力不仅仅是性状本身独有的特性，它同时也是群体遗传结构和群体所处环境的一个综合体现，因而具有群体特异性。作为数量遗传学中最重要的一个基本遗传参数，遗传力的作用是十分广泛的，它是数量遗传学中由表及里、从表型变异研究其遗传实质的一个关键定量指标。无论是育种值估计、选择指数制订、选择反应预测、选择方法比较以及育种规划决策等方面，遗传力均起着十分重要的作用。

需要注意的是，不仅不同的性状有不同的遗传力，同一性状在不同群体中也会有不同的遗传力，在同一群体中，遗传力也会随着时间的延续而改变。因此，对于同一性状来说，遗传力的估计值在不同文献中的报道会有差异。但一般来说，遗传力的性状特征更为明显，也就是说，无论在哪个群体中，相对地来说，某些性状具有较高的遗传力，某些性状具有较低的遗传力。了解不同性状遗传力的基本趋势对于育种工作尤为重要，表 3-1 给出了猪部分重要经济性状的遗传力的参考值。

表 3-1　猪部分重要经济性状遗传力参考值

性　状	遗传力参考值	性　状	遗传力参考值	性　状	遗传力参考值
产活仔数	0.11	饲料转化率	0.30	pH_{24h}	0.20
总产仔数	0.11	背膘厚	0.50	肉色	0.28
21 日龄断奶窝重	0.15	眼肌面积	0.48	滴水损失	0.20
乳头数	0.18	胴体瘦肉率	0.46	系水力	0.16
产仔间隔	0.11	胴体长	0.60	嫩度	0.23
日增重	0.34	腿臀比例	0.50	肌内脂肪含量	0.50
达 100kg 体重日龄	0.35	屠宰率	0.30		
日采食量	0.38	pH_{45min}	0.25		

三、遗传相关

遗传相关（Genetic Correlation）是用来描述不同性状之间由于各种遗传原因（包括基因的一因多效和基因间的连锁）造成的相关程度大小，其中基因一因多效造成的遗传相关是能够稳定遗传的，而由不同基因间的连锁造成的遗传相关，随着连续世代的基因重组，基因连锁关系会发生改变，因此，由基因连锁造成的遗传相关是不能稳定遗传的。遗传相关作为一个基本的遗传参数，在数量遗传学中起着重要的作用，主要包含以下三个方面：①遗传相关可用于确定间接选择的依据和预测间接选择反应大小，当对某一性状不能直接选择，或者直接选择效果很差时，可借助与之相关的另一性状的选择，以达到对该性状选择的目的；②除不同性状间可以估计遗传相关外，还可以把同一性状在不同环境下的表现作为不同的性状来估计遗传相关，并将其用于比较不同环境条件下的选择效果；③用于多性状选择。

和遗传力一样，遗传相关也具有性状特异性和群体特异性，而了解不同性状遗传相关的基本趋势对于育种工作也非常重要，表 3-2 给出了猪部分重要经济性状间的遗传相关的参考值。

表 3-2　猪部分重要经济性状遗传相关参考值

性　状	遗传相关	性　状	遗传相关	性　状	遗传相关
总产仔数与产活仔数	0.90	日增重与饲料转化率	−0.67	肌内脂肪含量与背膘厚	0.35
总产仔数与窝断奶仔猪数	0.88	日增重与背膘厚	0.15	胴体瘦肉率与嫩度、系水率及多汁性	−0.20
总产仔数与初生个体重	−0.25	活体背膘厚与胴体瘦肉率	−0.75	滴水损失与 pH	−0.60
总产仔数与初产日龄	0.18	肌内脂肪含量与胴体瘦肉率	−0.45		

第四节 选择与群体遗传进展

选择是使得群体内占有明显优势的个体具有参与繁殖下一代的机会的一个过程，选择可以使群体内的个体更好地适应于特定的目的，如特定的育种目标，或是对特殊自然环境因素的适应性等。根据基因控制性状表现的遗传学理论，种猪育种过程中，选择的实质是定向地改变群体的基因频率，亦即有利于生产性能提高的基因频率增高，不利于性能提高的基因频率降低。

选择过程中，首先要确定的是选择依据，也就是评价每个候选个体的优劣的依据，通过选择，将遗传上更优秀的个体选出来作为下一代的亲本，使得下一代的表现能够优于上一代，即获得选择进展。这种选择进展产生是由于平均来说后代在遗传上优于亲代，所以选择进展也称为遗传进展。如前所述，对某个性状来说，个体的育种值反映了其育种价值，因此应选择育种值高的个体作为亲本，但育种值是不能直接度量的，可以度量的只是性状的表型，我们可以通过表型信息估计个体育种值，然后依据估计育种值进行选择。

根据数量遗传学的理论，每个世代可期望的遗传进展为：

$$R = r_{\hat{A}A} \times \sigma_A \times i$$

式中，$r_{\hat{A}A}$ 是估计育种值与真实育种值的相关系数，它度量了育种值估计的准确性，由于选择依据是估计育种值，所以它也度量了选择的准确性；σ_A 是群体育种值的标准差，即育种值方差 V_A 的开方（$\sqrt{V_A}$），它度量了群体的遗传变异性；i 为选择强度，它取决于留种率，即在每次选择时，如果按照估计育种值的高低来进行选择，中选个体占所有候选个体的比例，留种率越低，选择强度越高，它们之间的关系如表 3-3（留种率与选择强度之间的关系）：

表 3-3 留种率与选择强度之间的关系

留种率 p	选择强度 i	留种率 p	选择强度 i	留种率 p	选择强度 i
0.001	3.400	0.15	1.554	0.70	0.497
0.005	2.900	0.20	1.400	0.80	0.350
0.01	2.660	0.30	1.159	0.85	0.274
0.02	2.420	0.40	0.966	0.90	0.195
0.05	2.064	0.50	0.798	0.95	0.109
0.10	1.755	0.60	0.644	1.00	0

需要注意的是，上述留种率与选择强度的关系是有前提的，即选择是根据某种选择依据（如估计育种值）所进行的截断选择（即按照选择依据的高低排序选留前百分之几），如果是非截断选择，甚至是随机选择，则以上关系就不能成立。在完全随机选择的情况下，无论留种率是多少，选择强度都是 0。

最简单的选择是个体表型选择，即直接将个体的表型值作为选择依据，亦即将表型值作为估计育种值，此时可期望的遗传进展为

$$R = h \times \sigma_A \times i = h^2 \times \sigma_P \times i$$

其中，σ_P 是表型值的标准差。可见个体表型选择对于遗传力高的性状可望获得较大的遗传进展，但对于遗传力较低的性状就难以奏效。

在实际育种中，我们往往更关心平均每年的遗传进展，可用下式计算

$$R_t = \frac{R}{L} = \frac{r_{AA} \times \sigma_A \times i}{L}$$

其中，L 是世代间隔（Generation Interval），它是子代出生时其父母的平均年龄。对于一个群体来说，其平均世代间隔可用下式计算：

$$L = \sum_{i=1}^{m} n_i T_i \Big/ \sum_{i=1}^{m} n_i$$

其中，n_i 和 T_i 分别为第 i 个全同胞家系的有效后代数和后代出生时父母的平均年龄，m 为群体中的全同胞家系数。

综上所述，每年的遗传进展与选择强度、选择的准确性和群体的遗传变异性成正比，与世代间隔成反比。因此，要想获得理想的选种进展，就要从这 4 个方面去考虑，采取适当的育种措施，尽可能地提高选择强度、选择的准确性和群体的遗传变异性，缩短世代间隔。但这 4 个方面并不是孤立的，它们彼此关联，改变其中一个往往会引起其他一个或两个因素的变化。因此，在制订育种方案时，要通过科学定量的方法找到这几个因素间的平衡点，以期在特定育种条件下获得最大的遗传进展，同时还应考虑到预期获得遗传进展的成本与预期发生的经济回报间的关系。

本讲思考题

1. 猪的体细胞内染色体的数量是多少条？
2. 哪些性状是数量性状，哪些性状是质量性状？
3. 描述数量性状遗传规律的三个最基本遗传参数都是什么？
4. 哪些性状属低遗传力？哪些性状属高遗传力？哪些性状为中等遗传力？
5. 遗传进展与哪些因素有关，要获得理想遗传进展应采取哪些育种措施？

第四讲　遗传评估

群体的遗传进展与种猪选择的准确性成正比，而所谓选择的准确性就是我们能否准确地将遗传上优良的个体选出来。

猪的大部分重要经济性状（如日增重、瘦肉率、饲料转化率、产仔数等）都是数量性状。

数量性状的表现受个体的遗传组成和个体所处的环境的共同影响。

遗传组成是指个体所携带的基因，一个数量性状通常要受到多个基因的影响，基因的作用可以产生三种不同的效应：育种值（加性效应）、显性效应和上位效应。

育种值即各个基因作用的累加之和。

显性效应和上位效应是基因的特定组合所产生的互作效应。

虽然显性和上位效应也是基因作用的结果，但在遗传给下一代时，由于基因的分离和重组，它们是不能稳定地遗传给下一代的，在育种过程中不能被固定，难以实现育种改良的目的。只有育种值才是能够真实地遗传给下一代的，也是可以通过选择稳定改进的，所以育种值的高低是反映个体遗传优劣的关键指标。但是育种值是不能够直接度量到的，能够度量的只是由包含育种值在内的各种遗传效应和环境效应共同作用得到的表型值（即性状的测定值）。

表型值的高低并不代表育种值的高低，但如果我们有足够多的信息，就可以根据表型值用特定的统计学方法对个体育种值进行准确估计，由此得到的估计值称为估计育种值（Estimated Breeding Value，EBV）。在此基础上，对每一个体做出科学的遗传评价，以保证尽可能准确地将遗传上优良的个体选择出来作为种猪。

第一节　遗传评估定义与意义

评定个体作为种猪的种用价值（即对后代的遗传贡献）称为遗传评估。

遗传评估能为选种选配、评价育种效果提供科学依据，是育种工作的中心任务。

第二节　育种值估计的基本原则

为了获得最可靠的个体遗传评定结果，在进行育种值估计时应掌握以下原则。

一、尽可能地消除环境因素的影响

由于个体的数量性状表型值不可避免地要受到环境因素的影响，因此，要准确地估计出个体的育种值，首先必须尽可能地消除环境因素的影响。这通常可从两个方面考虑：

1. 对环境加以控制，尽可能地保持个体间的环境一致性，在育种实践中，通过建立特定的测定站（跨场的中心测定站或场内的测定站），将要参加评估的个体集中在测定站进行相关的生产性能测定（称为中心测定或测定站测定），获得个体表型值，在此过程中，尽可能控制环境使得个体间的环境相对一致，这样个体间在表型值上的差异就主要源于它们在遗传上的差异。这种方法能在很大程度上有效地消除环境因素的影响，但由于建立测定站、控制环境条件往往需要较高的成本，因而测定的规模有限，很难用于大规模的个体遗传评定。再者，将来自不同场的个体集中在一起容易导致疫病的相互传播，这也限制了这种方法大规模的应用。

2. 允许个体间存在一定程度的环境差异，各个个体仍然可在其原来所在的场或圈舍中进行性能测定（称为场内测定或现场测定），然后用适当的统计学方法对个体间的环境差异进行校正。这种校正虽然难免存在一定的误差，但性能测定的成本很低，测定规模几乎不受限制，适合于大规模的遗传评定，而且也不存在传播疫病的风险。用统计学方法对环境差异进行校正的前提是在不同环境中的个体彼此间有一定程度的关联性。

二、尽可能地利用各种可利用的信息

在对任何一个个体进行育种值估计时，除了该个体本身的表型值可提供其育种值的信息外，所有与之有亲缘关系的亲属的表型值也能提供部分信息，因为它们携带了一部分与该个体相同的基因。归纳起来，有 3 类亲属（图 4-1）：

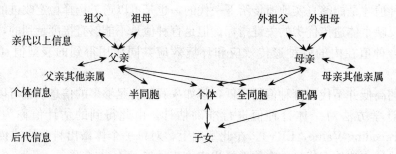

图 4-1　估计育种值常用的各种信息关系

一是祖先，包括父、母、（外）祖父、（外）祖母、叔叔、婶婶等；

二是同胞，包括全同胞、半同胞、表（堂）兄妹等；

三是后裔，包括儿女、侄子（女）、孙子（女）等。

能利用的信息越多，育种值估计的准确性就越高，与被估个体的亲缘关系越近的亲属，其所提供的信息就越有价值。

三、采用科学的育种值估计方法

对于现有的可利用的信息，需要采用一定的统计学方法，利用这些信息对个体的育种值进行估计，目的是要使估计的育种值尽可能的接近真实的育种值，这除了取决于可利用信息的数量和质量外，还与所采用的估计方法有关。所采用的方法应该能够：

（1）充分合理地利用所有可利用的信息。

（2）有效地校正各种环境因素的影响。

（3）使估计值与真实值之间的相关达到最大。

因而育种值估计方法一直是动物育种学家研究的主要内容之一，育种值估计方法也处于不断的发展变化之中。

第三节　育种值估计方法

传统的育种值估计方法主要是选择指数法，但这一方法的一些假定在实际育种资料中很难满足，因而在实际应用中受到很多限制。

20 世纪 50 年代初美国学者 C. R. Henderson 提出最佳线性无偏预测（BLUP）法，它克服了选择指数法的不足，自 20 世纪 70 年代中期逐渐被应用于家畜育种中。目前，BLUP 法已成为世界各国种猪个体育种值估计的通用方法。

最佳线性无偏预测是统计学的概念，预测指的是对随机效应的估计，在这里指的就是对育种值的估计，线性是指对育种值的估计是基于一个线性模型，即估计值是表型值的线性函数；无偏是指估计的育种值的期望等于真实育种值的期望；最佳是指估计值的误差方差最小。也就是说，用 BLUP 方法得到的估计育种值具有最佳、线性、无偏的性质。

BLUP 方法的原理涉及较复杂的统计学和矩阵代数知识，而且计算也十分复杂，需要用专门的计算软件才能完成，在这里不作详细的介绍。

由于 BLUP 方法的基础是线性模型，而模型是要针对具体的实际情况去设计的，对于 BLUP 方法的应用者来说，最主要的是要根据自己的实际情况设计出合适的模型，准备可靠的数据，然后利用专门的计算软件获得育种值的估计值。因此，下面先对 BLUP 方法的模型作详细介绍，然后对 BLUP 方法作一简要概述。

一、育种值估计模型

（一）线性模型的基本概念

在统计学中，模型是指描述观察值与影响观察值变异性的各因子之间的关系的数学表达式，在影响观察值变异性的各因子中，有些是固定因子，有些是随机因子。线性模型是指观察值与影响观察值变异性的各因子效应之间的关系是线性的，它可一般地表示为：

观察值＝固定效应＋随机效应＋剩余效应

其中，剩余效应（也常称为残差效应或随机误差）是除了已列出的效应之外的所有其他影响观察值的因素的综合；固定效应和随机效应可以是一个或多个，且在固定效应和随机效应中还可包含互作效应。

对于一个具体的统计分析，除剩余效应外，模型中不一定会同时含有固定效应和随机效应。当模型中仅含有其中的随机效应时，称之为随机效应模型，简称随机模型；反之，若模型中仅含固定效应时，则称之为固定效应模型，简称固定模型；若同时含有固定效应和随机效应，则称为混合效应模型，简称混合模型。用于育种值估计的模型除了具有以上的统计学意义外，还具有遗传学意义。

任何数量性状都受遗传和环境的共同影响，因而育种值估计模型也是描述表型值与影响表型值变异性的遗传和环境因素之间的关系的数学表达式，可一般地表示为：

表型值＝环境效应＋遗传效应（＋互作效应）＋剩余效应

其中，表型值即对数量性状的观测值，在遗传效应和环境效应中，有些是固定效应，有些是随机效应。互作效应指的是遗传与环境的互作，它可能存在，也可能不存在，剩余效应的含义同前，即它是所有未列出的遗传和环境效应的综合。

模型中的遗传效应一般就是指动物个体的育种值，即基因的加性效应值，它是一个随机效应。虽然基因的显性和上位效应也是遗传效应，但一般认为它们对多数数量性状影响不大，而如果在模型中包含显性和上位效应，计算的难度将大大增加，因此在实际的遗传评估中，很少考虑它们，也就是说，通常将它们（如果存在）并入了剩余效应中。

（二）模型中的遗传和环境效应

在进行育种值估计时，需要将以上模型根据所分析的性状和实际的环境条件和数据资料的结构加以具体化，也就是要给出模型中的遗传效应和环境效应具体是哪些，同时要明确哪些效应是固定效应，哪些是随机效应。

遗传评估的可靠性在很大程度上取决于模型设计的好坏。

影响数量性状的环境因素很多，对于猪的主要生产性能来说，主要的环境因素有：

猪场（群）：即在进行性状测定时个体所在的场（群）。不同的猪场（群）在饲养管理、饲料、地理环境、建筑设施等方面都可能存在差异。需要注意的是，猪场要以自然猪群为单位，在我国的一些大中型种猪场（或公司）中通常又分为若干分场或生产线，在这些分场或生产线之间也往往会有差异，因而在遗传评估中猪场应以分场或生产线为单位。

年度： 即在进行性状测定时的年度。在同一场内的不同年度间也可能会有管理方式、饲料、设施和气候等的改变。需要指出的是，不同的年度是连续相接的，因此并没有充足的理由一定要按自然年度来划分年度，更没有理由认为上一年的 12 月 31 日与下一年的 1 月 1 日有不同的效应，但为处理方便，一般仍按自然年度来划分年度。

季节： 即在进行性状测定时的季节。在不同的季节（或月份）中，可能会存在温度、湿度等方面的差异。但这里的季节不一定是指自然季节，其长短可小于或大于自然季节（3 个月），也可将不相邻的月份（如 5 月份与 10 月份）合并在一起作为一个季节，季节划分的原则是要使在同一季节内的一致性和不同季节间的差异性达到最大。

性别： 性别对多数生产性能有显著影响，虽然性别本身是由基因决定的，但对于生产性能来说，可将性别当做一种环境效应对待。

饲喂方式： 不同的饲喂方式，即自由采食与限食饲喂，对猪的生长速度和饲料转化率等有较大影响。

胎次： 对于产仔数等繁殖性状，在不同的胎次间存在显著差异，因而在利用多个胎次的记录对繁殖性状进行遗传评估时，要对性状发生时母猪所处的胎次加以考虑。

管理组： 是指在主要系统环境因素（如以上所列各种因素）方面基本一致的环境单位，从理论上说，这是最合理的对系统环境因素的定义。但对管理组的界定往往比较困难，因为很难用一个统一的标准去界定，在不同场、不同时期管理组的范围都可能会有变化，需要生产者自己根据具体情况作出准确判断。因此，在实际的遗传评估模型中往往也用场—年—季的组合或场—年—季—性别的组合代替管理组。

屠宰日期： 对于胴体性状（胴体组成、肉质），不同的屠宰日期由于屠宰条件、人员等的变化可能会对测定结果产生影响。

屠宰场： 同样，不同的屠宰场也会由于屠宰条件、人员等的不同而对胴体性状的测定结果产生影响。

配种方式： 自然交配和人工授精对母猪的繁殖性能往往有一定影响。

产仔间隔： 两次产仔间隔时间的长短本身是一个繁殖性状，但也可作为影响产仔数的环境效应看待。

体重： 对生长速度、胴体组成、肉质等性状，猪只在测定时的体重大小往往与之有显著相关。例如，在一定范围内，体重越大日增重就越大。虽然体重本身也是一个性状，但对于我们要考察的性状来说，我们需要消除体重的影响，以使不同猪只的测定数据具有可比性，因而可以将它当做环境效应来对待。由于体重是连续分布的，所以一般将它作为协变量来分析，有时也可将它分为几个等级，作为离散变量分析。

产仔年龄： 在一个胎次内产仔年龄的差别对产仔数可能会有一定影响。

窝产仔数： 窝产仔数本身是一个重要的经济性状，但它对仔猪出生重、早期日增重等性状会有一定影响，这种影响可以认为是一种环境因子。

永久环境效应： 当一个性状在个体的一生中可以多次表达（如产仔数），则可能存在能对个体各次性状表达都产生相同影响的环境效应。例如，对于产仔数，如果一个个体在其早期生长发育阶段由于受到某种环境因素的影响造成某些生殖器官发育不良，而且这种不良后果又是不可恢复的，则势必会对其一生各个胎次的产仔数都产生相同的不良影响。

窝效应：同窝的仔猪在其哺乳阶段由于母体和相同的生活环境而产生环境相似性，也就是说除了遗传上的原因（全同胞），由于共同的环境也使得同窝个体之间的相似性要大于不同窝个体之间的相似性。在这里母体效应起了主要作用，母体效应包括母亲的泌乳能力、带仔能力等。

在实际应用中，我们不可能将所有可能影响性状的环境效应都包含在模型中，要根据所要分析的性状和数据结构选择适当的主要的环境效应放在模型中。对某些环境因素可以提前进行校正。

（三）我国种猪遗传评估方案建议的遗传评估模型

在由农业部畜牧总站组织国内有关专家研究制定的种猪遗传评估方案中，建议的对主要性状的遗传评估模型如下。

达 100kg 体重日龄和 100kg 体重活体背膘厚（两性状模型）：

日龄（背膘厚）＝场—年—季节—性别效应＋窝效应＋育种值＋剩余效应

其中，场—年—季节—性别效应：在进行日龄（背膘厚）测定时，个体所在的场、年度和季节以及动物个体性别的组合固定环境效应；窝效应：个体出生时所在的窝的随机环境效应，同父、同母及同一胎次出生的猪为一窝；个体育种值：猪只个体的育种值；30～100kg日增重、饲料转化率等性状的育种值估计可以参照该模型进行。

窝总产仔数：

产仔数＝场—年—季效应＋窝效应＋育种值＋永久环境效应＋剩余效应

其中，场—年—季效应：母猪产仔时所在场、年度和季节的组合固定环境效应；窝效应：母猪出生所在窝的随机环境效应；育种值：猪只个体的育种值；永久环境效应：对母猪各胎次产仔都产生影响的随机环境效应；产活仔数及其他繁殖性状的育种值估计可以参照该模型进行。

二、BLUP 方法概述

（一）BLUP 法主要优点

（1）能有效地充分利用所有亲属的信息。

（2）能更有效地校正环境偏差。

（3）能校正选择交配造成的偏差。

（4）能考虑不同群体及不同世代的遗传差异，依靠遗传联系，比较群体内或群体间的种猪优劣。

（5）利用个体多次记录，降低淘汰造成的偏差。

（二）BLUP 方法的一般形式

上述的育种值估计的模型可一般地表示为如下的数学表达式：

$$y＝Xb＋Zu＋e$$

其中 y 是所有个体的观察值向量，b 是所有固定效应的向量，u 是所有随机效应的向量，e 是所有剩余效应的向量，X 和 Z 分别是 b 和 u 的关联矩阵，它们指示了每一观测值分别受哪些固定效应和随机效应的影响。

对于以上模型中的随机效应，通常假设：

$$E（u）＝0，E（e）＝0$$

Var（u）$=G$，Var（e）$=R$，Cov（u，e'）$=0$

E（ ）表示随机效应的期望；

Var（ ）表示随机效应的方差-协方差矩阵；

Cov（ ）表示不同随机效应之间的协方差矩阵。

基于这个模型，b 和 u 的最佳线性无偏估计（预测）可通过对以下方程组（称为混合模型方程组）求解得到：

$$\begin{bmatrix} X'R^{-1}X & X'R^{-1}Z \\ Z'R^{-1}X & Z'R^{-1}Z+G^{-1} \end{bmatrix}\begin{bmatrix} \hat{b} \\ \hat{u} \end{bmatrix}=\begin{bmatrix} X'R^{-1}y \\ Z'R^{-1}y \end{bmatrix}$$

三、动物模型 BLUP

以上模型和方程组是一种通用的表达式，在实际应用时，要根据实际情况加以具体化和特异化。目前在世界各国的猪遗传评估中，所采用的育种值估计方法称为动物模型 $BLUP$，其含义是，在用 $BLUP$ 方法估计育种值时所用的线性模型是动物模型，动物模型是指模型中的随机遗传效应为个体的育种值。上面介绍的我国种猪遗传评估方案建议的遗传评估模型都是动物模型。对于达 $100kg$ 体重日龄模型，可将其表示为：

$$y=Xb+Z_1w+Z_2a+e$$

其中，y 中是所有个体达 100kg 体重日龄的观测值的向量；b 是所有场—年—季节—性别效应的向量；w 是所有窝效应的向量；a 是所有个体育种值的向量，注意在 a 中可以包含没有性状观测值的个体；Z_1 和 Z_2 分别是 w 和 a 的关联矩阵，注意如果定义：$Z=$（Z_1　Z_2），$u=\begin{bmatrix} w \\ a \end{bmatrix}$，则此模型就与上面的通用模型有相同的形式。

对此模型，可以假设：

$$Var（w）=I\sigma_w^2，Var（a）=A\sigma_a^2，Var（e）=I\sigma_e^2，Cov（w，a'）=0$$

其中 σ_w^2，σ_a^2 和 σ_e^2 分别为窝效应方差、性状的加性遗传方差和剩余效应方差；

I 代表单位矩阵；

A 是所有个体间的加性遗传相关矩阵。

据此，上述通用模型中的 G 和 R 可写为：

$$G=Var（u）=Var\begin{bmatrix} w \\ a \end{bmatrix}=\begin{bmatrix} I\sigma_w^2 & 0 \\ 0 & A\sigma_a^2 \end{bmatrix}，R=Var（e）=I\sigma_e^2$$

上述的混合模型方程组也可改写为：

$$\begin{bmatrix} X'X & X'Z_1 & X'Z_2 \\ Z'_1X & Z'_1Z_1+I\frac{\sigma_e^2}{\sigma_w^2} & Z'_1Z_2 \\ Z'_2X & Z'_2Z_1 & Z'_2Z_2+A^{-1}\frac{\sigma_e^2}{\sigma_a^2} \end{bmatrix}\begin{bmatrix} \hat{b} \\ \hat{w} \\ \hat{a} \end{bmatrix}=\begin{bmatrix} X'y \\ Z'_1y \\ Z'_2y \end{bmatrix}$$

对此方程组求解，即可得到育种值的 BLUP 估计值（$\hat{a}$）。

第四节　数据的准备与筛选

遗传评估所需要的信息包括性状表型值（及与之相关的环境因素）和系谱，这两方面的信息通常分别各用一个数据文件来提供，可分别称之为性状文件和系谱文件。所谓数据准备就是要建立这两个文件。在建立这两个文件时要考虑以下方面。

一、数据范围

在每次进行育种值估计前，都要先确定所要利用的数据资料的范围。

从理论上说，当性状测定记录和系谱都追溯到最初的未经选择的基础群时，由动物模型BLUP所获得的个体估计育种值最为理想，因为此时不仅利用了完整的亲属信息，而且可以校正由于选择（淘汰不理想的个体）所造成的偏差。但事实上在多数情况下我们不可能获得基础群的信息，由此所得到的估计育种值是有偏差的。

研究证明，如果仅仅是性状测定记录有缺失，而系谱信息是完整的，则这种偏差是微不足道的，这意味着我们应该利用所有可利用的系谱信息，只要这些信息是可靠的。但是，利用的信息量越大，估计育种值时的计算量也就越大，因此在实际育种中并不能无限制地利用所有信息，而且，当信息量达到一定程度时，再增加信息所带来的估计育种值可靠性的改进就十分有限了。

对于估计育种值所需的最适宜的信息量要根据具体的实际情况而定，它取决于种猪使用年限、公猪使用范围、计算条件等。

事实上，如果数据的时间年限和系谱的世代数达到一定程度就足以得到稳定的估计育种值排序，也就是说，即使利用更多的信息也不会使估计育种值的排队顺序发生显著改变。在不同国家的猪育种实际中，对遗传评估时性状信息和系谱信息量的要求是不一样的。有的利用了可以追踪到的所有记录，有的则利用近 5 年的性状记录和 3～5 个世代的系谱记录。我国猪的遗传评估工作还处于起步阶段，积累的数据还非常有限，因此应尽可能地利用所有可利用的数据。

对于地区性或全国性的联合育种来说，在确定数据范围时，除了考虑时间范围外，还要考虑空间范围，即将哪些场的数据纳入联合遗传评定。原则上，在保证一定的场间遗传联系的前提下，应将所有符合要求的场的数据都加以利用。

二、错误检查

性能测定及其记录以及系谱的记录应尽量做到准确无误，但事实上要做到百分之百的正确几乎是不可能的，在测定、记录和向计算机登录的过程中都可能发生错误。

这些错误包括个体号的错误、系谱错误、性状记录错误、环境因子记录错误等。

这些错误将使估计育种值出现偏差，并降低估计值的可靠性，从而影响群体的遗传进展。据分析当出错率达到 20% 时，畜群的遗传进展将降低 4%～12%（依性状的不同而异）。因此在进行育种值估计之前一定要对数据中可能存在的错误进行认真检查。

1. 个体号检查 一般来说，在一个种猪场中，个体号的出错率可达到 2%～20%。

进行个体号检查首先要检查每个个体的个体号是否符合规定的编号规则，例如，其长度是否为 15 个字符，其中的各个组成部分，即品种代码、场代码、出生年份和场内个体号（耳号），是否都在给定的范围内。

例如，如果是对杜洛克猪进行遗传评定，则个体号中的品种代码（前 2 个字符）就必须是 DD。

2. 系谱检查 系谱中常见的错误有：①某一个体出现 2 次或多次。②某一个体又成了它自己的父亲或母亲或其他祖先。③父亲和母亲为同一个体。④个体缺失（即某一个体在性状记录文件出现了而在系谱文件中不存在）。⑤后代的出生日期与其父母的出生日期不匹配。

3. 性状记录检查 对性状记录主要检查它们是否在可接受的范围内，为此通常要对每一性状给定一个合理的取值上限和下限，一旦某一性状记录超过了这个范围就认为该记录可能有误，需要进一步核实。

在检查时，可先对性状记录文件按要检查的性状值大小排序，而后检查其两端的值是否超出范围。极端值的出现有 3 种可能性：

（1）确实是有错误，此时如果能够查出正确的数值，可对其进行修正，否则应删去该数值。

（2）由于该个体在饲养过程中受到了特殊的照顾，此时应删去该数值。

（3）该个体拥有特别优良的基因，此时应保留该数值，但出现这种情况的概率很低。

如果不能判断是何种原因，则应将该数值删去。

注意在这里删去该数值有两种情况，如果性状文件中只有一个性状的记录，则可将该数值对应的个体（整条记录）删去，当在性状文件中含有多个性状的记录，而只是其中的某个性状记录有错误，则只需删去该数值，即将该数值设为缺值，而保留其他性状的记录。

4. 环境因子记录检查 对于每一条性状记录，要提供遗传评估要求的相关环境因子的信息，如场、测定日期、性别，等等。需要检查的是这些信息是否有缺失，如有缺失，需要对原始记录进行检查，如不能找到缺失信息，则只能将此记录删除或将有关的性状值删除。

第五节　估计育种值的可靠性

一个个体的估计育种值与其真实育种值之差称为估计误差。

估计误差可能是正的，也可能是负的，二者具有相同的概率，也就是说，估计育种值有同样的可能性会大于或小于真实育种值。

估计误差的大小一般用估计值的准确性或可靠性来度量，在统计学上，估计值的准确性是估计值与真值的相关系数，即 $r_{\hat{A}A}$，其中 $\hat{A}$ 是估计育种值，A 是真实育种值，其取值在 0～1，可靠性是准确性的平方，即 $r_{\hat{A}A}^2$。准确性越低，可能的误差就越大。

表 4-1 给出了在不同可靠性下几个主要性状的估计育种值的 90% 置信度的误差大小。

表 4-1　不同可靠性下估计育种值的 90% 置信度的误差大小

可靠性	90% 置信度的估计误差				
	背膘（mm）	100kg 体重日龄（d）	父系指数	总产仔数	母系指数
0.20	2.25	10.0	49	1.4	69
0.30	2.11	9.4	46	1.3	65
0.40	1.95	8.7	42	1.2	59
0.50	1.78	7.9	39	1.1	55
0.60	1.59	7.1	34	1	48

（续）

可靠性	90%置信度的估计误差				
	背膘（mm）	100kg体重日龄（d）	父系指数	总产仔数	母系指数
0.70	1.38	6.1	30	0.9	42
0.80	1.13	5.0	24	0.7	34
0.90	0.80	3.6	17	0.5	24
1.00	0.00	0.0	0	0	0

以父系指数为例，假设某个体的估计的父系指数为100。

若可靠性为0.50，则该个体的真实父系指数有90%的可能性会与100有39的偏差，也就是说，真实父系指数有90%的可能性落在61～139。

若可靠性为0.8，则真实父系指数有90%的可能性落在76～124。

由此可见，高的可靠性对于我们准确地选择优秀种猪是很重要的。如果可靠性较低，我们在选择时就会有较大的风险，因为真实的育种值或指数可能会与估计的育种值或指数有较大的偏差。

在实际的选择中，我们会遇到4种情况：

（1）个体估计育种值或指数较好且相应的可靠性也较高。

（2）估计育种值或指数较好但相应的可靠性较低。

（3）估计育种值或指数较差但相应的可靠性较高。

（4）估计育种值或指数较差且相应的可靠性也较低。

对于第一、三和四种情况，我们很容易作出决定，即选留估计育种值或指数较好的个体，淘汰估计育种值或指数较差的个体；

对于第二种情况，在选择时就会承担一定的风险，因为其真实的EBV或指数可能会远低于估计值，但也有同样的可能性会远高于估计值。

如果有两个个体，我们要在它们中选择，选留一个，淘汰另一个。此时可针对以下情况做出选择：

（1）二者的估计育种值（或指数）相等或相近，但可靠性不等，此时应选择可靠性高的个体；

（2）二者的估计育种值（或指数）不等，但可靠性相等或相近，此时应选择估计育种值（或指数）较好的个体；

（3）二者的估计育种值（或指数）和可靠性都不等，此时应选择估计育种值（或指数）较好的个体。

为了降低可靠性不高所带来的风险，可以同时选择若干个个体，它们的估计育种值（或指数）都较好，但可靠性都较低。

例如，如果有4个个体，它们的估计育种值（或指数）的可靠性都是0.50，如果只选择其中的一个个体，则会有较大风险，但如果我们同时选择4个个体，则它们的平均估计育种值（或指数）的可靠性可以达到0.90。这4个个体中，有的个体的真实育种值（或指数）可能会低于估计育种值（或指数），而另一些个体的真实育种值（或指数）可能会高于估计育种值（或指数），而它们的平均估计育种值（或指数）应接近平均的真实育种值（或指数）。因此，当可靠性较低时，在可能的情况下，应尽量考虑同时选用多个个体，也就是不要把赌注压在一个个体身上。

需要说明的是，在用 BLUP 方法估计 EBV 时，可靠性的计算往往是非常困难的，因为这需要对混合模型方程组的系数矩阵求逆矩阵。因此在一般的遗传评估结果中并不给出每个个体的各性状 EBV 和指数的可靠性。但这并不影响我们的选择决定，因为在每次选择中，我们不会只选择一个或少数几个个体，所以我们只需要根据估计育种值（或指数）的优劣来进行选择，尽管不知道每个个体的可靠性，但可以期望平均的可靠性仍然是比较高的。只要坚持在每世代都选择 EBV 最优秀的种猪，群体就会获得持续的遗传进展。

本讲思考题

1. 了解遗传评估的概念与意义。
2. 了解育种值估计的基本原则。
3. 了解数据错误检查内容。

第五讲　联合育种

第一节　联合育种的概念与意义

一、联合育种的概念

在一定范围（一个省、一个地区、全国）内进行跨场的联合种猪遗传评估称为联合育种。

二、联合育种的意义

影响猪育种进展的因素包括：①选择强度；②遗传变异；③育种值估计准确度；④世代间隔。前三个因素直接取决于育种群规模，世代间隔也与规模有着密切的关系，因此猪育种的效果首先就取决于规模。

$$遗传进展 = \frac{选择强度 \times 选择准确性 \times 遗传标准差}{世代间隔}$$

由于受到多种因素的限制，我国目前的种猪核心群规模无一例外地偏低，即便以单一企业年出栏量达到 500 万头商品猪计算，按照主流的三元杂交体系，其核心育种群总规模也不足 3 000 头，其单一纯种核心群也低于 2 000 头，如果再考虑遗传变异需要维持的家系规模，选择的余地就更为有限。因此，国际上种猪育种的主流趋势就是以不同组织方式的联合育种体系，即便类似 PIC 这样的大型跨国种猪公司在其体系内也是实行跨国联合育种。可以预见，我国未来的种猪育种体系将是以全国性和区域性联合育种为主的模式。

联合育种的核心是进行种猪的跨场联合遗传评估，使得不同场的种猪在遗传上具有可比性，可以进行种猪的跨场选择。开展联合育种的主要意义在于：

1. 通过联合育种，可将不同场的核心群联合成为一个大的核心群，从而扩大群体规模。

2. 通过优秀种公猪的跨场使用，使优秀遗传资源得到充分利用，同时也可以减少种公猪的饲养量，从而提高公猪的选择强度，并降低育种成本。

3. 通过跨场的联合遗传评估，可以对不同场的种猪遗传水平进行客观公正的评估，有利于场间的公平竞争。

第二节 开展联合育种（跨场遗传评估）的前提条件

要实现种猪的跨场联合遗传评估，需要三个前提条件：

1. 所有参加联合育种的种猪场实行统一规范的性能测定，在性状定义、测定方法上必须一致。

2. 不同场间要有一定程度的关联性。由于不同场的环境条件不同，只有在场间具有一定程度关联性的前提下，才能对场间的环境差异进行校正，比较其种猪在遗传上的优劣。

3. 有网络技术平台。

第三节 联合育种的主要内容

1. 种猪登记。
2. 统一规范的生产性能测定。
3. 建立场间关联。
4. 跨场联合遗传评估。
5. 种猪跨场选择与利用。
6. 人工授精体系。
7. 网络信息系统。

以上内容详见有关章节。

第四节 群间关联性

一、群间关联性的概念

在统计学上，如果两个猪群的群效应之差是可估计的，则这两个猪群具有关联性。群间关联由两方面的因素构成：

1. 遗传上的关联，也就是不同猪群的个体有一定的亲缘关系，如果两个猪群都用了同一头公猪，该公猪在这两个群中都有后代，这些后代之间就有了亲缘关系。

2. 环境上的关联，当不同猪群的猪集中在同一环境下（如在中心测定站）进行测定，即使这些猪彼此间没有亲缘关系，不同猪群间也有关联性。如表5-1所示：

表 5-1　不同猪群在同一环境下的关联性

猪群	公猪			测定站
	1	2	3	
A	√			
B	√	√		
C		√		√
D			√	√

上表中，群 A 和 B 都用了公猪 1，群 B 和 C 都用了公猪 2，群 D 用了公猪 3，群 C 和 D 有猪只在测定站进行了测定。假设 3 头公猪间没有亲缘关系。群 A 和 B 通过公猪 1 产生直接遗传关联，群 B 和 C 通过公猪 2 产生直接遗传关联，群 A 和 C 通过群 B 产生了间接遗传关联，群 D 与其他群没有遗传上的关联，但它与群 C 通过测定站产生了环境关联，并通过群 C 与群 A 和 B 也产生了间接关联。

二、群间关联性的度量

度量群关联的目的是使来自不同猪群个体的估计育种值具有可比性，因而对两个猪群的群间关联性最合理的度量是这两个群所有个体两两配对的估计育种值之差的平均方差，这个方差越小，群间个体估计育种值之差的准确性越高，但是在大规模的遗传评估中，这个方差很难计算。Mathur 提出用关联率来近似这个方差，关联率被定义为不同群的群效应估计值的相关，即：

$$CR_{ij} = \frac{Cov(\hat{h}_i, \hat{h}_j)}{\sqrt{V(\hat{h}_i)V(\hat{h}_j)}}$$

其中，CR_{ij} 为第 i 群和第 j 群之间的关联度，$Cov(\hat{h}_i, \hat{h}_j)$ 是第 i 群和第 j 群效应估计值之间的协方差，$V(\hat{h}_i)$ 和 $V(\hat{h}_j)$ 分别为第 i 群和第 j 群效应估计值的方差。这些方差和协方差需要通过对混合模型方程组的系数矩阵求逆而获得，设 W 混合模型方程组的系数矩阵，W^{-1} 是它的逆矩阵，则 $V(\hat{h}_i)$ 或 $V(\hat{h}_j)$ 等于 W^{-1} 中与第 i 群（或第 j 群）相对应的对角线元素，$Cov(\hat{h}_i, \hat{h}_j)$ 等于 W^{-1} 中与第 i 群和第 j 群对应的非对角线元素。但是，当数据量很大时，直接求 W^{-1} 是非常困难的，为此，Mathur 提出下面的间接计算方法：

因为 $WW^{-1} = I$，所以 $WW_i^{-1} = I_i$

其中 I 为单位矩阵，I_i 为单位矩阵中与第 i 个群对应的单位向量，其中与第 i 个群对应的元素为 1，其余元素为 0，W_i^{-1} 为 W^{-1} 中与第 i 个群对应的向量，它可由对此方程组求解得到。针对相关的群求 W_i^{-1}，就可得到所需的 W^{-1} 中的对角线元素和非对角线元素。

第五节　如何建立与增强场间关联性

如前所述，场间关联由遗传关联和环境关联两部分构成，因此，要建立和增强场间关联，就要从这两个方面去考虑。由于我国的中心测定站一般规模不大，每次测定的猪只数量有限，所以通过测定站来建立关联的作用有限，因而主要还是要通过遗传关联来建立场间关联。遗传联系主要通过公猪的跨群使用（通过共用的公猪站或群间精液交换）和种猪交换来建立。

根据当前我国实际情况，采用图5-1所示的模式来建立场间联系。根据这种模式，在初级阶段，种猪场可将自身育种群划分为共享群与场内选育群，共享群一方面与其他种猪场共享群进行精液交流，另一方面与场内选育群进行遗传交换，或参加场内统一测定。与此同时，共享群与场内选育群均选送部分优秀个体送至中心测定站，这样，各种猪场间就可以通过各自共享群建立起有效的遗传联系，形成具有一定区域特色的跨场间遗传联系体系。在此基础上，通过区域性公猪站的交流，逐步建立起跨区域遗传联系体系，这样一个庞大的国家种猪遗传资源共享体系即可形成，这种体系的形成将永久性地为我国猪育种事业服务，并成为今后种猪竞争的重要手段之一。

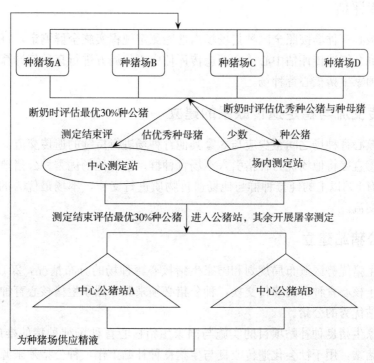

图 5-1　群间关联性建立模式图

第六节　联合育种的实施

一、遴选国家生猪核心育种场

2017年前分批完成100家国家生猪核心育种场的评估遴选；到2020年，通过对100家国家生猪核心育种场的持续选育，达到全国生猪遗传改良计划技术指标要求。其中，2009—2012年遴选50家国家生猪核心育种场，筛选出高生产力水平的核心育种群5万头，配套相关育种设施设备。2013—2016年，再遴选50家国家生猪核心育种场，形成纯种基础母猪总存栏达10万头的国家生猪核心育种群，形成相对稳定的育种基础群体。

二、组织开展种猪登记

建立国家种猪数据库，按照《种猪登记技术规范》（NY/T 820—2004）组织国家生猪核心育种群纯种猪进行登记并及时传送国家种猪数据库。

三、种猪性能测定

坚持场内测定与中心测定相结合，以场内测定为主要形式。中心测定按农业部下达的种猪质量监测计划进行。场内测定育种群15％的种群采用纯种繁育，实施全群测定；其余个体以扩繁为主，视场内血缘状况可对部分种群实施纯繁，纯繁后代测定数量至少要求1公2母。

四、遗传评估

国家生猪核心育种场按照全国种猪场场内性能测定规程实施全群测定，每周四将育种群变更数据上报到全国遗传评估中心。全国遗传评估中心每周五进行育种值计算，次周一前将结果反馈至各国家生猪核心育种场。

五、遗传交流与稳定遗传联系的建立

国家生猪核心育种场之间至少应与3家其他育种场进行持续的遗传交流。遗传交流方式主要有两种：①直接将他场优秀种猪引入本场育种群；②将他场优秀种公猪精液导入本场育种群。应保证有5％以上的纯繁种群与他场遗传物质进行交流，本场最优秀的5％种群必须参与场间遗传交流。

六、种公猪站建立

根据全国生猪优势区域布局规划和国家生猪核心育种场的分布情况，2012年前选出20家种公猪站用于核心育种群的遗传交换，种公猪必须来源于国家生猪核心育种场，并经性能测定、遗传评估优秀的公猪。

为推进国家生猪良种补贴项目的实施与国家生猪核心育种场纯种猪的推广，2020年建设400家种公猪站，用于社会化遗传改良与生猪良种补贴工作，种公猪须来源于国家生猪核心育种场。2015年起，种公猪站饲养的种公猪必须经过性能测定，猪人工授精技术服务点布局合理、服务到位。

场间遗传联系的建立是实质性联合育种的基础，国家核心育种场应切实按照全国生猪遗传改良计划及其实施方案要求，积极主动地参与建立场间遗传联系工作。重点开展：①自建或参与建立相对"独立"的种公猪站，确保防疫条件和各项基础设施设备完善；②按照全国生猪遗传改良计划专家小组确定的场间遗传交流计划，为联系场提供健康、准确、可靠的公猪精液，并提供精液相关的完整信息资料；③按照全国生猪遗传改良计划专家小组确定的场间遗传交流计划，选配适量的联系场种公猪，确保建立长期稳定的场间联系；④协助全国生猪遗传改良计划专家组采集核心群种猪DNA样品，构建全国种猪DNA库。

本讲思考题

1. 什么叫联合育种，开展联合育种有何意义？
2. 开展联合育种的前提条件是什么？
3. 如何建立场间遗传联系？

第六讲 育种目标的制订

育种目标（Breeding Goal），狭义地说就是育种群的种猪通过育种工作要达到的"理想"水平。这里包含几个要点：

（1）"理想"其实就是在未来条件下经济效益的最大化，因此育种目标往往涉及不止一个性状而是多个性状。譬如：繁殖、生长、胴体、肉质、适应性等性状都有可能影响经济效益的最大化而被纳入育种目标之中。育种目标所包含的性状我们称为育种目标性状（target traits），简称目标现状。

（2）"理想"高于现实，亦即较之"理想"，现有的育种群处于不"理想"的状态。在此，现实仿佛起点、"理想"则似终点，育种工作最根本的任务就是通过各种育种措施使育种群的水平由起点到达终点。

（3）众多育种措施当中选择（Selection）可以说是最主要的手段。所谓选择，即在种猪群中选出最优秀的种猪用以繁殖后代。因为育种目标往往包含多个目标性状，所以育种工作所面临的大多属于多性状的选择问题。

（4）猪的生产通常是以繁育生产体系作为载体，其中有育种群、扩繁群、生产群（或者GGP、GP、P及商品群）之分，育种工作主要在育种群中进行，但以生产群作为育种成效的评估基础。

确定育种目标是育种工作的首要环节，所以我们在此对其有关知识做一简要介绍。

第一节　个体的综合育种值

对于实现"理想"亦即育种目标而言，育种过程当中，育种群的不同个体价值是不同的。度量这个价值，我们可以采用个体的育种值（Breeding Value）作为指标。个体的育种值即基因的加性效应值，是在上下代的传递过程中可以传递给后代的部分。这意味着代代选择育种值好的（优秀的）个体繁殖下一代可以提高下一代的水平直至实现育种目标。

对于单个性状而言，个体的育种值即个体与该性状有关的基因的加性效应值之和。

然而，育种目标如上所说，可能涉及多个性状，这时个体的育种值不能仅将个体各性状的育种值简单累加，因为不同性状的物理单位不一样，每个性状改变一个单位所带来的经济效益也不一样。所以，综合育种值（Aggregate Breeding Value）的概念应运而生。所谓综合育种值，即将各性状的育种值用其经济（育种）重要性（Economic Weight）加权组合，形成的一个综合值。假设目标性状共有 n 个，每一个性状的育种值为 a_1、a_2、$\cdots$、a_n，相应的经济（育种）重要性（Economic Weight）即经济加权值为 w_1、w_2、$\cdots$、w_n，则综合育种值（A_T）为：

$$A_T = w_1 a_1 + \cdots + w_n a_n = \sum_{i=1}^{n} w_i a_i$$

经济加权值 w_i 表示的是 i 性状每改变一个物理单位所带来的经济效益，$w_i a_i$ 表示的是 i 性状以经济效益来衡量的价值，而综合育种值则是各性状经济价值的总和。综合育种值也可以看作是一个复合性状的育种值。

需要再次强调的是，综合育种值尽管以经济价值即价钱（如元）为单位，但并不表示一头猪作为商品肉猪的卖价，而是表示作为种猪对于实现育种目标的价值。所以，如果一个个体的综合育种值为 A_T，意味着该个体作为种用与随机地另一性别的个体交配，将使其后代增值 $A_T/2$（每个亲本只决定后代遗传价值的一半）。

第二节　多性状的选择方法

对于实现"理想"即育种目标而言，最根本的手段是选择，而且因为育种目标可能涉及多个性状，选择大多数是多性状的选择。而对多性状的选择而言，尽管都可以个体的育种值为依据，但是方法可以多样，效率也因此而不同。传统的多性状选择方法约有三种：顺序选择法（Tandem Selection）、独立淘汰法（Independent Culling）、综合选择法（Integrative Selection）。

一、顺序选择法

顺序选择法又称单项选择法，它是指对育种目标所涉及的多个性状逐一选择和改进，每个性状选择一个或数个世代，待这个性状达到育种目标要求之后，就停止对这个性状的选择，再选择第二个性状，然后再选择第三个性状等，直到所有性状都达到育种目标为止。这种方法显然存在两个问题：①需要很长时间；②如果目标性状之间存在负的遗传相关，则会出现"此起彼伏"的现象，即这个性状达到了育种目标，在选择另外一个性状时又偏离了目标，以致整个育种目标永远无法实现。

二、独立淘汰法

独立淘汰法也称独立水平法，是将育种目标所涉及的各性状分别确定一个选择界限。例如，对日增重、饲料转化率和背膘厚等三个目标性状分别制订一个选择标准，凡是要留种的个体，必须同时超过各性状的选择标准。如果有一项低于标准，不管其他性状优劣程度如何，均予淘汰。这种方法同时考虑了多个性状的选择，故而优于顺序选择法，但显然容易将那些在大多数性状上表现十分突出，而仅在个别性状上有所不足的个体淘汰掉。

三、综合选择法

综合选择法是利用对综合育种值的估计值进行选择，综合育种值的估计值也常称为选择指数（Index），所以这种方法也称为指数选择法（Index Selection）。综合选择法的指导思想正好与独立水平法相反，它是按照一个非独立的选择标准确定种猪的选留。这个指标将个体在各性状上的优点和缺点综合考虑，并用经济指标表示个体的综合育种价值，因此具有最高的选择效果，是迄今在育种中应用最为广泛的选择方法。选择指数的构建最直接的方法是先估计各个目标性状的育种值，然后用各性状的经济加权值对各估计育种值进行加权求和，即：

$$I = w_1\hat{a}_1 + \cdots + w_n\hat{a}_n = \sum_{i=1}^{n} w_i\hat{a}_i$$

其中，$\hat{a}_i$ 是第 i 个性状的估计育种值。

第三节　育种目标性状的确定

猪的很多性状都有经济意义。因此，为使育种群的种猪达到"理想"水平，即在未来条件下经济效益实现最大化，理论上育种目标应将所有影响猪的经济效益的性状都考虑在内，个体的综合育种值应包括所有性状。但从育种学上考虑，目标性状越多，每个性状单位时间内的遗传进展越小。因此我们需要遵循下列一些基本原则，用以确定目标性状，以使育种工作切实可行、效果最佳。

一、性状应有很重要的经济意义

育种最根本的目的在于提高经济效益。因此，应将性状按其经济意义排序，凡是目标性状必须具有足够大的经济意义。一般来说，繁殖、生长、胴体、肉质及适应性等都符合这条原则，因此也被直接称为经济性状（Economic Traits）。需要指出的是，按照现代育种学的观点，对于体型外貌性状需要科学对待：①身体结构与结实度、肢蹄、乳腺、外生殖器等的经济意义虽非通过产品直接表现出来，但对其他性状（如使用寿命等）有着重大影响。因此，也须纳入育种目标当中。②体型外貌应体现品种（系）的特征尤其是品种（系）在繁育体系中的角色要求，即父系要有父相、母系要有母相。③不应过分强调具有体征意义但不具备多大经济价值的外貌性状，如毛色、毛片形状、耳型等，这将有助于对有经济意义性状的选择。

二、性状应有足够大的遗传变异

实现育种目标需要不间断的选择，选择则依赖于遗传变异，即建立在微效多基因平均效应上的加性遗传方差或标准差。没有遗传变异，种猪就无所谓优劣，而且足够大的遗传变异是获得令人满意的遗传进展的根本前提。有些性状，如猪的繁殖性状，虽然遗传力较低，但就其绝对数值而言，若具有一定可利用的遗传变异时，通过特殊的育种方法，选择仍然是有效的。鉴于此，类似繁殖力这样的性状，应列为育种目标性状。在育种学的术语中，将这类性状归类为"次级性状"（Secondary Traits）。

三、性状间有较高遗传相关时二者取其一

根据"在综合育种值中仅包括一定数量的目标性状"的原则，当两个生产性状间存在着密切的遗传相关关系时，仅将其中之一包括在综合育种值中即可。例如，猪的背膘厚与瘦肉率之间存在着很高的遗传相关，我们通常只把背膘厚列为目标性状。

四、性状测定相对应简单易行

在保证育种成效的前提下，应挑选测定比较简单的性状作为育种目标性状。例如，背膘厚与瘦肉率都是反映猪的胴体组成的性状、达 100kg 体重日龄与饲料转化率都是反映猪生

长性能的指标，但是显然背膘厚与达100kg体重日龄分别较瘦肉率与饲料转化率更易测定。

根据上述原则，结合当前各方面的条件，我们建议全国生猪遗传改良计划近期在对母系群体进行选择时可以总产仔数、达100kg体重日龄和活体背膘厚三个性状作为主要目标性状，在对父系群体进行选择时以达100kg体重日龄和活体背膘厚两个性状作为主要目标性状。

需要指出的是，无论国家、地区还是企业，目标性状的确定都可因地制宜、因时制宜。

我们的上述建议与加拿大猪改良中心（CCSI）2000年前所采用的是一样的。但加拿大自2000年开始将瘦肉量（Lean Yield）、眼肌面积（Loin Eye Area）、肌肉深度（Muscle Depth）和饲料转化率（Feed Conversion Ratio）作为目标性状。

美国STAGES项目始于1985年，其育种目标性状历经多阶段的变化：达目标体重（113.40kg）日龄和背膘→加入产仔数、断奶仔猪数、窝重等繁殖性状→加入饲料转化率和胴体性状→加入肉质性状→加入胎间距、初生窝重及其他旨在提高单位母猪年提供猪头数的性状。

第四节　经济加权值的确定

根据个体综合育种值的公式，可发现性状的经济加权值至关重要。它关系到个体在选择中的优势序列，进而影响选择效果。一般来说，经济加权值取决于育种工作所处的特定的育种—生产—经济系统。估计性状的经济加权值，需要对特定的育种—生产—经济系统进行分析，方法有生产函数（Production Function）法、边际效益（Marginal Profit）法等。这些方法通常过程复杂，故不详述，本讲仅以CCSI最初采用的总产仔数、达100kg体重日龄和背膘厚三个性状经济加权值的推演做一扼要说明（Sullivan与Chesnais，1994）。

1. 总产仔数　提高总产仔数可以提高经济效益，因为可出售的断奶仔猪数将会提高。平均而言，仔猪哺乳期的成活率约为80%。换句话说，即产仔数每增加1头就有望多得0.8头断奶仔猪。1992年时，加拿大断奶仔猪的平均价格为58.25美元，而饲养至断奶的平均成本为27.33美元，纯收益为58.25－27.33＝30.92美元。因此，产仔数增加1头将带来30.92×0.8＝24.74美元。假定每窝断奶仔猪数平均为8头，换算成屠宰肉猪，则意味着每头增值3.09美元。因该性状是由母猪体现的，所以若以生产群作为育种成效的评估基础计算个体的综合育种值，总产仔数的经济加权值即为3.09×2＝6.18。

2. 达100kg体重日龄　生长速度加快将缩短猪养至上市的时间，并且进而通过两条途径提供商品猪生产者的效益：①猪长得越快，达上市体重所需要消耗的饲料就越少。根据测定站的资料，达到100kg体重的日龄每减少1天，就可节省0.9kg饲料，价值0.15美元。②猪长得快，也将降低企业的其他费用。企业其他一般性的费用（包括劳力），根据估计大致是每头33美元。假设商品猪由25kg养到100kg活重需110天，则每天约需0.3美元。两项相加，意味着达100kg体重日龄每减少1天将使商品猪增加0.45美元的收益。

3. 100kg体重背膘厚　降低背膘厚也可以通过两条途径为商品猪饲养者带来经济效益：①脂肪生成较之瘦肉生成需要更多饲料能量。测定站的资料显示，背膘厚每降低1mm对于25～100kg体重阶段的生长猪而言可降低饲料消耗1.06kg。加拿大1992年的平均饲料价格约为0.17美元/kg，于是每头100kg的肉猪因节省1.06kg饲料而多赚1.06×0.17＝0.18美元。

②肉猪低脂肪意味着高瘦肉率，进而意味着对加工者的高经济价值。所以，商品猪的生产者可以得到高收购价格。活猪每降低 1mm 背膘瘦肉量可提高 0.905%。根据加拿大 1992 年的肉猪定价体系和价格，这表示每头 100kg 体重的肉猪可获得 1.65 美元的额外收益。两项相加，意味着背膘厚每降低 1mm 可为商品猪带来 0.18＋1.65＝1.83 美元的额外收益。

第五节　建议的综合选择指数

我们已经知道，依据综合育种值进行综合选择对于实现育种目标效率最高，而综合育种值 A_T 是一个用货币来衡量的量，在育种群中均数为 0、标准差为 σ_A，选择就是根据个体综合育种值进行排序，选出最优秀的。实践当中，我们更多采用下列标准化的指数进行选择：

$$I^* = 100 + 25 \times \frac{I}{\sigma_I}$$

这个标准化的指数的平均数为 100、标准差为 25。这意味着指数超过 100 的个体约有 50%，超过 125 的个体只有约 16%，超过 150 的个体只有约 2.5%。可见，运用这种标准化的指数较之直接运用综合育种值更加直观。

加拿大猪改良中心（CCSI）1995 年起对父系（即在杂交生产体系中作父本的种猪群）以达 100kg 体重日龄和背膘厚两个性状作育种目标性状，对母系（即在杂交生产体系中作母本的种猪群）以总产仔数、达 100kg 体重日龄和背膘厚三个性状作育种目标性状。其时，总产仔数、达 100kg 体重日龄和背膘厚三个性状估计育种值的标准差分别约为 0.5 头、5 天和 1mm，但是不同品种略有不同。具体而言，父系指数（SLI）和母系指数（DLI）公式如下：

$$SLI = 100 + b_{DATE100} \times EBV_{DATE100} + b_{BF} \times EBV_{BF} \quad \cdots\cdots\cdots\cdots\cdots (1)$$

$$DLI = 100 + b_{TBN} \times EBV_{TBN} + b_{DATE100} \times EBV_{DATE100} + b_{BF} \times EBV_{BF} \quad \cdots (2)$$

式中的 $b_{DATE100}$、b_{BF} 和 b_{TBN} 分别为达 100kg 体重日龄、背膘厚和总产仔数的经济加权值经由综合育种值到指数变换后的值；达 100kg 体重日龄、背膘厚和总产仔数的经济加权值称为育种重要性；$EBV_{DATE100}$、EBV_{BF} 和 EBV_{TBN} 则分别表示三个性状的估计育种值（EBV）。对于杜洛克猪、长白猪、大白猪而言，指数中的经济加权值如表 6-1 所示。

表 6-1　选择指数中各性状的经济加权值

指　　标	性　　状	杜洛克猪	长白猪	大白猪
父系指数	达 100kg 体重日龄	−4.00	−3.80	−4.18
	达 100kg 体重背膘	−16.3	−15.5	−17.0
母系指数	总产仔数	33.8	27.8	28.9
	达 100kg 体重日龄	−2.46	−2.02	−2.10
	达 100kg 体重背膘	−10.01	−8.23	−8.55

通常，育种值的估计是建立在特定群体（参照群体）基础上的，即以离均差表示的个体的估计育种值 EBV 是其与特定群体的均值的差。CCSI 的做法是选取由估计时前推两年半间的个体组成参照群体。所以，随着时间推移，参照群体将发生变化，目标性状 EBV 的标准差也将发生变化。另一方面，各性状的经济重要性也非一成不变的。所以，1998 年，CCSI

调整了指数中各性状的经济加权值（表6-2）。

表6-2　选择指数中各性状的经济加权值

指　标	性　状	杜洛克猪	长白猪	大白猪
父系指数	达100kg体重日龄	−4.21	−3.62	−3.79
	达100kg体重背膘	−17.1	−14.7	−15.4
母系指数	总产仔数	43.4	34.33	34.88
	达100kg体重日龄	−3.16	−2.5	−2.54
	达100kg体重背膘	−12.85	−10.17	−10.33

2000年，CCSI进一步调整了其目标性状：对父系以达100kg体重日龄、瘦肉量（LY）、眼肌面积（LEA）和饲料转化率（FCR）4个性状作育种目标性状，对母系再加上总产仔数。指数公式如下：

$$SLI=100+b_{DATE100}\times EBV_{DATE100}+b_{LY}\times EBV_{LY}+b_{LEA}\times EBV_{LEA}+b_{FCR}\times EBV_{FCR}$$
$$SLI=100+b_{TBN}\times EBV_{TBN}+b_{DATE100}\times EBV_{DATE100}+b_{LY}\times EBV_{LY}+b_{LEA}\times EBV_{LEA}+b_{FCR}\times EBV_{FCR}$$

对于杜洛克猪、长白猪、大白猪而言，指数中的经济加权值如表6-3所示。可以发现，CCSI现行方案中的目标性状更难测定，经济加权值也更难估计。

表6-3　选择指数中各性状的经济加权值

指　标	性　状	杜洛克猪	长白猪	大白猪
父系指数	达100kg体重日龄	−2.19	−2.81	−2.81
	瘦肉量	22.6	12.1	12.1
	眼肌面积	0.65	0.83	0.83
	饲料转化率	−152	−195	−195
母系指数	总产仔数	38.2	33.6	33.6
	达100kg体重日龄	−2.09	−1.84	−1.84
	瘦肉量	8.96	7.89	7.89
	眼肌面积	0.62	0.54	0.54
	饲料转化率	−145	−128	−128

鉴于我国猪育种工作的现况，我们建议现阶段的育种目标主要包括总产仔数、达100kg体重日龄和背膘厚三个性状，父系、母系选择分别采用式（1）和式（2），而经济加权值则借用CCSI 1998年起用的值，即表6-2的值。

本讲思考题

1. 何为综合育种值？
2. 多性状选择方法有哪几种？
3. 何为经济加权值？
4. 如何确定育种目标？

第七讲 选 择

第一节 单性状的选择

一、选择反应

我们期望通过测定种猪个体及其亲属，选择遗传潜力（育种值）高的个体来繁殖后代，从而使猪群在遗传上取得进展。当我们选择一个性状时，根据动物育种学理论，每年的遗传进展主要取决于选择压、选择的准确度、性状的遗传力和世代间隔。即：

$$\Delta G = \frac{\Delta P \times h \times r}{L}$$

其中，ΔG 代表每年的遗传进展，ΔP 代表选择压，h 代表遗传力的开方，r 代表选择的准确度，L 代表世代间隔。

从这个公式可以看出，每年的遗传进展与选择压、性状的遗传力、选择的准确度成正比，与世代间隔成反比。

（1）选择压 即留种公、母猪均值与全群均值的差。如果我们全部选留，则留种群与全群平均值无差异，选择压为 0；如果将群体中最好的少部分个体选留，这样留种群与全群平均值的差异就较大，即选择压较大。例如，某猪群平均背膘厚为 20mm，我们选留的公猪群平均背膘厚为 10mm，选择的小母猪群平均背膘厚为 15mm，那么选择压为（10+15）/2－20＝－7.5mm。

（2）世代间隔 即后代出生时亲本种猪的平均年龄。假如所使用的公猪产生后代时的年龄为 1 岁；而母猪产仔时有 1/3 为 1 岁、1/3 为 1.5 岁、1/3 岁为 2 岁，则母猪的加权平均年龄为 1/3×1+1/3×1.5+1/3×2。产生后代时公、母猪的平均年龄为：（1+1/3×1+1/3×1.5+1/3×2）/2＝1.25，即世代间隔等于 1.25 年。

（3）选择的准确度 与性状的遗传力、重复力及选择时所依据的信息来源及数量有关。如果根据单一信息来源（个体自身成绩或者某一类亲属）选择，其准确度可表达为：

$$r = h \sqrt{\frac{nkr_A^2}{[1+ (n-1)\, r_A h^2]\, [1+ (k-1)\, r_e]}}$$

其中，r 代表选择的准确度；h^2 代表性状的遗传力；n 代表信息来源的数量；k 代表性状的测定次数；r_A 代表信息来源与个体的亲缘系数（个体本身 $r_A=1$，全同胞 $r_A=0.5$，半全同胞 $r_A=0.25$，父母亲或子女 $r_A=0.5$；祖父母或者孙子女 $r_A=0.25$）；r_e 代表性状的重复力。

例如，背膘厚的遗传力 $h^2=0.5$，每个终身只有 1 次记录，$k=1$；如果根据测定猪本身的背膘厚进行选择，$n=1$，$r_A=1$；则准确度 $r=0.7071$。

上面例子说明，对于低遗传力、低重复力的繁殖力性状需要根据母猪多胎次的成绩选择才有把握，而对于较高遗传力的生长育肥及产肉性状，根据个体本身成绩来选择就能达到较高的准确度。

如果使所有测定猪在相同环境及饲养条件下进行测定，可提高遗传力，进而提高选择准确度。但在生产实践中，环境因素非常复杂，如母猪年龄、产仔季节、生长育肥猪的性别、测定时的日龄和饲养方式等，因此利用测定结果进行遗传评估时，需要校正环境因素的影响。

最佳线性无偏预测方法（Best Linear Unbiased Prediction，BLUP）能够校正环境效应，同时综合利用各类亲属的测定成绩来估计个体育种值，从而明显提高选择的准确度，特别是对于低遗传力性状更是如此。

疫病及不良的环境、饲料等因素能够抑制优良种猪生产潜力的发挥甚至导致猪群较高的死淘率，将严重影响猪群的选择压及选种准确度。因此，育种企业在这些方面需要做好基础工作，育种企业应该在所有后备猪群中开展健康检测，逐步净化主要疫病。

二、提高选择反应的方法

每年的遗传进展与选择强度、选择的准确性和群体的遗传变异性成正比，与世代间隔成反比。因此，要想获得理想的选种进展，就要从这4个方面去考虑，采取适当的育种措施尽可能地提高选择强度、选择的准确性和群体的遗传变异性，缩短世代间隔。但这4个方面并不是孤立的，它们彼此关联，改变其中一个往往会引起其他一个或两个因素的变化。因此，在制订育种方案时，要通过科学定量的方法找到这几个因素间的平衡点，以期在特定育种条件下获得最大的遗传进展，同时还应考虑预期获得遗传进展的成本与预期发生的经济回报间的关系。

第二节　多性状的选择

一、选择指数

通过对多个性状的遗传力、遗传相关及经济权重进行合并计算获得综合选择指数，根据指数排序进行选择。这种方法克服了单性状选择的不足，计算也较简单，适合于较小型猪场进行场内评定；通常又分父系指数（Sire Line Index，SLI）与母系指数（Dam Line Index，DLI）分别进行选择。SLI主要强调父系性状如生长速度、瘦肉量、肉质等，进行指数计算；DLI则强调母系性状如繁殖性能等，进行指数计算。

（1）父系指数　父系指数用于将在杂交生产体系中作父本的种猪群的个体综合育种值的估计，包含达100kg体重日龄和背膘厚两个性状，指数越大越好。计算公式如下：

$$SLI=100+W_{DATE100}\times EBV_{DATE100}+W_{BF}\times EBV_{BF}$$

其中，$W_{DATE100}$和W_{BF}分别为达100kg体重日龄和背膘厚的经济重要性。我国目前尚无自行估计的参数，因此暂时借用加拿大的资料（见经济加权值表）。

（2）母系指数　母系指数用于将在杂交生产体系中作母本的种猪群的个体综合育种值的估计，包含达100kg体重日龄、背膘厚和窝产总仔数三个性状。计算公式如下：

$$SLI=100+W_{DATE100}\times EBV_{DATE100}+W_{BF}\times EBV_{BF}+W_{TBN}\times EBV_{TBN}$$

其中，$W_{DATE100}$、W_{BF}和W_{TBN}分别为达100kg体重日龄、背膘厚和总产仔数的经济重要性。我国目前尚无自行估计的参数，因此也暂时借用加拿大的资料（见经济加权值表）。

二、经济加权值

经济加权值用于多性状选择。选择指数中各性状的经济加权值如表7-1：

表 7-1 选择指数中各性状的经济加权值

指 标	性 状	杜洛克猪	长白猪	大白猪
父系指数	达 100kg 体重日龄	−4.21	−3.62	−3.79
	达 100kg 体重背膘	−17.1	−14.7	−15.4
母系指数	达 100kg 体重日龄	−3.16	−2.5	−2.54
	达 100kg 体重背膘	−12.85	−10.17	−10.33
	总产仔数	43.4	34.33	34.88

三、个性化的选择指数

育种企业完全可以根据猪群的具体基础及客户的需求，有针对性地调整各选择指数中相关性状的经济权重，提出个性化的种猪选择指数，以培育有企业特点的种猪产品，实现差异化销售策略。

第三节 选种流程

一、选种概念

选种就是选优汰劣，也就是将最好的种猪选留下来，用于繁殖后代。通过选种，可以定向改变种猪群各种基因的频率，提高优良基因的频率。即将遗传上优秀的个体选出来繁殖下一代，使得下一代的平均值能够优于上一代。要培育出优良的种猪，必须掌握科学的选种技术，只有每一世代都将最好的种猪选留到核心群，才能提高种猪质量，加快遗传改良速度。

二、选种的基本原则

种猪选择的基本原则是以性能测定为依托，以遗传评估为手段，以数量性状选择为主，分子标记选择为辅，实行断奶时多留，保育结束时初选，100kg 左右性能测定结束时精选，初配阶段终选的多留种、高淘汰制大群选择法，在加大选择差的同时提高选择强度。

三、种猪的选择阶段及选种标准

猪只的不同性状或生产性能是在发育过程中逐渐表现出来的，在猪只发育的各阶段，制订各阶段的选择标准，分阶段进行选留与淘汰，对于实行早期选种、降低饲养成本、提高种猪场经济效益非常必要。

（1）断奶时选择 在仔猪断乳时进行第一次选择，主要采用窝选加个体选择。挑选的标准为：符合本品种的外形标准、生长发育好、体重较大、皮毛光亮、背部宽长、四肢结实有力、乳头数在 6 对以上、没有明显遗传缺陷。猪的主要遗传缺陷见表 7-2。

断奶时应尽量多留，一般来说，初选数量为最终预定留种数量公猪的 10～20 倍以上，母猪 5～10 倍以上，以便后面能有较高的选择强度。产仔数多的窝可适当多留，产仔数少的窝少留。

表 7-2 猪的遗传缺陷

异常症状	特　征	遗传方式
裂腭	腭骨未闭合，可能导致兔唇，致死，初生仔猪不能吮乳	隐性
联体双生	"暹罗双胎"一躯双头或相反；一头而体躯后部分三叉及其他畸形	不明
隐睾	一侧或双侧睾丸不在阴囊而留在体内。不育	隐性
耳缺陷	耳裂，致死，后肢双生	不明
上皮发生缺陷	体躯或四肢局部皮肤缺失	隐性
过肥症	体重31.75～68.04kg即异常肥胖而死，致死	隐性
无眼	无眼畸形，眼缺失	似隐性
胎儿死亡	产死胎或被吸收	隐性
无毛	几乎无正常毛囊。可能包括遗传性甲状腺机能障碍	隐性/常染色体
血友病	猪因细小伤口流血不止而死。初生时不表现，3～4月龄开始显现	隐性
雌雄间性	卵巢和睾丸组织并存，可能同时具备雌性和雄性的外貌	1对或多对修饰基因
鼠蹊疝	肠通过鼠蹊环漏出	不明
阴囊疝	肠通过大鼠蹊管落入阴囊	隐性
脐疝	腹壁肌组织缺隐，致使肠透出	显性
腹壁疝	肠突入腹部缺陷肌层和正常肌层之间	不明
脑积水	脑增大，颅腔有大量液体，致死	隐性
高温症	当遇麻醉应激时体温升高	隐性
内翻乳头	乳头内翻，无泌乳功能，状如公猪的阴鞘	不明
其他乳头异常	包括有乳腺突起而无奶头的瞎乳头，不能泌乳的发育不全的小赘生乳头，距腹线过远的错位乳头	不明
同族免疫溶血性贫血	小猪72h内死亡。遗传来自阳性公猪，导致阴性免疫反应母猪的初乳中有抗体存在，导致仔猪死亡	不明
怪尾	畸形，尾打硬弯	隐性
软阴茎综合征	阴茎不能勃起	不明
黑变瘤	皮肤瘤或痣，出生时小，以后体积增大，严重色素沉积，包括被毛。有些痣不发生	隐性
肌肉挛缩	前肢僵直	隐性
麻痹	后肢麻痹，致死	隐性
多趾	前脚多趾（有额外趾）	可能是显性
猪应激综合征	猪在兴奋、运动、运输、接种、去势、交配等应激刺激下突然死亡。体温升高。死亡可能发生在屠宰前任何时间	隐性
PSE 肉	PSE 肉与 PSS 有密切关系。猪肉软、苍白、质地松、很少或没有大理石纹状结构	不明

（续）

异常症状	特　征	遗传方式
卟啉血症	内分泌代谢机能失常	显性
无腿	无腿，生后不久死亡	隐性
先天性肌痉挛	初生仔猪神经性共济失调，震颤。轻重不一，从哆嗦到不能吸奶。症状随年龄减轻	不明
短腭	一腭比另一腭短	隐性
短脊柱	脊椎骨比正常的少	隐性
八字腿	出生时不能站立或走路，通常两后腿向两侧斜伸或向前斜伸	不明
跛行症	腿提起时肌痉挛，跛行	隐性
并蹄畸形	如同1趾的单蹄动物	显性
前肢肥大	由于结缔组织凝胶状浸润代替了肌肉，使前肢异常肿大。致死	隐性
尿殖道缺陷	各种尿殖道缺陷	隐性
肉髯	颈前部皮肤似有下垂物	显性
螺旋毛	被毛螺旋状弯曲	显性
绵毛	卷曲绵毛	显性

（2）保育结束阶段选择　保育猪要经过断奶、换环境、换料等几关的考验，保育结束一般仔猪达70日龄，断奶初选的仔猪经过保育阶段后，有的适应力不强，生长发育受阻；有的遗传缺陷逐步表现。因此，在保育结束拟进行第二次选择，将体格健壮、体重较大、没有瞎乳头、公猪睾丸良好、没有遗传缺陷的初选仔猪转入下阶段测定，一般要保证每窝至少有1公2母进入性能测定。

（3）测定结束阶段选择　性能测定一般在5～6月龄结束，这时个体的重要生产性状（除繁殖性能外）都已基本表现出来，并且也有了遗传评估的结果。因此，这一阶段是选种的关键时期，应作为主选阶段。此时的选择应以遗传评估结果和体型外貌为依据，按一定的选择比例，选择优良的个体留种。该阶段的选留数量可比最终留种数量多15%～20%。

①基于遗传评估结果的选择　经过遗传评估，每头候选猪只都应有了主要性状（如100kg体重日龄、100kg体重背膘厚、产仔数）的EBV和选择指数（父系指数和母系指数）。一般情况下，应根据指数的高低来进行选种，但要考虑的是用父系指数还是母系指数。这要根据候选猪品种在商品猪的杂交生产体系中是用作父系还是用作母系而定，父系指数用于父系品种中的公、母猪的选择，母系指数用于母系品种中公、母猪的选择。父系是用作终端父本或生产终端父本的品种，母系是用作终端母本或生产终端母本的品种。例如，在杜洛克×（长白×大白或大白×长白）的杂交生产体系中，杜洛克是父系，长白和大白是母系。在（杜洛克×皮特兰）×（长白×大白）的生产体系中，杜洛克和皮特兰是父系，长白和大白是母系。在一个群体中，父系指数和母系指数的平均数大约为100，标准差大约为25，指数大于100，意味着高于平均数，指数超过125的个体只有约16%，指数超过150的个体只有约2.5%。在有的情况下，也可根据各个性状的EBV来选择，如果特别希望猪群在某个性状上有较快的改进，可以考虑选择在该性状上EBV很突出的个体（其指数不一定最好），但在其

他性状上也不是很差的个体。

②基于体型外貌的选择　体型外貌主要考虑肢蹄结实度、乳头数和形状、生殖器官等方面，淘汰在这些方面有缺陷（如 O 形或 X 形腿、有内翻乳头、外阴部特别小等）的个体。

（4）配种和繁殖阶段选择　这时后备种猪已经过了三次选择，对其祖先、生长发育和外形等方面已有了较全面的评定。所以，该时期的主要依据是个体本身的繁殖性能。对下列情况的母猪可考虑淘汰：①至 7 月龄后毫无发情征兆者；②在一个发情期内连续配种 3 次未受胎者；③断奶后 2 月龄无发情征兆者；④母性太差者；⑤产仔数过少者。

公猪性欲低、精液品质差，所配母猪产仔均较少者淘汰。

四、选种流程

根据当前我国规模化种猪场实行以周为单位的生产节奏，建议以下种猪选种操作流程，具体指标可以根据具体情况加以调整（表 7-3）。

表 7-3　种猪选种流程

生产操作流程	记　录	测定选育重点关注和操作	时间
母猪分娩	1. 母猪　品种、耳号、胎次、与配公猪耳号、配种日期、分娩日期、总产仔数、产活仔数、死胎木乃伊数量、初生窝活重及所在猪舍、单元、栏位。 2. 仔猪　耳号、性别、出生重、有效乳头对数	1. 长白、大白母猪　窝产活仔不少于 10 头且初生窝活重不少于 12kg。 2. 杜洛克母猪　窝产活仔 9 头以上，且初生窝重 11kg 以上。 3. 同窝仔猪不能出现遗传缺陷	第 1 周
仔猪断奶	1. 母猪断奶日期、断奶日龄、断奶窝重。 2. 母猪 21 日龄校正断奶窝重。 3. 仔猪个体断奶体重	1. 母猪按实际胎次、断奶天数和断奶窝活仔数校正到 21 日龄窝重（泌乳力）。 2. 长白、大白母猪校正 21 日龄窝重不少于 55kg。 3. 杜洛克猪校正21日龄窝重不少于50kg	第 4 周
仔猪进入保育	1. 测定仔猪耳号、品种、出生日期、父亲、母亲、初生重、断奶日期、断奶日龄、断奶重。 2. 测定仔猪所在保育猪舍、圈、栏位	1. 在满足以上条件的窝中，每窝挑选健康、活泼、6 对以上乳头，且发育良好、体型外貌没有损征、体重较大的仔猪。 2. 每窝挑选 2 公 2 母仔猪作为参加测定的仔猪。马上用动检耳标打在左耳上。 3. 所有参测仔猪合理合群转入条件最好的仔培猪舍，集中饲养	第 5 周
仔猪保育	每日记录死、淘、不健康猪	1. 在参测猪记录表上核对、标注死、淘、不健康猪及其原因。 2. 将死、淘、不健康猪立即转出。 3. 保育结束，适当调整合群，转入生长育肥舍	第 10 周
生长育肥猪饲养	1. 记录测定所在猪舍、单元、栏位。 2. 每日记录死、淘、不健康猪	1. 在参测猪记录表上核对、标注死、淘、不健康猪及其原因。 2. 将死、淘、不健康猪立即转出。 3. 按 17～18 周龄（控制在 80～90kg）结束测定的原则，结合种猪销售情况，确定结束测定日期	第 16 周

（续）

生产操作流程	记　　　录	测定选育重点关注和操作	时间
生长育肥性能测定	记录测定所在猪舍、单元、栏位	1. 测定体重、背膘厚度、眼肌面积。 2. 根据实际测定日龄进行校正。 3. 计算每头猪父系指数、母系指数。 4. 评定测定猪体型、外貌健康、活泼、乳头排列和发育良好、体型外貌没有损征。 5. 按综合指数排队，选指数最高，并且体型外貌合格的留种。 6. 公猪留下 1/4；母猪留下 1/3	第 17～18 周
后备猪选留	记录后备猪所在猪舍、单元、栏位	1. 后备猪单独饲养。 2. 后备猪采血样进行猪瘟和伪狂犬等病原检测，阳性猪不留。 3. 种公猪进行精液检查，不合格不留。 4. 合格留种公猪综合指数超过上一代种公猪时，进入种猪群，参加配种	第 17～18 周
种猪配种	记录种猪猪所在猪舍、单元、栏位	1. 按最小亲缘系数原则进行选配。 2. 按多利用年轻种公猪配种的原则进行配种。 3. 决定每头母猪的与配公猪，准确配种记录，杜绝混配。 4. 每头种猪制作单独种猪卡片	第 31～35 周

本讲思考题

1. 掌握选种的目的及选择的基本原则。

2. 熟悉阶段选择及选择标准。

3. 怎样根据遗传评估结果进行选种？

4. 根据体型外貌进行选择的标准是什么？

第八讲　个体选配

第一节　选配的基础知识

一、近交与杂交

（1）近交　近交是指交配双方有较近的亲缘关系，在畜牧学上是指交配双方到共同祖先的总代数不超过 6 代的个体间的相互交配，或所生后代的近交系数大于 0.78%。一般用近交系数予以度量。

近交可以增加纯合子的频率。因此，近交所产生的不利效应主要是增加隐性有害纯合子出现的概率，从而导致近交衰退。

近交的用途则有：①近交结合严格的选择，可以消除有害基因和固定优良性状，保持群体的同质性；②产生近交系，提供实验动物；③近交程度高的个体其杂交时杂种优势通常较大，所以配套系中种猪都是纯种，有些个体还是高度近交的后代。

（2）杂交　猪的杂交通常指不同品种、品系或类群间的交配，属于群体间的远交。

杂交的目的是主要加速品种改良以及利用杂种优势，杂种优势来自于基因的非加性效应，包括显性效应和上位效应等，可分为三种：①个体杂种优势，指杂种本身生活力较高、生产性能较好；②母体杂种优势，指杂种的母亲也是杂种，表现出繁殖性能较强；③父本杂种优势，表现出公猪繁殖能力较强、生产性能较好。

二、个体近交系数、群体近交系数

（1）个体近交系数　个体近交系数公式如下。

$$F_X = \sum (1/2)^{n+1} \times (1 + F_A)$$

其中，F_X 代表个体 X 的近交系数；n 代表通过共同祖先把父母联系起来的通径链上的世代数；F_A 代表共同祖先的近交系数；$\sum$ 代表把所有通径总加的符号。

例如，X 个体的系谱和箭形图见表 8-1：

表 8-1　X 个体的系谱和箭形图

通径路线	通径图	共同祖先	F_A	$(1/2)^{n+1}\ (1+F_A)$
B←L→D		L	O	$(1/2)^{2+1}$
B←C→D		C	O	$(1/2)^{2+1}$

则 X 个体的近交系数为：$F_X = (1/2)^3 + (1/2)^3 = 1/4 = 0.25$

（2）群体近交系数

①规则近交　如表 8-2：

表 8-2　规则近交系数

近交世代	全同胞交配	半同胞交配	亲子交配*	亲子交配**
1	0.250	0.125	0.250	0.250
2	0.375	0.219	0.375	0.375
3	0.500	0.305	0.500	0.438
4	0.594	0.381	0.594	0.469
5	0.672	0.449	0.672	0.484
⋮	⋮	⋮	⋮	⋮
∞	1	1	1	0.500

注：* 与年轻亲本交配，** 与 F＝0 的同一亲本回交。

②小畜群　可以先求出每个个体的近交系数，然后求其平均值。

③大畜群　可随机抽取一定数量的家畜，逐个计算近交系数，然后用样本平均数来代表畜群平均近交系数。

④闭锁群　对于长期不引进种畜的闭锁随机交配畜群，平均近交系数可用下面的近似公式估算：

$$\Delta F=\frac{1}{2N_e}=\frac{1}{8N_s}+\frac{1}{8N_D} \qquad F_t=1-(1-\Delta F)^t$$

其中，ΔF 代表近交系数每代增量，N_s 代表每代参加配种的公畜数，N_D 代表每代参加配种的母畜数，t 代表世代数，F_t 代表第 t 代的近交系数。

如果每代参加配种的公母数不同，可以采用下式进行校正：

$$\Delta F=\frac{1}{2N_e}=\frac{1}{2t}\left[\frac{1}{N_1}+\frac{1}{N_2}+\cdots+\frac{1}{N_t}\right]$$

第二节　选　　配

一、选配的概念

选配是指人为确定种猪个体间的交配体制，是对猪群交配的人工干预，即有目的地选择公、母猪的配对，使优良个体获得更多的交配机会，使优良基因更好地重组，有意识地组合后代的遗传型，通过选配达到获得优良种猪或合理利用优良种猪的目的，促进种猪群的改良、提高猪的生产性能。

二、选种与选配的关系

选配是有意识地组合后代的遗传基础。选配的合理性与有效性直接影响育种的进度。因此，选种是选配的基础，选配是选种的继续，选种与选配相互促进。选配既能验证选种的正确性，又能巩固选种效果。

三、选配的作用

选配的主要作用有：①创造必要的变异；②把握变异方向；③避免非亲和基因的配对，因为配子的亲和力主要决定于公、母畜配子间的互作效应；④加速基因纯合；⑤控制近交程度，防止近交衰退。

四、选配的类型

以随机交配（即公、母猪之间完全随机地交配，不考虑它们的亲缘关系和生产性能为基准），分为品质选配（性能选配）和亲缘选配两种方式，两者之间侧重点不同，但又有所联系。

1. 品质选配是根据公、母猪的生产性能（以遗传评估结果来衡量）**来进行选择性的交配**　又分为同质选配和异质选配，同质选配是选择性能相近的公、母种猪进行交配，即性能优秀的公猪配性能优秀的母猪，性能较差的公猪配性能较差的母猪，这种交配将增加后代群体中变异性，并增加后代中出现优秀的极端个体的机会。异质选配是性能优秀的公猪配性能较差的母猪，性能较差的公猪配性能优秀的母猪，这种选配将增加后代群体中的同质性。在实际生产中通常是采用同质选配，并适当增加优秀种公猪的配种频率，即优秀的公猪配更多的母猪。

2. 亲缘选配是根据交配双方的亲缘关系进行选配 如果双方间存在亲缘关系,就叫近亲交配(近交)。在随机交配的情况下,也可能会出现近交,如果有意识地避免某种程度的近交,就称为远亲交配(远交)。亲缘关系的远近可以用亲缘系数来度量。在交配双方都为非近交个体且它们的共同祖先也是非近交个体的前提下,全同胞之间亲缘系数为0.5,半同胞之间亲缘系数为0.25,亲子之间亲缘系数为0.5。在实际的群体中,由于种猪选育群规模限制,每个世代的双亲都有一定程度的近交系数和亲缘系数,所以实际上或多或少都存在近交的情况,并且同胞之间及亲子之间的亲缘系数都要大于以上的数值。由近交所产生的后代称为近交个体,近交的程度用近交系数来度量,如果双亲都是非近交个体,则后代的近交系数等于双亲的亲缘系数的一半。

近交在揭露有害基因、保持优良个体血统、提高猪群同质性、固定优良性状及培育实验动物方面都是有效甚至是必需的手段。但是,对于多数性状,尤其是遗传力较低的性状(如产仔数、断奶仔猪数等),近交会造成近交衰退,即后代平均数低于亲本的平均数,见表8-3。在现有瘦肉型种猪改良选育中,由于群体规模的限制,近交往往是不可避免的,需要通过选配来控制过度的近交,将群体的近交水平控制在一定范围内。因此,在亲缘选配时,需要注意以下几点:

(1)母猪配种前须进行公、母猪亲缘系数配对计算,安排相互间亲缘系数较小的公、母猪进行配种,绝对避免亲子交配和同胞(包括半同胞)交配,尽量避免有共同祖父(母)或外祖父(母)的公、母猪间的交配。

(2)有意识地保留一定血统数量,这样是照顾种猪销售中客户对公猪血统数量的需求,同时也能避免过度集中使用某个种公猪造成近交的局面。

(3)坚决不在出现遗传缺陷的窝中选择后备猪,这样可以逐步淘汰隐性有害基因。如果某个家系出现比较明显的遗传缺陷,就要考虑及时将生产缺陷后代的公、母猪一律淘汰。

(4)加强基因交流,开展联合育种,从国内外引进经过遗传评估的优秀公猪的精液进行输精,这样相当于在公猪水平上扩大基础群规模,减少近交的风险。

(5)加快核心群种公猪的更新速度。

(6)限制种公猪在核心母猪群中的最高配种比例。

表8-3 猪几个主要性状的近交衰退

近交系数	产活仔数	出生重(kg)	断奶窝仔数	断奶重(kg)	154日龄重(kg)
0.1	−0.3	−0.032	−0.5	−0.437	−1.04
0.2	−0.6	−0.045	−1.1	−1.256	−4.91
0.3	−0.9	−0.050	−1.8	−2.295	−9.99
0.4	−1.2	−0.058	−2.5	−3.416	−14.85
0.5	−1.5	−0.081	−3.1	−4.460	−18.64

五、种猪的选配原则

制订选配计划应坚持如下原则:

（1）有明确的目的　严格根据选配目的制订选配计划，有明确目的的选配才能达到预期目标，根据预期目标，确定选配的方法和交配的公、母猪个体，可稳定和巩固猪群优良性状，克服其缺点。

（2）公猪的指数或等级要高于母猪　选配时，种公猪的品质或指数应高于与配的种母猪，至少与配的公、母猪的指数或等级相同，不能用低于种母猪等级的种公猪与之交配。

（3）灵活、合理运用同质选配、异质选配　如果要固定某个优异性状，通常采用同质选配方式；如果要改良某个性状，或者使不同的优异性状集合，通常采用异质选配方式。最重要的是最好的配最好的，具有相同缺点或相反缺点的公、母猪不能配种，如用凹背公猪与凸背母猪交配，不但改变不了缺点，反而会使缺点加深，须用背腰平直的个体与之交配，才能纠正缺点。

（4）选择亲和力好的公、母猪交配　亲和力也称基因的巧合能力，主要来自公、母猪的互作效应。在制订选配计划时，应该分析以往的选配效果，通过对猪群过去选配的效果进行分析，以便找出能产生优良后代的交配组合，特别是公猪的选配结果，最好选择那些与各母猪配种效果都较好的公猪。

（5）正确使用近交　近交会导致近交衰退现象的发生。因此，不能随意使用近交，近交只能在育种群使用，一般只限于培育品系（包括近亲系）以及为了固定理想性状时才可用各种不同程度的近亲交配。它是一种局部而又短期内采用的方法，即使在育种群使用近交，也应该灵活应用各种近交形式，根据实际需要控制近交的速度和时间。

六、选配计划制订程序

（1）收集种猪的有关育种数据、系谱资料。

（2）了解整个种猪群的基本情况，如现有生产水平、需要改进提高的性状等。

（3）分析以往的交配结果，根据后裔的表现确定好的选配组合，继续利用，即"重复选配"，重复选定同一公、母猪组合配种。没有交配效果的母猪，可分析其同胞母猪曾与哪些公猪交配，其后代如何，大致做出是否可以交配的决定。

（4）分析即将要参加配种的公、母猪的系谱和个体品质（如生产性能、体型外貌、选择指数等），掌握每个个体今后应该保持的优点、所要克服的缺点和所要提高的品质。

（5）根据选配目的和性状的不同，合理利用不同选配方法，制订出选配计划。

核心群内原则上应采取避免全同胞间、半同胞间的交配。实际操作时，对配备有育种软件（如 GBS 软件）的猪场，可以运行软件的"种猪选配计划表制订"功能，在设定种公、母猪之间的最大亲缘相关系数的情况下，由电脑计算并制订最优化的"种猪选配计划表"，该表按要求列出了符合亲缘系数限制条件的种公猪号码。根据该选配计划表，按照预先设定的育种方案，兼顾各品种猪血缘间、血缘内的配种比例，进行种公、母猪的选配。可按表8-2制订选配计划表。

（6）选配计划的修订　应定期对选配计划的执行情况进行检查，发现偏离及时纠正。应对交配出生的后代进行详细、准确的观测，以了解选配效果。如果后代表现好，则说明选配计划是可行的；如果后代表现不好，应进行及时调查并在下次制订选配计划时注意。另外，如发生公猪精液品质变劣或伤残死亡等偶然情况，应及时对选配计划进行合理修正。

（7）实施重复配种　生产中应严格执行配种计划，如出现短暂性供精问题，应按计划使用备用公猪。为保证母猪配种受胎，公猪一次采精后，应优先保障同一母猪二次配种的备用精液。严禁采用其他公猪精液的双重配种，以保证后代血统的准确。

（8）适当照顾血缘　种猪选配的过程中要防止某个血缘的某头公猪过多的选配，这样会影响其他公猪的选配机会；选配过程中既要注意种公猪的血缘结构，也要注意种母猪的血缘结构及两者间的血缘关系，都应在制订选配计划（表8-4）时予以考虑。尽最大努力，不动用或少动用各血缘中的"备选公猪"参加配种。

表8-4　种猪选配计划表

母猪号	品种	预期配种时间	主要特征	与配公猪					配种方式
				主要特征	主配		备选		
					猪号	品种	猪号	品种	

本讲思考题

1. 什么叫近交？有何优缺点？有何用途？
2. 什么叫杂交？有何优缺点？有何用途？
3. 如何控制群体的近交系数？
4. 什么叫选配？选配有什么作用？
5. 选种与选配有什么关系？
6. 选配分为哪几种类型？
7. 制订选配计划时应掌握哪些原则？
8. 了解选配计划制订程序。

第九讲　杂交生产模式

第一节　杂交生产的原理

经济杂交是指采用遗传上有差异的不同品种或培育的不同专门化品系互相之间进行杂交，使之产生具有杂种优势的杂种猪，大都有较高的生产效益。

杂交利用了不同品种间的遗传互补性，同时还能产生杂种优势。

杂种优势（Heterosis，Hybrid Vigor）：是杂合体在一种或多种性状上优于两个亲本的现象。

杂种优势是由于在杂交时可诱导有关位点的遗传基因相互重组，使显性基因的优良性状突出表现出来，同时，还可使不同位点的基因产生互作效应，结果使杂种猪的生产性能平均值具有超过双亲平均值的趋势，这种超双亲趋势的大小，就称为杂种优势率。

根据杂种个体的性别及用途，杂种优势包括个体杂种优势、父本杂种优势和母本杂种优势。

（1）个体杂种优势　又称子代杂种优势或直接杂种优势。如杂种仔猪生活力提高、死亡率降低、断奶重大、断奶后生长速度快等。

（2）父本杂种优势　杂种公猪代替纯种作父本时公猪性能所表现出优势。如性成熟早、性欲强、睾丸较重、射精量大、精液品质好、受胎率高等。

（3）母本杂种优势　杂种母猪代替纯种作母本时所表现出优势。如产仔多、泌乳力强、使用寿命长等。

由于猪的经济杂交能提高杂种猪的生产水平和经济效益，各国的养猪生产中都采用经济杂交。国内外的实践证明，利用经济杂交，可使杂种猪平均日增重和饲料转化率获得 5%～10% 和 12%～13% 的杂种优势率，在产仔数、哺育率和仔猪断奶窝重方面可分别提高 8%～10%、25% 和 45%。不过，在胴体性状上，如膘厚、瘦肉率和肉质方面，表现杂种优势较低，常表现在 2% 左右或处于双亲平均值的范围之内。

可以看出，在猪的经济杂交中，不同的生产性能所表现的杂种优势有较大的差异，这是由于各生产性能的遗传力有显著的差异所致。

繁殖性状，包括产仔数、产活仔数、仔猪初生重、仔猪成活率和仔猪断奶窝重等性状，都属遗传力低的性状。凡遗传力低的性状，在杂交中都表现出较高的杂种优势率。

生长速度和饲料转化率属于中等遗传力的性状，在经济杂交中，都表现为中等的杂种优势率。

胴体性状包括背膘厚、瘦肉率、眼肌面积、后腿比例和产肉量等性状都属高遗传力的性状，在经济杂交中，都表现较低的杂种优势率。

除以上规律外，还要注意所用杂交亲本猪种的情况对杂种优势的影响规律。

（1）杂交中所用的亲本猪种纯度越高，越有利于杂种优势的提高，反之，就表现水平较低，特别是采用亲本猪种不纯，或者亲本都是杂种，就难于表现出杂种优势来，或者还会降低杂交效果，这是因为猪种不纯，易导致性状的遗传分离所致。

（2）杂交所用亲本猪种，如各主要性状都有突出优点，杂交效果就更好，特别是杂交亲本的母本猪种，如有较高的繁殖性状，会对杂种猪的繁殖性状提高发挥母本效应。亲本中的父本猪种，常在生长速度和饲料转化率方面发挥较强的影响。

（3）饲料条件的好坏，对杂交的效果有重要影响，如果所生产的杂种商品猪具有良好的杂种优势，但饲料质量很差，特别是营养不足或不平衡，就使杂种优势不易得到充分的发挥，因此，在杂种商品猪的生产中，必须同时改善饲料条件。

（4）环境因素的影响也不能忽视，如果猪舍环境条件很差，夏不防暑、冬不避寒，或者各季节舍内通风换气不良，或者舍内环境污染及潮湿，也会影响杂种猪杂种优势的充分表现。因此，必须重视环境效应。

第二节　商业化的杂交育种体系

（1）二元杂交　即两个种群杂交一次，是最简单的一种杂交方式。例如，用长白猪或大白猪作父本，与本地猪母本的杂交。一代杂种无论是公是母，都不作为种用继续繁殖，而是全部用作商品。

二元杂交模式：A♂×B♀→AB→育肥，其中 A、B 代表两个品种或品系。

（2）回交　是指两个种群杂交，所生杂种母畜再与两个种群之一的公畜杂交，所生杂种不论公母一律用作商品。

（3）三元杂交　这种杂交是用两个种群杂交，所生杂种母畜再与第三个种群杂交，所生二代杂种用作商品。

（4）四元杂交　双杂交是用四个种群分别两两杂交，然后再在两种二元杂种间进行杂交，产生四元杂种商品畜。

（5）轮回杂交　是用几个种群轮流作为父本杂交，杂交用的母本种群均用杂种母畜，每代产生的杂种除继续杂交外，其余杂种全部作商品。

（6）顶交　用近交系的公畜与无亲缘关系的非近交系母畜交配。

主要杂交模式见图 9-1：

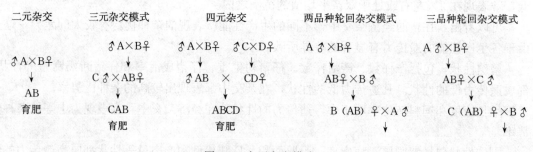

图 9-1　主要杂交模式

第三节　专门化品系的培育

一、概念

生产性能"专门化"的品系，按育种目标分化选择育成，每个品系有某方面的突出优点，不同的品系配置在完整繁育体系内不同层次指定位置，承担专门任务。一般分父系和母系。

二、优点

有可能提高选择进展，用于杂交体系中有可能取得互补性。

三、专门化品系的培育方法

（1）系祖建系法　是通过选定系祖，并以系祖为中心繁殖亲缘群，经过连续几代的繁育，形成与系祖有亲缘关系、性能与系祖相似的高产品系群。

主要步骤：①选择系祖，②组建基础母畜群，③合理选配，④选择继承祖，⑤加强选择。

系组法建立品系，关键是选好系祖，要求系祖不但具有优良的表现型，而且具有优良的基因型，并能将优良性状稳定地遗传给后代。系祖一般为公猪，因为公猪的后代数量多，可进行精选。

（2）群体继代选育法　是选择多个血统的基础群，之后进行闭锁繁育，使猪群的优良性状迅速集中，并成为群体所共有的遗传性稳定的性状，培育出符合品系标准的种猪群。包括以下步骤：①建立基础群，②采用高度近交，③合理选择。

群体继代选育法使建系的速度加快，并且建成的品系规模较大，使优良性状在后代中集中，最终使其品质超过它的任何一个祖先。

（3）正反交反复选择法　是将杂交、选择、纯繁有机结合，能够在提高纯系生产性能的同时又提高两系间杂种优势的一种专门化品系的培育方法。

本讲思考题

1. 什么叫经济杂交和杂种优势率？
2. 哪些性状杂交能表现较高的杂种优势率？
3. 杂交亲本对杂种优势有何影响？
4. 杂交育种体系包括那几种类型？
5. 什么叫专门化品系，专门化品系有何优点？

>>> 第三部分　技术规范

　　从性能测定、遗传评估到育种目标的实现，不仅要一系列的相关技术保障，还需要这些技术具有科学、系统的实施规范，以保证实施方法的通用性、数据与评估结果的可比性。

　　这些技术规范主要包括：种猪登记与个体标识、测定方法、外貌评定、数据的记录与应用等。其中，登记是基础，测定是关键，外貌作辅选，应用是目的与终端。

第十讲　种猪登记与个体标识

第一节　种猪登记

一、种猪登记定义与意义

　　种猪登记特指品种登记，是将相关品种的种猪选育资料进行收集、编辑、统计、分析、发布，以促进品种资源的保护和改良。

　　种猪登记是所有育种工作的基础，其目的在于：

　　（1）使每头种猪有一个合法的身份，也就是说，只有经过登记的猪才是合法的种猪。

　　（2）保证每头种猪来源清楚、系谱完整。

　　（3）保证品种的纯度。

　　（4）保障遗传评估的数据质量。

　　（5）对我国种猪的群体规模有正确的估计。

二、种猪登记机构

　　《中华人民共和国畜牧法》第二十一条规定：省级以上畜牧兽医技术推广机构可以组织开展种畜优良个体登记，向社会推荐优良种畜。如北京市畜牧总站等具有种猪登记的职能。

三、登记的品种

　　强制登记的品种包括大白猪、长白猪和杜洛克猪，以及列入国家级猪遗传资源保护名录的地方品种。

非强制登记的品种：未列入国家猪遗传资源名录的其他地方品种和培育品种，经过国家畜禽遗传资源委员会审定的培育品种（如北京黑猪可以申请种猪登记），从国外引进的其他品种以及利用国外引进的精液或胚胎进行纯繁的后代。

从种猪企业及种猪市场管理的角度考虑，所有在市场流通的纯种猪都应参加登记。

四、参加登记的种猪要求

（1）育种场在群且出生的种用杜洛克猪、长白猪、大白猪的公、母猪，父母经过种猪登记、有完整系谱资料的拟作种用的公、母猪。

（2）育种场在群且出生在国外，经国外品种登记机构登记、有完整系谱资料的杜洛克猪、长白猪和大白猪的公、母猪。

（3）登记的种猪应符合品种特征，外生殖器发育正常，无遗传疾患和损征。杜洛克猪全身被毛棕色，允许体侧或腹下有少量小暗斑点，有效乳头数 5 对以上，排列整齐。长白猪全身被毛白色，允许偶有少量暗黑斑点，耳向前倾或下垂，有效乳头数 6 对以上，排列整齐。大白猪全身被毛白色，允许偶有少量暗黑斑点，耳竖立，有效乳头数 6 对以上，排列整齐。

五、种猪登记内容

（1）已有生产群体记录　①原始的系谱资料；②繁殖记录；③生长育肥测定记录；④屠宰测定记录；⑤销售记录；⑥淘汰记录。

（2）新生个体基本信息　对在中国境内的所有种猪进行的记录，包括以下信息：

①一般信息　品种（品系）、出生场名称、出生场代码、出生日期、同窝仔猪数、断奶日期。

②亲本信息　父亲个体号，母亲个体号。

③个体信息　耳号（6 位数），性别，出生重，左、右乳头数，应激基因型，断奶重。

建议同窝仔猪同时进行登记，可避免相同信息（一般信息、亲本信息、断奶信息）的重复录入，并减少数据录入时的人为错误。

（3）引进个体的记录　从国外购入的种猪，登记以下信息：个体号、出生国家、种猪场、品种、出生日期。

从国内有资质的种猪场购入的种猪，一般已经进行过种猪登记故无需登记，但需要确认供种方是否已经登记，否则需要重新登记。

没有登记的纯种种猪不能销售。

（4）销售及变更记录　当由本场登记过的种猪由于各种原因离开了本场，应在离场后 2 周内进行变更登记，登记内容包括：个体号；离场日期；离场原因（死亡、淘汰、出售），如果是被出售，应记录购入场。

在种猪出售时（含无偿转让），卖方必须向买方提供种猪遗传评估中心统一格式的种猪登记证明，并在网上填报该种猪的去向及交易时间；买方向遗传评估中心申报种猪所有权变更，并在获得许可后，使用原有种猪登记编号进行相关资料的填报。若出售的种猪为已受胎妊娠母猪，卖方须提供母猪当胎次的配种记录。

六、自留或销售后备种猪标记

所有拟作种用的猪只需在出生后按照（个体标识）提供的编号方法打上清晰的耳缺（或耳刺）编号，并可同时佩带耳标或植入芯片电子标记。如果应用植入芯片电子标记，应当将芯片植入左耳。在任何情况下，耳缺（或耳刺）编号都是种猪个体必备的个体标记。

七、种猪登记流程

登记流程见图 10-1。

在遗传评估网站注册，取得用户名、密码

如 http：//www.cnsge.org.cn/，http：//www.bcage.org.cn/，

http：//www.ccsge.org.cn/，http：//www.breeding.cn/等

↓

现有资料的整理、上报

↓

新生数据的登记与数据上报

↓

数据的审核、分析、公布

图 10-1　种猪登记流程

新生数据的登记与数据上报：①种猪登记应在保育期内完成；②种猪场在有种猪销售、转让、淘汰等涉及种猪登记变更的活动发生时，应及时将相关信息上报种猪遗传评估中心；③繁殖性能、生长性能等的测定数据每周定期上报。

第二节　个体标识

种猪的个体标识是指人为在猪只身体某些部位赋予某些数字符号、标志物或电子标签等可读取的信息，以区分个体，一般以数字编号形式编制，类似于人的身份证。

一、个体识别的特征

个体标识是个体的身份证！具有全国唯一性和全国统一性特征。

二、个体标识的意义

（1）个体标识是种猪场内遗传评估和经营管理的需要　①年度的唯一性　跨年度的唯一性；②个体识别与遗传评估；③个体识别与种猪管理；④个体识别与种猪销售。

（2）个体标识是种猪场间联合遗传评估的需要　每个个体的个体号一旦确定后，就不能再变动，该个体号将伴随其一生。当该个体转入其他场时，仍沿用此个体号。

（3）个体标识是种猪市场管理的需要。

三、个体标识方法

个体标识常见的有耳缺、耳标牌及刺耳标等，因为这三种方法都是将个体编号标记在耳

朵上，故又称为耳号。

在猪耳上打耳缺是最常用的方法。在仔猪初生时用耳号钳在猪耳朵的边缘打一些缺口，每一个缺口代表一定的数字，所有缺口所代表的数字加起来就是该个体的标号。耳缺编号法在各个猪场都有不同的规则。剪耳法是利用耳号钳在猪的耳朵上打号，每剪 1 个耳缺代表 1 个数字，把 2 个耳朵上所有的数字相加，即得出所要的编号。以猪的左右耳言，一般多采用左大右小、上 1 下 3、公单母双（公仔猪打单号、母仔猪打双号，但无硬性规定），或公、母统一连续排列的方法。即仔猪右耳上部一个缺口代表 1，下部一个缺口代表 3，耳尖缺口代表 100，耳中圆孔代表 400；左耳上部一个缺口代表 10，下部一个缺口代表 30，耳尖缺口代表 200，耳中圆孔代表 800（图 10-2）。

例如，猪号 47，即在左耳上缘剪 1 个缺刻，下缘剪 1 个缺刻，右耳上缘剪 1 个缺刻，下缘剪 2 个缺刻。

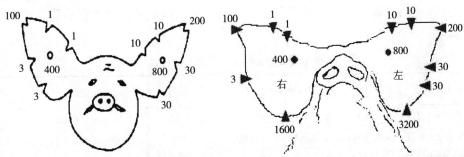

最大耳缺号：1200＋300＋60＋20＋6＋2＝1588　最大耳缺号：4800＋1200＋300＋60＋20＋6＋2＝6388

图 10-2　当前使用较为普遍的 2 种耳缺识别方法

也有采用左小右大，上 3 下 1 的打法。那么猪号 47，即在右耳上缘剪 1 个缺刻，下缘剪 1 个缺刻，左耳上缘剪 2 个缺刻，下缘剪 1 个缺刻。

为了便于联合育种，统一的耳缺打法十分必要，目前国内推荐的耳缺打法如图 10-3。

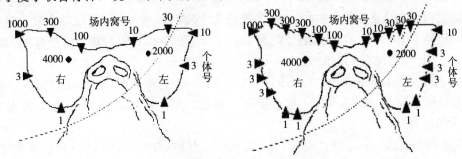

图 10-3　目前国内推荐的耳标打法

在猪耳上戴耳标也是目前常用的方法，即将写有个体标号的特制的金属或塑料标牌穿戴在猪的耳朵上。在猪耳上刺耳标也是一种常用的方法，即用刺标钳在耳朵上打针孔并将永久性墨水注入针孔，这些针孔组成了个体的编号。

四、编号规则

（1）国内编号原则（15 位）　目前，国内推荐的耳标编号系统为 15 位编码，编码原则已经在前述有关章节中讲过。例如，DDXXXX199000101 表示 XXXX 场第 1 分场 1999 年出生的第 1 窝中的第 1 头杜洛克纯种猪（图 10-4）。

种猪场必须要有统一的代码。已参加猪育种协作组的种猪场，其种猪场代码由全国猪育种协作组统一指定；未参加协作组的种猪场由北京市畜牧总站种猪遗传评估中心指定。

每个种猪场必须是一个独立的法人单位，有一个（且只有一个）唯一的代码，场内分场（不是独立法人）不能有独自的猪场代码。

每个个体的个体号一旦确定后，就不再变动，该个体号将伴随其一生。当该个体转入其他场时，仍沿用此个体号。

图 10-4　种猪编号图例

YY	BJXD1	14	0010	09
品种——大白猪	北京小店厂场	2014年出生	本年度第10窝	第九头仔猪

（2）外引种猪编号原则（国家代码＋中国注册号＋/－原注册号）　由于外引种猪（包括精液或胚胎）编号制度与我国不同，多在 6～9 位，引入后登记需要统一为我国标准编号，为此，多在原编码前加入引入国家代码、中国注册号，即形成国内种猪编码。只有法国为 16 位（表 10-1）。

表 10-1　部分国家（公司）的代码

国家（公司）	代码	国家（公司）	代码	国家（公司）	代码
United States（美国）	USA	Canada（加拿大）	CAN	Norway（挪威）	NOR
Great Britain（英国）	ENG	Genus-PIC（皮埃西）	PIC	Netherlands（荷兰）	HOL
Australia（澳大利亚）	AUS	Topigs（托佩克）	TOP	Denmark（丹麦）	DEN
Finland（芬兰）	FIN	France（法国）	FRA	Belgium（比利时）	BEL
Ireland（爱尔兰）	IRE	Sweden（瑞典）	SWE	Hypor（海波尔）	HYP

具体案例：

①美国（National Swine Registry）　原注册号（Registration）为 8～9 位数字（长白猪 8 位，大白猪和杜洛克猪 9 位），中国注册号为 USA＋3 或 4 个 0＋原注册号。例如，长白猪原注册号 87563005，中国注册号则为 USA000087563005；大白猪原注册号 445491010，中国注册号则为 USA000445491010。

②加拿大（Canadian Swine Breeders' Association）　原注册号（Reg. No.）为 7 位数字，中国注册号为 CAN＋5 个 0＋原注册号。例如，原注册号 1917136，中国注册号则为 CAN000001917136。

③丹麦（Dan Bred）　原注册号（H. B. No.）为 NNN-NNNN-NN（N 代表数字），中国注册号为 DAN＋3 个 0＋原注册号（去掉中间的横杠）。例如，原注册号为 914-6215-08，中国注册号则为 DAN000914621508。

④法国（AND 和 French Swine Breeder's Association）　原注册号（Identite Del' Animal 或 Registration number）为 16 位数字和字母，FR＋××××××＋出生年份＋×××××（×代表数字或字母），中国注册号为 FRA＋××××××＋出生年份的后 2 位＋×××××。例如，原注册号 FR22RK920090D197，中国注册号为 FRA22RK9090D197。

⑤英国（British Pig Association）　原注册号（Registration No.）为 9 位数字和字母，中国注册号为 ENG＋3 个 0＋原注册号。例如，原注册号为 R005487LW，则中国注册号

为 ENG000R005487LW。

⑥Genus-PIC（皮埃西） 原注册号（IDENT）为 8 位数字，中国注册号为 PIC＋4 个 0＋原注册号。例如，原注册号 R0057143288，中国注册号为 PIC000057143288。

⑦Hypor（加拿大海波尔） 原注册号（Registration Number）为 7 位数字，中国注册号为 HYP＋5 个 0＋原注册号。例如，原注册号为 4697663，中国注册号 HYP000004697663。

⑧France Hybrides（伊比得） 原注册号（Ident Number）为 11 位数字和字母，中国注册号为 FHY＋0＋原注册号。例如，原注册号为 45LNF902540，中国注册号为 FHY045LNF902540。

⑨Topigs（托佩克） 原注册号为 6 位字母和数字，中国注册号为 TOP＋6 个 0＋原注册号（表 10-2）。

表 10-2　外引种猪编号修改案例

种猪来源	品种	原注册号位数	原注册号	中国注册号
美国	长白猪	8	87563005	USA000087563005
美国	大白猪	9	445491010	USA000445491010
加拿大		7	1917136	CAN000001917136
法国		16	FR22RK920090D197	FRA22RK9090D197
英国		9	R005487LW	ENG000R005487LW
丹麦（Dan Bred）		9	914-6215-08	DAN000914621508
Genus-PIC		8	R0057143288	PIC000057143288
Hypor（海波尔）		7	4697663	HYP000004697663
France Hybrides（伊比得）		11	45LNF902540	FHY045LNF902540
Topigs（托佩克）		6		TOP＋6 个 0＋原注册号

第十一讲　性能测定

第一节　性能测定意义

性能测定（Performance Testing）是指系统地测定与记录猪只个体性能成绩。

性能测定其目的在于：①为家畜个体遗传评定提供信息；②为估计群体遗传参数提供信息；③为评价猪群的生产水平提供信息；④为猪场的经营管理提供信息；⑤为评价不同的杂交组合提供信息。

性能测定是育种中最关键性的基本工作，是获得各种性状信息的来源，没有性能测定，家畜育种就变得毫无意义。因此，必须严格按照科学、系统、规范化的技术规程去实施。

第二节　性能测定的方法与原则

性能测定包括测定方法的确定、测定结果的记录和管理以及测定的实施三个方面，在这三个方面必须掌握如下原则。

一、测定方法

这里的测定方法包括所使用的测定设备、测定部位、测定的操作程序等。

（1）所用的测定方法要保证所得的测定数据具有足够高的准确性和精确性　准确性是指测定的结果的系统误差的大小（是否有整体偏大或偏小的趋势），精确性是指如果对同一个体重复测定所得结果的可重复程度。可靠的数据是育种工作能否取得成效的基本保证，而可靠的数据来源于具有足够准确性和精确性的测定方法。

（2）所用的测定方法要有广泛适用性　育种工作常常并不只限于一个场或一个地区，因而在确定测定方法时要考虑育种工作所覆盖的所有单位是否都能接受。当然这并不意味着要去迁就那些条件差的单位，一切仍应以保证足够的精确性为前提。

（3）尽可能地使用经济实用的测定方法　在保证足够的精确性和广泛的适用性的前提下，所选择的测定方法要尽可能地经济实用，以降低性能测定的成本，提高育种工作的经济效益。

二、测定结果的记录与管理

（1）对测定结果的记录要做到简洁、准确和完整。要尽量避免由于人为因素所造成的数据的错记、漏记。为此，要尽可能地使用规范的记录表格进行现场记录。

（2）标清影响性状表现的各种可以辨别的系统环境因素（如年度、季节、场所、操作人员、所用测定设备等），以便于遗传统计分析。

（3）对测定记录要及时录入计算机数据管理系统，以便查询和分析，对原始记录也要进行妥善保管，以便必要时核查。

三、性能测定的实施

（1）性能测定必须保持客观和公正，不能有意或无意地对任何一头或一群猪有偏好或歧视，保证测定数据是客观真实的。

（2）在联合育种的框架内，性能测定的实施要有高度的统一性，即在不同的育种单位中要测定相同的性状，用相同的测定方法和记录管理系统。

（3）性能测定的实施要有连续性和长期性。育种工作是一项长期的工作，只有经过长期的、坚持不懈的努力，才能显出成效，所以不能只考虑眼前利益，断断续续，更不能做一段时间后就放弃不做，这样不仅看不到成效，还会前功尽弃。

（4）要有足够大的测定规模。性能测定是为种猪选择服务的，通过选择能够获得的遗传进展与选择强度成正比，而选择强度又取决于测定的规模，必须有足够大的测定规模才能获得足够高的选择强度。

第三节 必测性状与建议测定性状

一、全国生猪遗传改良计划实施方案要求

根据我国目前种猪选育现状和性能测定基础，《全国生猪遗传改良计划（2009—2020）》实施方案要求必测性状和建议测定性状为：

（1）必测性状 达100kg日龄、100kg活体背膘厚、100kg活体眼肌面积（这3个性状可根据猪只在85～115kg体重范围内时测定的实测值校正得到）、总产仔数与21日龄窝重（根据实际断奶窝重校正得到）。

（2）建议测定性状 30～100kg日增重、100kg肌内脂肪含量、采食量、饲料转化率、活产仔数、产仔间隔与初产日龄。有条件的种猪场还可进行胴体和肉质性状的测定。

二、北京市遗传评估方案要求

（1）必测性状 达100kg体重日龄、100kg体重背膘厚、总产仔数。

（2）建议测定性状 产活仔数、21日龄窝重、产仔间隔、初产日龄、饲料转化率、眼肌面积、后腿比例、肌肉pH、肉色、大理石纹与滴水损失。

第四节 性能测定的基本形式

从实施性能测定的场所来分，性能测定可分为测定站测定和场内测定。

一、测定站测定

测定站测定（Station Test）是指将所有待测个体集中在一个专门的性能测定站中，在一定时间内进行性能测定。

在我国，中心测定站还用于为新品种（配套系）的审定提供权威测定数据。

优点：①由于所有个体都在相同的环境条件（尤其是饲养管理条件）下进行测定，个体间在被测性状上所表现的差异就主要是遗传差异，在此基础上的个体遗传评定就更为可靠；②容易保证中立性和客观性；③能对一些需要特殊设备或较多人力才能测定的性状进行测定。

缺点：①测定成本较高；②由于成本高，测定规模受到限制，因而选择强度也相应较低；③在被测个体的运输过程中，容易传播疾病；④在某些情况下，利用测定站的测定结果进行遗传评定所得到的种畜排队顺序与在生产条件下这些种畜的实际排队顺序不一致，造成这种不一致的原因是"遗传—环境互作"，也就是说同一种基因型在不同的环境中会有不同的表现。由于我们选出的种畜是要在生产条件下使用的，因而在用测定站测定的结果来选择种畜时要特别谨慎。

二、场内测定

场内测定（On-Farm Test）是指直接在各个猪场内进行性能测定，不要求在统一的时间内进行。

自 20 世纪 80 年代以来，由于新的遗传评定方法（如动物模型 BLUP）能够有效地校正不同环境的影响，并能借助不同猪群间的遗传联系进行种猪的跨群体比较，也由于人工授精技术的发展，为种公猪的跨群体使用创造了条件，从而增加了群间的遗传联系，使场内测定的一些重要缺陷得到了弥补，场内测定逐渐成为猪性能测定的主要方式，而测定站测定则主要用于种公猪的测定和选择，同时也用于一些需要大量人力或特殊设备才能测定的性状，如胴体性状、肉质性状等。

其优缺点正好与测定站测定相反。此外，在各场间缺乏遗传联系时，各场的测定结果不具可比性，因而不能进行跨场的遗传评定。

第五节　场内测定的基本要求

一、生长性能测定

（1）测定数量的要求　国家生猪核心育种群应保证其纯繁后代在测定结束（体重为85～115kg）时必须保证每窝至少有 1 公和 2 母用于生长性能测定，用于育种群更新的个体必须每头均有测定成绩（包括引进种猪也应完成性能测定），并鼓励进行全群测定。有条件的种猪场可对杂交后代进行性能测定。

参与北京市遗传评估的测定种猪数量，在 50kg 以前必须保证每窝有 2 公和 3 母，测定结束（体重为 80～105kg）时必须保证每窝有 1 公和 1 母。

（2）测定环境的要求

①测定舍　根据我国现阶段养猪环境和设施化水平，理想测定环境是采用自动通风换气、温湿度控制、硬地面设计猪舍，测定舍应与生长育肥舍区分，通过猪流动、测定设备固定的方式进行。

②测定设备　称重设备要求精度在 100g 以上的电子秤，使用 B 型超声波仪进行膘厚和眼肌面积的测定，B 超探头应为 12cm 以上的线阵探头，保证横向扫描时眼肌一次成像。采食量的测定应采用电子记录饲喂设备进行。

③测定技术人员　性能测定技术人员必须接受统一的培训并取得相应资格。理想模式是由固定的测定人员进行区域性巡回测定。

④管理条件　受测猪的营养水平、卫生条件、饲料种类及日常管理应相对稳定，应由专人进行饲养管理。

⑤测定猪只　受测猪必须来源于本场育种群的后裔，编号清楚，符合本品种特征，健康、生长发育正常、无外形损征和遗传缺陷。

（3）测定程序

①预试　受测猪进入种猪测定舍后，按性别、体重分开饲养，观察、预试10～15天。

②测定　当体重达（30±3）kg 时开始测定，受测猪中途出现疾病应及时治疗，如生长受阻应淘汰并称重。当体重达（85±15）kg 时，称重并用 B 超测定眼肌面积、膘厚。有条件的育种场可通过自动计料系统准确记录测定期耗料，并计算测定期饲料转化率。

③对每头测定猪只提供以下完整记录　猪只 ID、出生日期、始测日期、始测体重、结测日期、结测体重、背膘厚、眼肌面积、测定期耗料（如果测定）。

二、繁殖性能测定

对每头核心群母猪记录每个胎次的完整的繁殖记录，包括：猪只 ID、胎次、本胎首次配种日期、本胎末次配种日期、本胎配种次数、与配公猪、产仔日期、产仔数、产活仔数、公仔数、母仔数、出生窝重、寄入/寄出头数、断奶日期、断奶窝仔数、断奶窝重。

三、屠宰测定

屠宰测定主要性状：宰前活重、胴体重、平均背膘厚、皮厚、眼肌面积、胴体长、胴体剥离及皮率、骨率、肥肉率、瘦肉率等。

具体描述与测定方法，按中华人民共和国农业行业标准《瘦肉型种猪胴体性状测定技术规范》（NY/T 825—2004，详见附件8）进行屠宰测定。

第六节 中心测定站测定的基本要求

一、送测猪的要求

（1）送测猪场为取得种畜禽生产经营许可证的种猪场，须持有当地兽医防疫检疫机构签发的产地检疫合格证书，确认三个月内未发生国家规定的一、二类传染病。

（2）送测猪送测前完成口蹄疫、猪瘟、伪狂犬等疫苗的免疫注射。

（3）送测猪日龄应为 60～70 日龄，体重在 25kg 左右。

（4）送测猪发育正常，无任何遗传缺陷，肢蹄结实。

（5）送测猪为纯种猪，须备用三代以上系谱资料、出生记录、性别，并参加区域性或全国性纯种猪登记。

二、测定程序

送测猪只进入中心测定站后，重新打上耳牌、称重、消毒猪体，以场为单位送隔离舍饲养观察 1～2 周。隔离饲养期间喂给高能量、高蛋白饲料。

测定重量范围为 30～100kg，在此期间主要度量平均日增重、饲料转化率、膘厚、眼肌面积等。

测定站测定内容包括 30～100kg 平均日增重、达 100kg 体重的日龄、达 100kg 体重的活体背膘厚、饲料转化率（料重比）、体型外貌、氟烷基因（Hal 基因）检测等。

当猪只体重达（30±3）kg 时开始测定，分品种、分性别、分测定组进行饲养，饲喂测定料，随机采食，采用自动饲喂计量系统统计所耗饲料，计算其日增重、饲料转化率。

当猪只体重达 80～105kg 时，结束测定，统计所耗饲料，利用 B 型超声波扫描仪测定倒数 3～4 肋处膘厚、眼肌面积，计算测定期日增重、饲料转化率、产肉量，组织有关专家进行外貌评定，计算外貌得分（彩图3）。

三、测定频次

要求取得《种畜禽生产经营许可证》的种猪场，每3年至少送测1次。

第十二讲 种猪外貌评定

第一节 外貌评定的必要性

外貌评定，也称外形评定、外形鉴定或外形选择，即直接根据种畜的体型外貌和外形结构对个体加以选留淘汰的选种方法。

猪的外形能反映其体质、机能、生产性能和健康状况，外貌可以反映品种或个体间差异及生长发育、健康状况和适应性，还可近似地反映生产能力，但不能真实反映遗传素质。因此，在遗传评估的同时，必须将品种特征和肢蹄强健性等外貌评定作为辅选重要标准。

外貌评定的技术基础与现代数量遗传学中的性状相关理论相一致：种猪体型外貌特征与生产性能密切相关，如产仔数、哺乳、使用寿命等。体型性状具有一定的遗传力，影响下一代的体型，因此可通过选育达到提高生产性能的目的。

研究表明，部分体型性状遗传力如表12-1。

表 12-1 部分体型性状遗传力

性状	范围	平均	性状	范围	平均
前肢	0.04～0.32	0.18	从后视的后肢	0.06～0.47	0.27
从前视的前肢	0.06～0.47	0.27	后肢跗关节	0.01～0.23	0.12
前肢骨	0.06～0.47	0.27	后肢系部	0.07～0.30	0.19
前肢系部	0.31～0.48	0.40	后脚趾	0.09～0.13	0.16
前脚趾	0.04～0.21	0.13	背	0.15～0.22	0.19
后肢	0.04～0.21	0.13	行动	0.08～0.13	0.11

一般认为，乳头数具有中等遗传力，0.3左右。

外貌评定要求选种人员有丰富的经验。从品种特征、躯体结构与轮廓、生殖器官、性格等方面分别进行评分，然后再乘以一定的经济加权系数，最后得出一个综合分数，用以评价种猪外貌的优劣。

第二节 外貌评定与外貌选择的方法

一、肉眼鉴定

（1）外形轮廓 体型结实、结构适当是种猪维持正常繁殖功能的基础。

①初看 父有父相，雄伟粗壮；母有母相，清秀温良。

②细看 观察动物的正面、背面和侧面，以及与所选性状相关的器官是否正常。

（2）肢蹄 肢蹄结实度是体质的一部分，是指猪四个肢蹄的生长发育与整个机体相协调的程度。肢蹄缺陷或肢蹄病会给养猪业造成很大的经济损失，肢蹄病不仅会影响繁殖公、母猪的繁殖性能，也会影响商品猪的生长速度和产品等级。

（3）腿臀　由于腿和臀是肢体中产瘦肉最多的部位，因此腿臀比例在评定胴体时具有重要的意义。对腿臀比例进行适当的选择，对提高猪的产肉力具有积极的意义。

（4）毛色、头形、耳型　猪的毛色、头形和耳形是品种特征的重要标志，均具有很强的遗传性，尽管其与经济性状的关系不大，但一直都受到人们的关注。

（5）生殖器官　若发育不正常，不但直接影响繁殖性能，还可能遗传到子代。

（6）各种遗传疾患　如隐睾、应激敏感综合征等。

（7）评定时间　肢、蹄应在进行背膘测定时予以评定；有效乳头数可在断奶到背膘测定之间任意时间进行评定，而且评定时最好连同不做背膘测定的猪一起进行，以便鉴别出那些有多子女存在体型问题的公猪。

二、测量鉴定与体尺的测量

体长：体长对猪的胴体长度和产肉量都有一定的影响，产肉力高的猪往往具有较大的体长。猪体长的遗传力较高，因此参考体长进行选种，会取得较好的效果。

体尺测量方法具体参照《种猪登记规范》（NY/T 820—2004）之3.14～3.21有关要求。

三、线性评定

分别对种猪外形的各部位进行评分，然后利用一定加权系数，求得该头总体评分，从而判断该动物的优劣（表12-2）。具体评定方法参照附件11《种猪外貌评定标准（试行）》。

表12-2　不同国家体型性状评分

性状	度量	国家	实施年度	资料来源
前肢、后肢、步态、背、后躯、腹线等21个性状	9分制	瑞典	1982	Van Steenbergen（1989）
前肢、后肢、肩部、背、后躯、体高、腹线等14个性状	3分制	荷兰	1982	Koning（1996）
前肢、后肢、运动状态	9分制	瑞典	1993	Lundehein（1996）
前肢、后肢、运动状态、姿态、背、腹线	3大类	挪威	1993	Grindflek and Sehested（1996）
前肢、后肢、背、总体评价	总体评价5分制、其他性状3分制	丹麦	1995	Andersen and Hansen（1996）

第十三讲　测定数据的记录与应用

第一节　现场记录

现场记录是指在生产实际中，将所需要的性状数据记录到规范化的表格中，以备查询和及时录入计算机应用软件中。

第二节　记录表样式

记录表是种猪性能测定工作的根本依据，也是现场操作所必需的。各场应根据本场生产实际制订记录表样式，原则是在满足本场个性化需要的同时，满足育种工作需求、提供翔实信息（表 13-1～表 13-9）。

可参考国家核心场记录表样"数据采集表"共 9 式，实际应用不分先后。

表 13-1　国家生猪核心育种场现场数据采集表 1

国家生猪核心育种场现场数据采集表 1 　　　　　　　　　　　　　　　　No. _____

配种妊娠舍日记录表

场：_____　　　舍：_____　　　日期：____年___月___日

序号	栏	母猪编号			公猪编号			配种方式	配种员	返情	妊检情况（＋/－）	流产	生产治疗	死亡	淘汰
		耳号	耳牌	品种	耳号	耳牌	品种								
1															
2															
3															
4															
5															
6															
7															
8															
小计															
备注															

第一联　计算机室

记录：_____　　　　审核：_____

配种方式：A-人工，N-本交，F-冷冻精液，返情划"√"

生产治疗代码（可以多选）：P-注射抗生素，Q-饲料加药，R-饮水加药，S-接种疫苗，T-消毒，W-换饲料，X-停料，Y-停水

淘汰：P-生产性能低，R-屡配不孕，C-高胎龄，L-肢蹄，E-疫病，D-死亡，O-其他

表 13-2 国家生猪核心育种场现场数据采集表 2

国家生猪核心育种场现场数据采集表 2   No. _____

分娩舍母猪日记录表

场：_____   舍：_____   日期：____年___月___日

序号	母猪编号			转入分娩舍	产程		是否助产	分娩窝号	活仔			死胎	木乃伊	初生窝重（kg）	寄入/寄出数（＋/－）	生产治疗	死亡	断奶			
	耳号	耳牌	品种		开始时间	结束时间			合格仔	弱仔	遗传缺陷（种类/头数）							头数（头）	体重（kg）	转出至妊娠舍	转出至周转仓
1																					
2																					
3																					
4																					
5																					
6																					
7																					
8																					
9																					
10																					
...																					
小计																					
备注																					

第一联 计算机室

饲养员：_____   填表：_____   审核：_____

转入分娩舍划"√"

生产治疗代码（可以多选）：P-注射抗生素，Q-饲料加药，R-饮水加药，S-接种疫苗，T-消毒，W-换饲料，X-停料，Y-停水

缺陷：B-锁肛，C-杂毛，D-畸形，G-骨肥大，H-雌雄同体猪，HB-驼背，T-颤抖，P-八字脚，Q-品种特征不明显，R-隐睾，S-阴囊破裂，U-脐带断裂，V-阴户过小，Y-多趾

表 13-3 国家生猪核心育种场现场数据采集表 3

国家生猪核心育种场现场数据采集表 3   No. _____

母猪繁殖力指数记录表

场：_____   舍：_____   日期：____年___月___日

序号	母猪编号			SPI		体况评价	用途
	耳号	耳牌	品种	名次	值		
1							
2							
3							
4							
5							
...							
备注							

第一联 计算机室

育种员：_____   填表：_____   审核：_____

体况评价：B-肥瘦适中，F-偏肥，L-偏瘦

用途：P-纯繁，C-杂交，S-淘汰

注：SPI 代表母猪繁殖指数（Sow Productivity Index）。

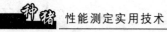

表 13-4　国家生猪核心育种场现场数据采集表 4

国家生猪核心育种场现场数据采集表 4 　　　　　　　　　No._____

分娩舍仔猪日记录表

场：_____　　舍：_____　　日期：____年___月___日

序号	母猪号			分娩日期	仔猪耳号	性别	品种	初生重(kg)
	耳号	耳牌	品种					
1								
2								
3								
4								
5								
…								
备注								

测定员：_____　　填表：_____　　审核：_____

第一联　计算机室

表 13-5　国家生猪核心育种场现场数据采集表 5

国家生猪核心育种场现场数据采集表 5 　　　　　　　　　No._____

分娩/保育/育肥舍猪群生产日记录表

淘汰	死淘原因	发病	发病症状	生产治疗	用药/苗说明	舍温

第一联　计算机室

饲养员：_____　　填表：_____　　审核：_____

发病原因症状（可以选择多项）：A-喘气，B-下痢，C-震颤/摇晃，D-关节肿，E-眼睑肿，F-发热，G-疝气，H-皮炎，I-毛松乱，I-外伤，Z-不明原因

生产治疗代码（可以多选）：P-注射抗生素，Q-饲料加药，R-饮水加药，S-接种疫苗，T-消毒，W-换饲料，X-停料，Y-停水

表 13-6　国家生猪核心育种场现场数据采集表 6

国家生猪核心育种场现场数据采集表 6 　　　　　　　　　No._____

种猪生长性能测定记录表

场：_____　　舍：_____

序号	栏	耳号	性别	品种	开测日期	开测体重(kg)	终测日期	终测体重(kg)	膘厚1(mm)	膘厚2(mm)	膘厚3(mm)	膘厚4(mm)	眼肌面积(cm²)	采食量(kg)
1														
2														
3														
4														
5														
…														
备注														

第一联　计算机室

测定员：_____　　记录：_____　　审核：_____

表 13-7　国家生猪核心育种场现场数据采集表 7

国家生猪核心育种场现场数据采集表 7　　　　　　　　　　　　　　　　　No. _____

体型外貌评估记录表

场：_____ 舍：_____ 日期：_____年___月___日

序号	栏	耳号	性别	品种	繁殖相关				肢蹄		整体				步态评分	综合评价
					外阴/睾丸	腹线	左乳头	右乳头	前肢	后肢	特征	背腰	体高(cm)	体宽(cm)		
1																
2																
3																
4																
5																
6																
7																
8																
备注																

测定员：_____ 记录：_____ 审核：_____

繁殖相关：有或无性状

肢蹄：部分为有或无性状，部分为选择性性状

整体/步态评分：选择性性状，特征为品种特征：C-明显，O-不明显

综合评价：E-特别优秀，B-优秀，G-好，N-一般，D-差

第一联 计算机室

表 13-8　国家生猪核心育种场现场数据采集表 8

国家生猪核心育种场现场数据采集表 8　　　　　　　　　　　　　　　　　No. _____

后备种猪选留记录表

场：_____ 舍：_____ 日期：_____年___月___日

序号	耳号	性别	品种	SLI		DLI		体型综合评价	是否选留
				名次	值	名次	值		
1									
2									
3									
4									
5									
6									
7									
8									
备注									

育种员：_____ 填表：_____ 审核：_____

第一联 计算机室

表 13-9　国家生猪核心育种场现场数据采集表 9

国家生猪核心育种场现场数据采集表 9　　　　　　　　　　　　　　　　No. _____

公猪舍生产日记录表

场：_____　　舍：_____　　日期：____年___月___日

序号	公猪编号			体况	精液采集与稀释							生产治疗	淘汰	
	耳号	耳牌	品种		体积	密度	活力	畸形率	颜色	气味	稀释剂量			
1														第一联 计算机室
2														
3														
4														
5														
6														
7														
8														
备注														

采精员：_____　　　记录：_____　　　审核：_____

生产治疗代码（可以多选）：P-注射抗生素，Q-饲料加药，R-饮水加药，S-接种疫苗，T-消毒，W-换饲料，X-停料，Y-停水

淘汰：P-生产性能低，S-精液质量差，L-肢蹄，E-疫病，D-死亡，O-其他

第三节　计算机与网络育种

与早期传统的手工计算相比，计算机的应用显著加快了统计分析的速度和准确度。

计算机内部计算器和计算机语言可用于数值计算、数据加工处理。功能强大的计算机技术使得复杂的数学计算和统计分析成为可能，利用计算机处理大量数据，极大地提高了遗传参数和育种值估计的精确度，进而增加选择的速度和可靠程度。

20 世纪 50 年代初，美国康奈尔大学学者 Henderson 提出了 BLUP 法，即最佳线性无偏预测法，70 年代以来用于牛、80 年代后期用于猪的遗传改良。是目前世界范围内主要的种畜遗传评定方法。猪遗传评估中应用混合线性模型 BLUP。

育种软件（或称种猪育种管理系统）是包括种猪档案、性能测定、猪群动态、饲养、疾病防治和生产管理等方面的信息处理工具，可精确可靠地对这些海量数据资料进行统计分析。

猪的育种软件可理解为以种猪管理和育种分析为目标的信息管理系统软件，是生物统计方法、计算机语言、数据库管理系统的集合。由若干功能模块（能单独命名并独立地完成一定功能的程序语句的集合）构成。

猪育种管理软件所应具备的功能如下：

（1）具有完善的数据库　录入猪只基本信息和猪群异动信息，个体数据录入，并且可对个体数据进行新增、修改、删除。

（2）对数据进行分析处理　根据市场需求或者本场的实际情况，对采集到的资料进行管理，并进行分析统计，处理生成各种生产报表、种猪卡片等。计算和估算近交系数，为选种

提供表型值、遗传力等参数，计算综合选择指数和育种值。

（3）疾病情况与疾病专家诊断系统。

（4）销售管理系统。

（5）数据的浏览查询与输出。

（6）数据的异地传输　通过网络实现数据传输。

其中最重要的一条，就是具有育种分析功能。

网络育种是通过专用网络平台，综合运用现代种猪育种原理和先进的 IT 技术，对地区或全国育种信息进行收集、处理、评估、分析、统计和查询等。远程控制等技术在其中得到了体现。

计算机网络技术可为遗传评估中心与猪场间及时、准确的信息交流提供技术保障，不但给联合育种插上了快速传输的翅膀，还提供了数据处理和育种信息交流平台。

如北京种（畜）遗传评估网采用客户端、应用程序服务器和数据库服务器三层结构，以种猪育种数据管理与分析系统（GBS）为核心，通过 Internet 实现种猪测定数据的采集和评估结果的发布、种猪网上交易、信息服务等边缘功能，实现了种猪遗传评估信息交流与服务网络化。

第四节　育种软件的应用

一、主要软件简介

（1）国外的猪场生产育种管理系统

①PigWIN　PigWIN 猪场管理软件由 Massey 大学、国家间咨询专家、Farm PRO Systems 公司、新西兰养猪行业协会、新西兰技术开发公司联合制作。该系统被设计成模块形式，允许用户根据自己的需要把各模块组成一个体系，是养猪生产者、畜牧兽医、猪群健康和管理专家的一个新颖的、用户界面友好和功能强大的管理工具。该软件目前分别在新西兰、美国、加拿大、中国、澳大利亚及韩国等国家销售。

②PigCHAMP　PigCHAMP 是北美著名的猪场管理软件，该软件于 20 世纪 80 年代早期由明尼苏达州立大学兽医学院开发，最初的开发目的仅是用于采集科研数据；1999 年，明尼苏达州立大学将 PigCHAMP 的所有权移交给 PigCHAMP 的雇员及外部投资者；2001 年 11 月，Farms.com 有限公司收购了 PigCHAMP。

③Herdsman 2000　该软件已由美国普渡大学的 S&S 公司于 2000 年推出了最新 Windows 版本。该软件公司的创始人 Keith Schuman 博士在多年前以普渡大学在读学生的身份创建该公司，并推出第 1 版软件产品，为美国中西部养猪行业提高生产管理效率和企业决策科学化做出不可磨灭的贡献。至今为止，有近 200 家北美的种猪企业和商品猪生产企业成为了该产品的忠实用户。著名的 STAGES（Swine Testing And Genetic Evaluation System，种猪测试和遗传育种评估系统）系统中排名靠前的大部分种猪均来自使用 Herdsman 软件产品的美国企业。Herdsman 有很多版本，有青铜版、白银版、黄金版、铂金版、钻石版，版本越高，功能越多。版本低的可以进行数据管理、生成管理和统计报表，版本高者在之前的基础上还可以计算育种值。目前，美国有 60% 的企业使用 Herdsman 软件进行猪场管理。但是 Herdsman 在中国的应用并不广泛，其在 2003 年 3 月曾经推出的中文 Windows 版本 Herdsman 2000，但仍然没有完全汉化，汉化程度为 95%。

据笔者调查了解，国内外猪场管理软件如 Herdsman 2000 等为有偿使用软件。

（2）国内猪场管理和育种软件 目前国内猪场管理和育种软件有十多款，主要有：

①猪育种生产微机系统 王林云（1991）研制，包括饲料配方子系统、配种预产子系统、种猪数据库子系统、数理统计子系统。

②工厂化养猪计算机信息管理系统 孙德林、李炳坦（1998）研制，利用 Foxpro 语言编程，其界面类似于 Foxpro 菜单屏幕，使得软件的操作更加简单明了，其主要功能是对种猪生产过程中所产生的数据资料进行搜索整理、生产报表和分析。这一系统是在借鉴国外经验的基础上，研制适合国内工厂化养猪生产系统的一次探索。

③GBS 育种管理信息系统 由中国农业大学动物科技学院 GBS 软件创作室研制，GBS 系统是中文 Windows 系统下的育种管理信息系统，该系统功能全面，界面详细，对种猪、商品猪的数据均可采集并进行分析，适合大型种猪生产企业使用。系统采用多性状动物模型进行育种值的分析。

④猪场超级管家 由网通科技公司和西江畜牧水产公司合作开发的猪场管理应用软件，系统结合 Windows NT 和 SQL Server 大型数据库进行开发，前台使用 PowerBuild7.0 进行开发，后台使用 SQL Server 进行数据管理，支持多种操作系统，开放的 ODBC（Open Database Connectivity）数据库接口，支持用户进行 2 次开发。

⑤猪场专家 2008 海辰博远公司开发的猪场管理系统，系统包含猪只管理、数据输入、生产管理、统计分析、财务管理、库存管理等几大模块，涵盖对种猪猪群的生产管理、繁殖管理、疾病治疗、检疫免疫管理，提供丰富的报表图表和准确的生产预警提示。

⑥金牧猪场管理软件（PigCHN） 中国农业大学刘少伯、葛翔等专家研制，吸收了国外流行猪场管理软件 PigWIN 和 PigCHAMP 的设计思路，并紧密结合了国内猪场的实际情况。该软件的主要功能有：种猪档案管理、商品猪群管理、性能分析与成本核算、问题诊断与工作安排、配种计划、生产预算、统计报表。

⑦Netpig（种猪场网络系统） 重庆市畜牧科学院与四川农业大学联合开发。Netpig 育种软件简洁实用，内设 DNA 诊断子模块，其主界面（图 13-1），主要在南方应用。

⑧KFNets 猪场综合管理信息系统 KFNets 猪场综合管理信息系统见图 13-2。

⑨MTEBV（Multi-Trait EBV） 李学伟运用 fortran 语言研制的育种软件。

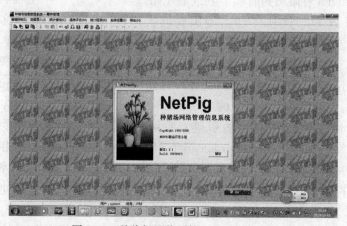

图 13-1 种猪场网络系统 Netpig 主界面

图 13-2 KFNets 猪场综合管理信息系统

但作为育种软件，应用范围最普遍的为 GBS 软件。

笔者 2003—2005 年收集的 53 个场的大白猪数据中，有 52 个场为 GBS 或 GPS 数据。

二、种猪场管理与育种分析系统

种猪管理和育种分析系统软件又称 GBS。GBS 软件开发历程：

（1）1993 年为能够在全国广泛地推广 BLUP 方法，成立了 GBS 软件创作小组，小组成员包括：①组长：张勤，中国农业大学；②组员：王希斌、张沅、洪嵘。此项目获得霍英东自然科学基金资助，目的是编制一套通用的 BLUP 程序。

（2）1996 年开发成功 Windows 环境下使用的 BLUP 通用程序，完成小组项目。

（3）1997 开发成功 GBS 97 版。

（4）1998 年开发成功"GPS 猪场生产管理信息系统"和"GBS 种猪育种数据管理与分析系统（98 版）"（图 13-3、图 13-4）。

图 13-3 GBS（FoxPro）主界面

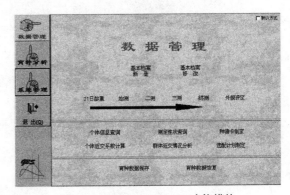

图 13-4 GBS（FoxPro）功能模块

鉴于 GBS 软件在兼容性、数据稳定性方面的不足，2002—2005 年，在北京市种猪遗传评估项目支持下，该软件从 FoxPro 版升级为 SQL Sever 版。对原来的系统管理、基本信息、生产性能和育种分析等模块进行了修改和完善，增加了疫病防治、猪群管理和销售管理、报表中心等模块（图 13-5、图 13-6）。

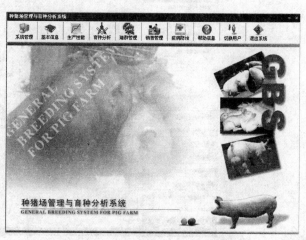

图 13-5　GBS（SQL Sever）登录界面　　　　图 13-6　GBS（SQL Sever）主界面

该软件分为单机版和网络版。目前种猪场应用的多为单机版 4.0 和 5.0 版本。这两个版本可将数据直接上传到全国种猪遗传评估信息网（http：//www. cnsge. org. cn/）及北京种畜遗传评估中心（http：//www. bcage. org. cn/）、华中等区域性网络数据交流平台。

>>> 第四部分　测定实际操作技术

第十四讲　测定与测定性状

种猪性能测定包括对种猪主要性状的度量、观测，以及主要影响因子的检测等。

场内测定要求各个猪场内对种猪性能进行实时追踪测定。测定站集中测定是把各核心群的被测种猪集中到中心测定站，在相对一致的环境条件下，按统一的测定规程进行测定。

测定性状主要有繁殖性状、育肥性状、胴体性状、肉质性状。

（1）繁殖性状　如总产仔数、产活仔数、21 日龄窝重、产仔间隔、初产日龄。

（2）生长发育性状　如达 50kg 体重的日龄、达 100kg 体重日龄、饲料转化率。

（3）胴体性状　如 100kg 体重活体背膘厚、眼肌面积/厚度、后腿比例。

（4）肉质性状　如肌肉 pH、肉色、滴水损失、大理石纹、肌内脂肪、PSE 肉、酸肉等。

具体性状描述参见相关测定规程、规范、标准等。

第十五讲　测定设备

先进的仪器设备是保证种猪测定结果准确可靠的基础。种猪测定的仪器设备概括来讲，主要包括育肥测定设备、胴体测定设备、肉质评定设备和活体检测设备等。

育肥测定设备主要有自动饲喂测定系统和称重设备等。

胴体测定设备主要有胴体肉脂检测设备和称重设备等。

肉质评定设备主要有屠宰线上检测设备和实验室检测仪器等。

活体检测设备主要有早期妊娠诊断、活体背膘测定和氟烷基因检测设备等。

近年来，由于封闭式电子识别自动记料称重测试系统、超声波扫描仪、电子瘦肉率测定仪、眼肌扫描仪、X 线扫描仪（特别是 CT）和核磁共振等现代高新技术设备的应用，使种猪测定工作更加准确有效。合理有效地利用先进的仪器设备，充分发挥其在种猪测定工作中的作用，是广大养猪工作者的共求。

本讲主要介绍常用必配设备。

第一节　日增重测定设备

一、结构原理

称重设备均为量值传递仪器，须经国家计量检定合格后才可用于种猪活体重的测量工作，获得认可的标识应为绿色。

一般称量设备都有载物、传感器（或平衡装置）、读数部分作为主要构成，设备样式以单体笼秤为主，有的还具有移动、耳号读取及保定等功能。其基本原理是力学中的杠杆原理或应力原理，机械秤多采用杠杆原理，利用多个支点达到平衡的目的，以称取物重；电子秤多采用应力原理，将应力的电信号转换为数字信号而显示出种猪重量，其准确性的关键点在于传感器的称量范围和灵敏度，以及读数的稳定性。

二、使用方法

基本使用方法：检查（设备是否完好）→自校→自检称量→记录→清理→记录→存放，其中，正确把握自校和自检称量方法，是准确称重的关键。

1. 机械秤的自校与自检称量

自校：砝码（主砝码、校正砝码、标尺砝码）全部置于0位，打开标尺压板，观察标尺是否稳定在水平位置，如不在水平位置，则应调节校正砝码至水平位置后，关好标尺压板。

自检称量：打开笼秤一端的门将待测猪赶入笼内，关好门，根据猪体重大小，先移动主砝码至估计重量处，打开标尺控制器，移动标尺砝码至标尺水平后，关好标尺压板，读取重量，保留有效位数。

2. 电子秤的自校与自检称量

自校：按其程序进行自校（标定），一般有空载标定和满载标定，必须借助标准砝码完成。

自检称量：开机后预热一段时间（15～30min），操作进入称量程序，直接读取重量，保留有效位数。常用的有电子笼秤、种猪检测装置等。

三、注意事项

1. 称重设备在称量前必须平稳放置　称重装置摆放是否水平，是影响称量精准度的重要因素。因此在称量前，应将秤水平放置在地面上，秤身下面不能有任何杂物，若地面不平，应调整四角螺母直至秤体水平，称重时出现倾斜或摇晃等情况，都会影响称量的准确性。

2. 校准（标定）与归零　按照设备的说明书定期对称重设备进行校准（标定）。每次测量前必须清零。

3. 数据校对　为获得准确的记录数据，记录人与称重人之间应进行有效的沟通，防止出现称量准确、但记录错误的现象发生。

四、种猪性能检测装置

为种猪称重，常用的设备是电子秤。《全国生猪遗传改良计划工作细则》规定，种猪"称重要求精确到0.1kg"。由于常规电子笼秤误差在1%左右，达不到要求，因此，北京市畜牧总站自主研发出"种猪性能检测装置"，其动态称量误差达到±0.1‰，2012年4月25日获得实用新型专利证书。

（一）结构特点

种猪性能检测装置主要由载物台、传感器、显示仪表三部分构成，并设有行走轮、侧保定、耳标读写系统等（彩图4）。

检测装置具有操作方便快捷、测量准确度高、坚固耐用等优点，科技查新证实，各项技术指标达到国际领先水平。

本节以9JC-Z2型种猪性能检测装置为例，介绍种猪性能检测装置特点。

1. 设备优势

（1）称量准确　动态称量误差不大于±1‰（目前国内外的畜牧秤，误差都在±1%左右）。

（2）定格显示　测量值定格显示（目前多数电子秤，显示数字不停跳动）。

（3）灵活适用的侧保定装置　有效地限制被测猪的活动空间，使背膘、眼肌等检测效率提高。

（4）可以配置耳标识别系统和检测数据上传系统。使检测数据直接记录到计算机。

2. 设备特点

（1）超低的秤盘设计，高度只有50mm基本解决了赶猪上秤难的问题。

（2）除仪表外，金属结构都用304不锈钢（0Gr18Ni9），在猪舍恶劣的腐蚀环境下不锈蚀。

（3）传感器上移，距地面700mm。解决了猪粪尿的侵蚀问题，可以提高传感器寿命若干倍。

（4）电缆由金属软管保护，可以有效防止鼠害。

（5）方便可调的侧保定系统。侧保定板间距离调节范围200～390mm，可以满足从小猪到大猪的变化。在检测过程中限制猪的活动范围，不产生侧弯。检测准确，效率高。

（6）仪表可以升降、转向，方便操作人员观看（彩图5）。

（7）根据用户特殊需要，可以选配电子耳标读识器。

安装了电子耳标，检测装置会自动识别猪只身份信息，并将种猪称量结果自动录入计算机（彩图6）。

进入计算机的称量数据，生成如下电子表格（表15-1）。

表 15-1　检测装置称量数据自动生成表格

读取电子耳标时间	电子耳标号	读取称重时间	秤号	称重重量	单位
2014-05-02 15：02：33	999000000000201	2014-05-02 15：02：37	01	28.062	kg
2014-05-02 15：02：27	789123456789456	2014-05-02 15：02：31	01	28.066	kg
2014-05-02 15：02：20	999000000000259	2014-05-02 15：02：23	01	28.07	kg
2014-05-02 15：02：09	900051000000014	2014-05-02 15：02：13	01	28.074	kg
2014-05-02 14：29：45	900112233445591	2014-05-02 14：29：49	01	28.05	kg
2014-05-02 14：29：37	999000000000259	2014-05-02 14：29：41	01	28.05	kg

（续）

读取电子耳标时间	电子耳标号	读取称重时间	秤号	称重重量	单位
2014-05-02 14：29：24	918027050000506	2014-05-02 14：29：27	01	28.05	kg
2014-05-02 14：29：07	900108000000088	2014-05-02 14：29：10	01	28.054	kg
2014-05-02 14：28：51	900051000000014	2014-05-02 14：28：54	01	28.054	kg

（8）可选配直流电源，提供 24V 直流电源供用户选配。工作场地电源插座不方便的情况下，可采用铅酸蓄电池，工作期间用 24V 直流电源，下班后充电。电源可以支持 10h 以上（图 15-1）。

右面插座为充电用，可以边充电边工作；左上插座 24V，供称重仪表用；左下称重，12V，供电子耳标读识器（图 15-2）。

图 15-1　9JC-Z2 型种猪性能检测装置电源　　　　　　图 15-2　工作前应充电

3. 工作原理　采用应力原理，当物体放在秤盘上时压力施给传感器，传感器发生电阻应变效应，将应力的电信号转换为数字信号而显示出种猪重量（彩图 7）。

（二）安装与操作

1. 安装

（1）将设备移至比较平整的场地上，收起行走轮，使传感器支脚平稳着地。

（2）将称重仪表固定到仪表支架中。将控制器两侧插条拆下，将控制器从控制箱前端装入，从后面将两侧插条装入并锁紧固定螺丝。参见图 15-3 所示。

称重显示仪表使用带有保护地的 220V 50Hz 交流电源。如果没有保护地，需另外接地以保证使用安全、可靠。

由于传感器输入信号为模拟信号，其对电子噪声比较敏感，因此该信号传输应采用屏蔽电缆，且应将其与其他电缆分开铺设，更不应捆扎在一起。信号电缆应远离交流电源。

注意：不要将仪表地线直接接到其他设备上。

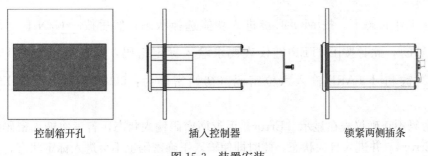

| 控制箱开孔 | 插入控制器 | 锁紧两侧插条 |

图 15-3　装置安装

2. 传感器的连接　称重显示仪表需外接电阻应变桥式传感器，按图 15-4 方式连接传感器到仪表。当选用四线制传感器时，必须将仪表的 SN＋与 EX＋短接，SN－与 EX－短接（表 15-2）。

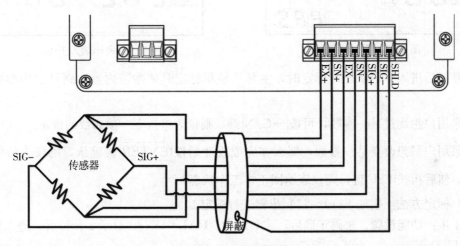

图 15-4　传感器接线图

表 15-2　仪表的接法

六线接法	EX＋	SN＋	EX－	SN－	SIG＋	SIG－	屏蔽线
四线接法	EX＋		EX－		SIG＋	SIG－	屏蔽线

注：EX＋电源正　EX－电源负　SN＋感应正　SN－感应负　SIG＋信号正　SIG－信号负

传感器电缆应尽量远离其他电缆，特别是不要与其他电缆捆扎在一起。

3. 电源连接　称重显示仪表使用带有保护地的 220V、50Hz 交流电源。连接如图 15-5 所示。

注：设备出厂的时候已经把线接好，使用时只需要把传感器接线端子和电源接线端子插到仪表上即可。

4. 秤的标定　初次使用称重显示仪表，或者称重系统的任意部分有所改变以及当前设备标定参数不能满足用户使用要求时，都应对仪表进行标定，具体使

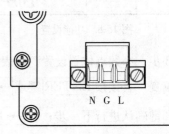

图 15-5　电源端子图
L. 火线　G. 地线　N. 零线

用说明如下：

在停止工作状态下，按 MODE 键进入功能选择状态，然后按 →G/N 直到仪表主显示出现〖CAL〗，此时按 ENTER 键仪表要求输入标定密码，仪表显示如图 15-6 所示。利用 →G/N 键和 ↑TARE 输入六位密码（初始密码为：000000），然后按 ENTER 键确认。

如果密码不正确仪表在显示〖Error〗后返回密码输入状态，若三次输入密码错误，仪表显示〖Error4〗并进入自锁状态，此时即使输入正确密码也不会进入标定状态，只有仪表重新上电方可再次进入标定。

密码输入正确后，仪表如图 15-7 所示。

图 15-6　秤的标定

图 15-7　密码输入正确显示

两秒钟后进入标定状态，标定时，主显示显示标定具体参数内容，副显示为参数名称提示。

如果用户想跳过某一参数，可按 →G/N 键，则仪表进入下一项参数的设定。

如果用户只想改变某一参数，那么在完成改变后按 ENTER 键确认，则仪表将保存这一改变，然后再按 ESC 键，则仪表返回正常工作状态。

（1）标定方法　按如下（1～13）步骤进行标定。

第 1 步：功能设置。密码正确后，主显示为〖CAL　ON〗，显示 2 秒钟后，进入单位设置（图 15-8）。

第 2 步：单位设置。仪表显示如图 15-9 所示，量纲显示 g、kg 或 t，若不改变量纲，直接按 ENTER 键或 →G/N 键，进入第三步，否则用 ↑TARE 键选择，然后按 ENTER 键确认进行下一步；或 →G/N 键，放弃所作的选择（即保持原来的量纲）进行下一步。

图 15-8　功能设置

图 15-9　单位设置

第 3 步：小数点位置设置。仪表显示如图 15-10 所示，主显示为小数点位置，若不改变小数点位置，直接按 ENTER 键或 →G/N 键进入第四步，否则用 ↑TARE 键选择，然后按 ENTER 键确认进行下一步；或 →G/N 键，放弃所作的选择（即保持原来的小数点位置）进行下一步。

小数点位置共 5 种，参见"标定参数表"。

第4步：最小分度设置。仪表显示如图15-11所示，主显示为当前的最小分度。若不改变最小分度，直接按 ENTER 键或 →G/N 键进入第五步，否则用 ↑TARE 键选择，然后按 ENTER 键确认进行下一步；或 →G/N 键，放弃所作的选择（即保持原来的最小分度）进行下一步。

最小分度共6种，参见"标定参数表"。

图15-10　小数点位置设置

图15-11　最小分度设置

第5步：最大量程设置。仪表显示如图15-12所示，主显示为当前的最大量程。若不改变最大量程直接按 ENTER 键或 →G/N 键进入第六步，否则按 ↑TARE 键进入最大量程输入，然后按 ENTER 键确认进行下一步；或 →G/N 键，放弃刚才的输入（即保持原来的最大量程）进行下一步。

注意：最大量程≤最小分度×100000。

第6步：传感器灵敏度设置。仪表显示如图15-13所示，主显示为当前设定的传感器灵敏度。若不改变传感器灵敏度，直接按 ENTER 键或 →G/N 键进入第七步，否则用 ↑TARE 键选择，然后按 ENTER 键确认，进行下一步；或 →G/N 键，放弃刚才的输入（即保持原来的传感器灵敏度）进行下一步。

传感器灵敏度共3种，参见"标定参数表"。

图15-12　最大量程设置

图15-13　传感器灵敏度设置

第7步：毫伏数显示。仪表显示如图15-14所示，主显示为当前传感器输出的毫伏数。此时按 ZERO 键可清零当前毫伏数显示，按 ENTER 键或 →G/N 键，进行下一步。

图15-14　毫伏数显示

第8步：零位标定1。仪表显示如图15-14所示，主显示为空秤时传感器输出的毫伏数。

※待显示稳定后，进行零位标定。

※如果主显示 OVER，说明传感器输出信号太大，即秤台重量过重。

※如果主显示 UNDER，说明传感器输出信号太小，即秤台重量过轻。

请记录本处的毫伏数，以便日后在第9步中输入该毫伏数作为应急的无砝码标定。可在表15-3中填入作为备份：

表 15-3   毫伏数记录表

次数	零点毫伏数（mV）	日期	备份说明
1			
2			
3			
4			
5			
6			
7			
8			

第 9 步：零点标定 2。若不进行零位标定按 →G/N 键，直接进入第 10 步；若进行零位标定则按 ENTER 键，进入第 10 步。

无砝码标定：如果在副显示 ES 时，按 ↑TARE 键则进入零点毫伏数输入状态，如图 15-15 所示，输入第 8 步记录的毫伏数，输入完成后按 ENTER 键，进行下一步。

第 10 步：增益标定 1。主显示为传感器输出的毫伏数与零点毫伏数的差。将接近最大量程的 80% 的标准砝码放到秤斗上，待显示稳定后（此时，仪表主显示的即为标准砝码所对应的传感器输出的毫伏数）如图 15-16 所示，进入第 11 步。

图 15-15   零点标定

图 15-16   增益标定

请记录本处的毫伏数及砝码的重量值，以备今后作为应急的无砝码标定。

可在表 15-4 中填入作为备份：

表 15-4   增益标定记录

次数	增益毫伏数（mV）	砝码重量（kg）	日期	备份说明
1				
2				
3				
4				
5				
6				
7				
8				

无磁码标定：如果在副显示 Ld 时，按 ↑TARE 键则进入增益毫伏数输入状态，如图 15-17 所示，利用 ↑TARE 键和 →G/N 键输入原来记录的毫伏数，输入完成后按 ENTER 键，进行下一步。

第 11 步：增益标定 2。若进行增益标定，则按 ENTER 键，进入第 12 步；若不进行增益标定则按 →G/N 键，进入第 13 步。

第 12 步：增益标定 3。此时利用 ↑TARE 键和 →G/N 键输入所加砝码的重量（图 15-18），然后按 ENTER 键确认进行下一步；或 →G/N 键，放弃刚才的输入（即保持原来的标定增益）进行下一步。

图 15-17　增益标定 1

图 15-18　增益标定 3

第 13 步：标定密码修改。增益标定完成后，则副显示 PAS，此时按 ↑TARE 键，然后利用 ↑TARE 键和 →G/N 键输入新密码，按 ENTER 键成功修改密码后主显示 PASS，按 ESC 键则不修改密码。如不修改可直接按 ENTER 键或 →G/N 键，完成标定过程（图 15-19）。

主显示 CALEND，两秒钟后返回停止状态（图 15-20）。

图 15-19　标定密码修改

图 15-20　标定密码修改停止状态

（2）标定程序　标定程序分标准砝码标定和无砝码标定。

① 标准砝码标定程序　 MODE 键 → →G/N 键 → ENTER 键 → 利用 →G/N 键和 ↑TARE 键输入 6 位密码（初始密码 000000）→ ENTER 键 → ENTER 键 → ENTER 键 → ENTER 键 → ENTER 键 → ENTER 键 → ENTER 键 → ENTER 键 → ↑TARE 键

在副显示为 ES 时 → 用 →G/N 键和 ↑TARE 键输入上一步记录的毫伏数 → ENTER 键

在副显示为 LD 时 → 将标准砝码放到秤斗上 → ↑TARE 键 → 用 →G/N 键和 ↑TARE 键输入上步显示的毫伏数 → ENTER 键 → 用 →G/N 键和 ↑TARE 键输入标准砝码重量 → ENTER 键 → ENTER 键 → 标定完成。

② 无砝码标定程序　在无砝码时，可执行以下标定程序： MODE 键 → →G/N 键 →

ENTER 键→利用 →G/N 键和 ↑TARE 键输入 6 位密码（初始密码 000000）→ ENTER 键→ ENTER 键→ ENTER 键→ ENTER 键→ ENTER 键→ ENTER 键→ ENTER 键→ ENTER 键→ ↑TARE 键→用 →G/N 键和 ↑TARE 键，输入上一步记录的毫伏数→ ENTER 键，在副显示为 LD 时 → ↑TARE 键→用 →G/N 键和 ↑TARE 键输入上次记录的毫伏数→ ENTER 键→用 →G/N 键和 ↑TARE 键输入上次记录的标准砝码重量→ ENTER 键→ ENTER 键→标定完成。

（3）标定参数表　见表 15-5。

表 15-5　标定参数表

符号	参数	种	参数值	初值
Un	量纲	3	g　kg　t	kg
Pt	小数点位置	5	0　0.0　0.00　0.000　0.0000	0
1d	最小分度	6	1　2　5　10　20　50	1
CP	最大量程		≤最小分度×100000	10000
SE	传感器灵敏度	3	1　2　3	2（mV/V）

5. 称重操作　称重装置标定后，可以进入正常使用。步骤如下：

（1）手动清零　在停止状态下，按 ZERO 键，可对仪表毛重清零。当前毛重应在清零范围之内，否则会出现 ERROR2（清零时，当前重量超出清零范围）。清零的时候，秤体必须稳定，否则会出现 ERROR3（清零时，秤体不稳定）。

（2）动态称量　赶猪上秤后，关好前后门，按 ENTER 键，仪表上会出现闪烁的"RUN"。此时称重系统进入动态称量过程，得出结果后，数字会闪烁 3 次后定格显示。此时可以做称量结果记录。

（3）静态称量　按 ENTER 键，定格显示的数字消失，进入静态称量过程。

正常使用于活体称量，请按照（1）到（2）的次序操作。

6. 侧保定装置　本装置是为限制被测猪活动范围而设计的，操作简单，只要推动保定板，用棘板定位即可。注意不能用力过大使被测猪不舒服产生应激状态。

7. 耳标识别和数据上传　电子耳标可以储存猪的大量信息，将检测数据和这些信息融合到一起，实现自动检测、自动记录，不但保证即时准确，还使数据采集工作变得更加轻松。

种猪性能检测装置先通过电子耳标实现称重数据的识别传输，再扩大数据的自动采集范围。

第二节　活体测膘设备

目前最主要的设备是超声波测膘仪。

超声波（Ultrasonic）：每秒钟振动的次数称为声音的频率，单位赫兹。人类耳朵能听到的声波频率为 20～20 000Hz。当声波的振动频率大于 20 000Hz 或小于 20Hz 时，人的耳朵便听不见了。因此我们将频率高于 20 000Hz 的声波称为"超声波"。通常用于畜牧的超声波频率为 2～5MHz。牛马可达 10MHz。1922 年德国生产第一台超声波仪，20 世纪 40 年代开始超声治疗在欧美兴起。

根据检测原理，超声波仪分为脉冲反射法、穿透法和共振法三种。根据超声波的种类不同，划分为脉冲、连续和调频超声仪。根据显示结果划分为 A、B、C、D、F、M 型超声波仪。

A 型　信号显示为振幅高低不同的波型。

B 型　显示辉度不同的点状回声，而组成图像。

C 型　能获得与 X 透视相似的图像。

D 型　多普勒成像，彩色血流成像。

F 型　成像画面是一个由位置函数决定的曲面。

M 型　以灰阶亮度显示界面回声的强弱，同时在时间轴上展开以显示这些光点的运动轨迹，反映一维（线）上组织结构和运动信息。

动物育种上常用的是 A、B 型超声仪，随着技术的进步，B 型应用日益广泛。

测膘主要利用纵波传播和衰减的性质，在不同组织（皮肤、脂肪、肌肉、结缔组织）的传播速度和反射值、折射值的不同，而显示不同的波形图和灰度图像。目前主要采用脉冲反射值。

A 型超声波测定仪　单晶体探头，将反射波的速度和幅度信号显示在屏幕上，波形图（20 世纪 70～80 年代的测膘仪），可以转化（DSC）为数字信息，即数显（现在的测膘仪）。一般测定膘厚。

B 型超声波测定仪　多晶体探头，反射回波信号以光点形式显示，通过声学聚焦的功能，由于时间差，形成二维声波界面，再通过电信号处理显示出切面二维图像，一般为黑白超。

B 超是对机体组织和脏器的断层显示，可称为超声断层扫描诊断仪。

通常测定背膘厚时同期测定眼肌面积，所以选用 B 型超声波可免配 A 型超声波。常用测量种猪活体背膘厚度的 B 型超声波测定仪，简称 B 超。

一、结构原理

1. 结构

A 型超声波基本结构：主机、探头等。

B 超的主要部件有：主机、探头、显示屏、操作面板（键盘）、外部设备与接口等（彩图 8）。

外设接口多在侧面或背面。

2. 工作原理

利用探头放射出高频超声波，透入机体组织产生回声，皮肤、脂肪、肌肉等不同组织对 B 超所发射的超声波，在传播速度、反射值和折射值等方面表现出差异性，因而显示出不同的图像。

利用探头在不同部位探测，在显示器上可以看到实时影像，通过对特定影像部位进行准确标识，能够获得性状测定值（图 15-21）。

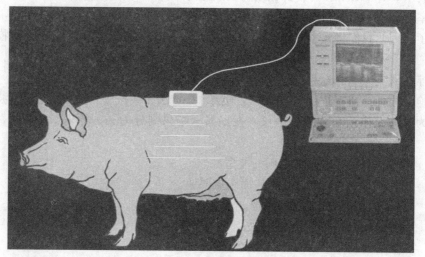

图 15-21　B 超测膘原理

常用的 B 超探头有线阵扫描、扇形扫描。种猪测定 B 超采用线阵扫描探头。

二、常用超声测膘设备

目前测膘常用 A 超主要有：pigLog105、RENCO 等。

测膘常用 B 超主要有：阿洛卡 SSC-210、218，CHISON500J、齐越 LX-8000，阿洛卡 SSD-500V、亚卫 9000V，Aquila Vet、SUN-2200 等型号 B 超。

频率在 2～5MHz（兆赫兹），一般为 3.5MHz。

阿洛卡 SSC-210、218 型 B 超外形结构和功能基本相同，如图 15-22。

CHISON500J、齐越 LX-8000 型 B 超如图 15-23、图 15-24。

阿洛卡 SSD-500V、亚卫 9000V 图 B 超如图 15-25、图 15-26。

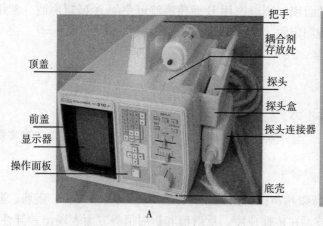
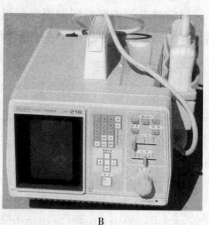

把手
耦合剂存放处
探头
探头盒
探头连接器
底壳
顶盖
前盖
显示器
操作面板

A

B

图 15-22　阿洛卡 B 超
A. SSC-210 型　B. SSC-218 型

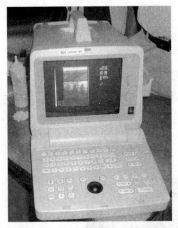

图 15-23　CHISON500J 型 B 超

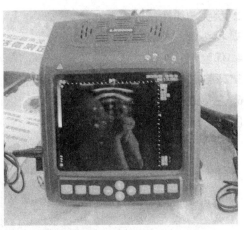

图 15-24　齐越 LX-8000 兽用活体测定仪

图 15-25　阿洛卡 SSD-500V 型 B 超

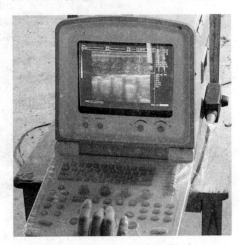

图 15-26　亚卫 9000V 型 B 超

三、使用方法

A 超：检查-充电（检查干电池）-连接探头与主机-开机-校准-根据工作需要选择功能-开始输入和测定-读数记录-关机-清理拆卸-数据电脑输入或打印，存储数据的删除按仪器规程使用。

B 超：检查-充电-连接探头与主机-开机-检查或校准确保正常-预热（3～5min）-根据工作需要选择模式和功能（B 型模式）-测定试调节到最佳图像-开始输入和测定-移动光标进行读数记录（一般不使用自动功能）-测定眼肌面积需按说明书调整光标自动读取数据-关机清理拆卸-数据电脑输入或打印。部分 B 超可以通过灰阶度值估测肌内脂肪的含量，必须借助其开发的软件进行分析。存储数据的删除按仪器规程使用。

本讲以上海 ALOKA SSC-218/210 为例，介绍 B 超的结构、操作方法与注意事项。

四、上海 ALOKA SSC-218/SSC-210 型 B 超基本结构与操作

上海 ALOKA SSC-218/210 型 B 超仪是一种小型便携装置（图 15-27）。

（一）各部位简介

1. 把手　搬动时作把手，并把探头保险带穿入手腕。

2. 探头 线性扫描探头。

3. 探头盒 探测完毕后存放探头用。

4. 保险带 在作探测和搬动时将保险带穿入手腕，防止探头脱落。

5. 耦合剂存放处 瓶装耦合剂使用后放置此处。

6. 左侧调节孔 在左侧方有 CONT，BRIGHT 两个调节孔分别是调节监视器的对比度和亮度。

图 15-27　ALOKA SSC-218 型 B 超
1. 把手　2. 探头　3. 探头盒　4. 保险带
5. 耦合剂存放处　6. 左侧调节孔　7. 操作面板　8. 显示屏

7. 操作面板 见图 15-28。

（1）ID 键　日期及猪耳号输入。

⓪～⑨数字输入显示。

Ⓜ～Ⓕ公母性别输入显示。

Ⓒ抹去全部键入显示编号字符。

Ⓐ抹去全部日期和编号区的字符。

（2）测量标记　选择相应标记的测量尺。

田显示"＋"形测量。

区显示"X"形测量。

Ⓜ变换。

（3）测量键（CALIPER）

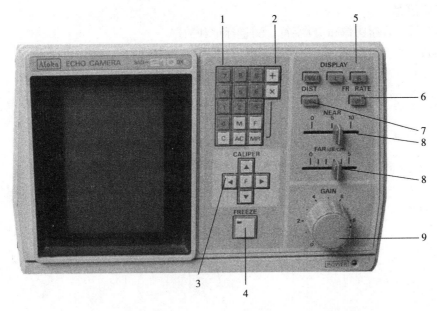

图 15-28　操作面板

1.ID 键　2.测量标记　3.测量键　4.冻结　5.显示模式
6.帧频开关　7.距离开关　8.STC　9.增益

＊按箭头方向控制测量标记移动。

＊相邻两个键同时按标记向两个键的对角线移动。

＊F 键和方向键同时按移动速度加快。

（4）冻结（FREEZE）　将所需的显示图像冻结固定在显示屏上。

（5）显示模式

LONG 选择单幅或双幅图像。

SINGLE 键按下，显示单幅图像

L 键按下，在双幅显示中，左侧为实时图像。

R 键按下，在双幅显示中，右侧为实时图像。

（6）帧频开关（FR RATE）

UP 键按下，帧频增加。

＊注：ON 时是一点聚焦；OFF 时是二点聚焦。

（7）距离开关（DIST）

＊OFF 时为普通深度（180mm）；＊ON 时深度加深为（270mm），图像冻结时此键不起作用。

（8）STC

FAR 远场增益控制，向右调节远场，灵敏度增加。

NEAR 近场增益控制，向右调节远场，灵敏度增加。

（9）增益（GAIN）

＊控制图像增益，顺时针调节，整个图像的灵敏度增加，图像增亮。

8. 显示屏幕

＊显示断层 B 超图像和 ID 字符，测量标记和数据。

9. 后背 见图 15-29。

图 15-29 后 背
1. 电源 2. 保险丝座 3. 接地
4. 信号输出孔 5. 绕线柱 6. 切断和开启电源开关

（1）电源线 将电源插头插入电源，提供整机工作电源。

（2）保险丝座（FUSE） 保护整机供电系统，当供电电源或整机电源有异常时，保险丝自身发热熔断。

注：保险丝要由电气专业人员来拆换。

保险丝（熔断器 FUSE）更换方法：

①电源开关"OFF"拔掉电源插头。

②逆时针旋出保险丝座盖，取出熔断的保险丝。

③用附件中备用保险丝（T0.5A250V 6.3＊31）重新装入旋紧座盖。

④确认无误后可再插上电源重新开机。

（3）接地端子 为了安全和防止其他异常情况，请利用附件接地线将整机接地和供电系统的大地良好连接。

（4）信号输出插孔 整机图像的 VIDEO 信号输出（OUT）提供连接图像打印机、录像机、外接监视器等外部设备的端口（标准 TV625 行/25 信号）。

（5）绕线柱 整机需要搬动时，把电源插头拔下绕在绕线柱上。

（二）操作程序

特别注意！确保仪器在操作前正确，安全接地。

1. 电源线的连接

（1）确认仪器的电源开关是 OFF（关）的位置。

（2）将电源插头插入适当的供电插座上。

（3）打开电源开关，电源指示灯亮（绿）。

（4）约过 30 秒后，监视器屏幕将显示图像。

2. 设备预置

（1）将在开始使用时，将探头的包装拆去，并把探头保险带扣在探头的金属环上。

（2）控制面板预置

＊STC

近场增益（NEAR）	5
远场增益（FAR）	2.5
＊增益（GAIN）	5～6
＊帧频（FR RATE）	关
＊距离开关（DIST）	关
＊显示模式（DISPLAY）	
单幅（SINGLE）	开

3. 标准程序 在受检部位涂上超声胶，将探头放置受检部位即可在监视屏上显示一幅实时图像。慢慢变换探测位置，以使图像清晰，当显示满意的图像后保持探头的现有位置，同时按下冻结开关以固定图像。

按下 LONG 开关，探测的更深部分可被观察。

按下 UP 开关，提高图像的运动速度，以便于观察。

图像冻结后，现场可以进行距离测量和打印，操作完毕后，要擦净超声胶并把探头放在探头支架上。

4. 双幅图像的显示

（1）按下 LONG 距离开关，（ON）显示一幅深距图像。

（2）按下 L 或 R 开关键：

当按下 L 开关键时，左侧图像是实时的右侧图像是冻结的，

当按下 R 开关键时，右侧图像是实时的左侧图像是冻结的。

（3）按下 SINGLE 开关键，则可恢复单幅图像形式。

注意：双幅形式功能只能在距离开关打开（ON）时才有效，当冻结开关打开时（ON），两个图像都会被冻结，当冻结开关关闭（OFF）时，上边带▼符号的图像是实时的，另一幅图像是冻结的。

5. 图像存储 当 LONG 距离开关关闭时，图像可被存储在两个不同的存储器中，用 L 和 R 开关键选择图像的存储器。

（1）关闭距离开关（OFF）。

（2）按下 L 开关键（ON）。

（3）显示一幅图像。

（4）按下冻结开关键，键灯亮。

（5）按下 R 开关键（ON），图像被存储在 L 存储器中。

（6）关闭冻结开关键（OFF），键灯灭，一幅实时图像将被显示，以代替先前的图像。

（7）按下冻结开关键，键灯亮，图像被存储在 R 存储器中。

（8）按下 $\boxed{L}$ 开关键，显示被存储在 L 存储器中的图像；按下 $\boxed{R}$ 开关键，显示被存储在 R 存储器中的图像。

注意：当变换 $\boxed{L}$ 和 $\boxed{R}$ 开关时，不要关闭冻结开关，否则图像将被从存储器中消除。

（三）测量操作

1. 按下测量标记选择器的 $\boxed{+}$ 键，这时监视屏幕中心出现一个"＋"标记底部出现读数显示"＋"；00.0cm。

2. 使用测量控制器，将标记固定在测量起点的位置上"＋"标记将按照所按箭头的方向移动，当同时按下两个箭头时，标记作斜线移动，当同时按下 $\boxed{F}$ 键和箭头键时，标记移动加快。

3. 瞬时按动 $\boxed{MR}$ 键（标记基准）。

4. 按下一个箭头键，一个小"＋"标记显示在起点，而一个大"＋"标记将按箭头的方向移动，同时测量读数开始显示两个标记之间的距离。

5. 把大的标记固定在测量终点，测量读数将以 cm 为单位在屏幕底部"＋"的右侧显示。

6. 触动 $\boxed{MR}$ 键，可改变受箭头键控制的标记，由大变小或由小变大。

7. 按下 $\boxed{}$ 键，显示测量标记，测量距离与用"＋"标记测量的方法相同，测量结果将在"X"距离显示。

8. 在擦去"X"或"＋"可再按一次 $\boxed{X}$ 和 $\boxed{+}$ 开关键（图 15-30）。

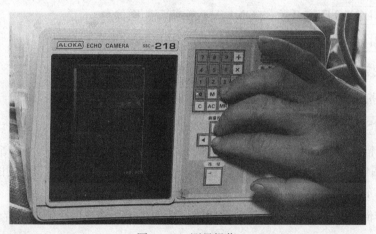

图 15-30 测量操作

（四）注意事项

1. 本仪器切勿 ①溅水、②湿度过高、③通风不良、④日光直射、⑤粉尘、⑥含盐或含硫气体、⑦化学药物或气体、⑧强烈振动和碰撞。

2. 操作前的检查 ①电源的容量和电压适用于本仪器；②仪器正常操作安全（本设备对电击保护形式为Ⅰ类 BF 型）；③接地完善；④如果仪器靠近发电机、X 线、广播电台或地下电缆，图像上会出现干扰；⑤和其他设备共用电源，会出现异常图像。

3. 操作时注意 ①注意仪器运转情况，如果仪器出现故障或异常，请立即关闭电源，拔掉电源插头，并联系维修。②不能封住仪器的通风口。

4. 使用探头　①严禁失落、振动、碰撞探头和系统。②严禁将探头浸入任何液体中。③严禁加热探头。④严禁受力牵拉或弯曲探头电缆。⑤使用质量好的超声耦合剂，其他物质（油）会损坏探头及电缆。⑥保持探头清洁，每次使用后用中性清洁剂或酒精擦净探头上的耦合剂。

5. 使用完毕　①关闭电源开头。②电源插头拔下。③清洁仪器及探头。

6. 搬动仪器时　①拔出电源插头，将电线绕在后面的绕线柱上。②用手穿过探头保护带，防止探头失落。③严禁失落、振动、碰撞探头和系统，乘坐飞机等交通工具时要用手提住仪器。

7. 要定期检查维护仪器。

8. 不得随意拆卸仪器和探头。

第三节　自动生产性能测定系统

目前应用较多有法国 ACEMO（ACEMA）种猪自动化饲喂测定系统、美国奥斯本 OSBORNE 全自动生产性能测定系统、中国旺京牧院种猪生长性能自动测定系统等。

一、法国 ACEMA 种猪自动化饲喂测定系统

在猪的育种过程中，饲料转化率是育种工作中最关键的性状之一。饲料转化率（饲料报酬）是指猪在生长不同阶段消耗一定量饲料所转化的活重。从这样的概念出发，要想确定猪的饲料转化率必须准确计量在一定时期（如 30～100/110kg 测定阶段）的采食饲料量和采食这部分饲料后的增重，增重可以通过称取体重，用期末体重与初始体重相减即可以得到，但若用传统的测定方法（秤重饲料法，减重饲料法）准确地得到测定阶段的采食量（自由采食情况），则难以实现。

法国 ACEMO 公司生产的 ACEMA 育猪自动化喂料系统（又称猪采食自动记录系统，图 15-31）为种猪个体肉料比测定设备，能精确记录每头猪的饲料消耗，并进行详细的统计分析，误差率在千分之五。如 ACEMA64。

ACEMA64 为不锈钢、封闭式的测定平台，是新一代的种猪自动化测试系统，在世界

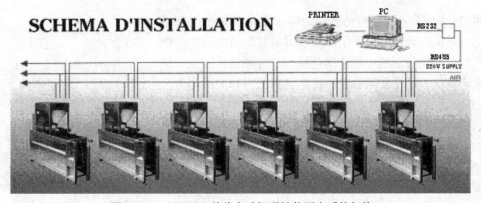

图 15-31　ACEMA 种猪自动饲喂性能测定系统架构

养猪育种测定处于领先地位。已被法国、德国、荷兰、丹麦等许多国家的种猪育种测定站（中心）所使用。

ACEMA64 有 64 组饲喂系统，每个饲喂系统装配在一个猪栏内，每栏可养 12～15 头猪。用户可根据种猪测定数量选购组数，全套 ACEMA64 一次可测定 960 头，每年可测定 3～4 批。

ACEMA 64 技术性能简介：ACEAM64 系统由测定单元、供料系统（料斗、下料控制、称料装置、料槽等）、主控系统（信号连接线、信号转换部件、计算机和专用软件等）、识别系统（电子耳标、信号发射接收、信号处理单元等）组成。

ACEAM64 系统可拥有 1～64 个主机与电脑相连接，中心电脑通过其软件与各主机对话并保存和处理信息。每台饲喂装置可供在同一圈舍的 15 头（25～120kg）猪自由采食，这些猪都配有 ALLFLEX-TIRIS 电子识别环。每当一头猪进入主机时，此猪就会被计算机识别，其进食量就会得到测定，精确到±2 克。

（1）ACEAM64 基本结构见彩图 9。

（2）ACEAM64 测定站集中测定见彩图 3。

（3）ACEAM64 终端（测定站单机）见彩图 10。

（4）ACEAM64 终端-单机控制单元见彩图 11。

（5）ACEAM64 主控中心电脑（配套的应用软件有法文和英文）见彩图 12。

二、美国奥斯本 OSBORNE 全自动生产性能测定系统

见图 15-32。

图 15-32　美国奥斯本 OSBORNE 全自动生产性能测定系统 FIRE ®

用途：FIRE 系统全自动测定个体采食量和其他生产性能指标，是世界公认的商业生产和学术研究方面进行生产性能测定的标准设备。其应用范围包括：遗传评估、测定个体动物生产性能、用于实际管理、评定饲料配方和产品优劣。

FIRE 系统组成（图 15-33）：

FIRE 电子料槽：根据个体动物的电子耳牌自动记录采食量的自由采食料槽。

护栏：个体动物进入 FIRE 工作站采食时对其进行保护。

WinFIRE 软件：应用从 FIRE 系统中收集和整理的数

图 15-33　FIRE 系统组成

据信息。

操作：一个 FIRE 测定站可测定 12～15 头猪。

每头测定猪都佩戴 RFID 射频识别电子耳牌。

FIRE 测定站通过测定猪佩戴的唯一号码电子耳牌识别每头个体。

每头测定猪进入测定站采食时，测定站记录它的采食量。

通过 ACCU-ARM 称重秤，每头测定进入 FIRE 测定站即可自动测定个体体重。

WinFIRE 软件包含一个记录个体测定信息的数据库。

测定动物种类：猪、绵羊、山羊。

优势：精确模仿实际生产环境和模式，自动测定个体动物的采食量和生长性能，群体饲养环境下费效比最好的生长性能测定，真实反映实际生产状况下的生长性能，比单栏手工测试更为精确，减少数据收集错误和人为误差，是提供测定猪的健康和行为学的诊断方法。

三、河顺种猪生产性能测定系统

河顺智能型种猪测定系统是在群体饲养环境下对种猪进行生产性能测定的标准设备。

每头猪的右耳安装有电子耳牌。当佩戴电子耳牌的测定猪进入测定站采食时，系统自动识别该测定猪的电子耳牌号码即身份，并自动记录每次采食的时间、采食持续时间、饲料消耗量和个体猪体重，这些数据被传送到主电脑后，由系统生成测定报告，对个体采食量、日增重和饲料转化率（料肉比）进行有序排列、汇总和比较，为种猪场的遗传育种提供准确、全面的数据分析报告，从中选择理想的种猪，或用于计算生产中猪生长发育曲线。智能型种猪测定系统主要功能特点：

（1）系统桌面为全中文界面，符合中国人操作习惯。

（2）系统正常工作、非正常工作警示功能，为安全生产和管理提供了技术保障。

（3）每个测定站设置一个带触摸屏的控制器，可现场设置管理，并可保证测定站在与上位计算机未联机的情况下收集和贮存各类数据、正常工作。

结构：种猪生长性能自动测定系统由一台 PC 工业控制机、若干台测定机、通信系统、供电系统和气动系统等组成。每个测定圈内安装一台测定机，可以同时测定 15～20 头猪。PC 工业控制机系统作为上位计算机用于实现人机对话、控制给定、数据存储、数据处理、显示测定机运行状态和故障报警、显示猪只异常报警、显示和打印报表等项功能。每台测定机都由一套 PC 计算机控制系统进行控制，用于实现对进食猪只的自动识别、自动控制测定过程、数据采集和数据统计等项功能。

基本功能：种猪生长性能自动测定系统能够测定出种猪生长过程的各项精确数据、自动生成各种报表、自动绘制生长性能曲线。为种猪的选择、育种提供指标参数，也可依据饲料实际饲喂效果的精确数据，比较选择最佳配方饲料。系统具有 13 项功能：①自动控制饲喂和测定过程；②自动识别进食猪只；③自动测定每次进食猪只的耳标号、开始进食时刻、进食用时和进食量，并计算出日进食量；④自动测定每日的体重，并计算出日增重；⑤自动测定体重达 30kg、50kg 和 100kg 的日龄；⑥自动计算日饲料报酬；⑦自动计算校正背膘厚；⑧自动计算评估综合指数，并且按综合指数排序；⑨自动生成日测定明细表；⑩自动生成日测定统计表；⑪自动生成日龄段统计表；⑫自动生成测定结果报表；⑬自动绘制测定期内生长性能曲线。

四、旺京种猪生长性能自动测定系统

旺京牌"种猪生长性能自动测定系统"是北京旺京牧院科技有限公司自行研发和制造，具有自主知识产权（图15-34）。中关村科技园区颁发新技术及其产品批准卡，荣获2005年全国农牧渔业丰收奖。

图15-34 旺京种猪生长性能自动测定系统

结构： 种猪生长性能自动测定系统由一台PC工业控制机、若干台测定机、通信系统、供电系统和气动系统等组成。每个测定圈内安装一台测定机，可以同时测定8~12头猪。PC工业控制机系统作为上位计算机用于实现人机对话、控制给定、数据存储、数据处理、显示测定机运行状态和故障报警、显示猪只异常报警、显示和打印报表等项功能。测定机含有测定柜、体重秤、料秤、储料槽、外围栏等，由一套西门子PC计算机控制系统进行控制，用于实现对进食猪只的自动识别、自动下料、自动控制测定过程、数据采集和数据统计等项功能。

基本功能： 种猪生长性能自动测定系统能够测定猪只个体生长过程的精确数据、自动生成各种报表、自动绘制生长性能曲线。基本功能有：自动控制饲喂和测定过程；自动识别进食猪只；自动测定每次进食猪只的耳标号、开始进食时刻、进食用时和进食量，并计算出日进食量；自动测定每日的体重，并计算出日增重；自动测定体重达30kg、50kg和100kg的日龄；自动计算日饲料转化率；自动计算校正背膘厚；自动计算评估综合指数，并且按综合指数排序；自动生成日测定明细表；自动生成日测定统计表；自动生成日龄段统计表；自动生成测定结果报表；自动绘制测定期内生长性能曲线。

第四节 基因检测设备

对于氟烷基因等检测，需要特定的设备。其主要设备包括：温度控制系统［如冰箱、恒温水浴箱（图15-35）、干燥箱（图15-36）、恒温摇床等］；水净化装置，如自动蒸馏水发生器；分光光度计；离心机（图15-37）；电泳装置；PCR（Polymerase Chain Reaction）仪（图15-38）；凝胶成像系统等。

图15-35 恒温水浴箱

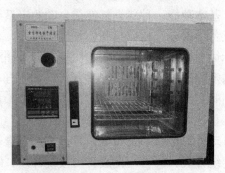

图15-36 干燥箱

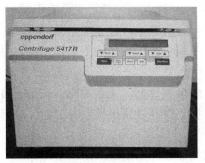

图 15-37 离心机

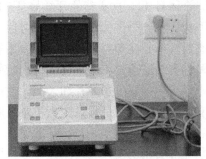

图 15-38 梯度 PCR 仪

第十六讲 测定方法

第一节 场内测定

测定性状：在有关规程指导下，必须进行总产仔数、产活仔数、仔猪初生重、21 日龄体重、断奶体重、达 100kg 日龄、100kg 活体背膘厚、100kg 活体眼肌厚等，以满足育种软件 GBS 对基本信息的需求，保证软件的顺利运行。

基本要求：参照国家核心场要求，规模相对稳定且越大越好；完整系谱记录和有效测定数据；100kg 时，每窝 1 公 2 母；测定数据真实可靠。

测定流程：个体标识→繁殖性能测定→生长性能测定、背膘厚和眼肌面积（厚）测定。当转入育种群后，即开始繁殖、生长等下一轮的测定。

正式测定前，必须进行种猪的个体标识。

一、个体标识

在种猪选育过程中，需要通过标识获得种猪的身份证明，要求在仔猪出生 24h 之内，按照窝序、个体编成 6 位序号，个体号按照仔猪出生的先后顺序排列。

标识方法主要有：耳缺号、耳标等。

耳缺号是用耳号钳在猪耳朵的不同部位打上缺口，每一个缺口代表着一个数据。目前，国内推荐的耳缺号打法是：右耳上打圆孔表示 4000，左耳上打圆孔表示 2000，右耳尖剪缺口表示 1000，右耳上部 3 个剪口分别表示 300，凹陷处的两个剪口分别表示 100，左耳上部两个剪口依次表示为 10，另外三个剪口表示为 30，右耳侧面 3 个剪口分别表示数字 3，下面两个剪口表示数字 1，沿线的这部分代表的是窝号。左耳尖剪口表示为数字 10，侧面三个剪口表示数字 3，下面两个表示数字 1，这部分代表的是猪的个体号。

例如，在图 16-1 中，猪的耳缺号读数为：窝号

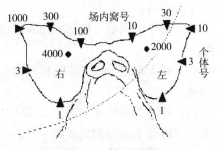

图 16-1 耳缺号样图

7444、个体号 14，这头猪的耳缺号是 744414。耳缺号一旦确立，一般终生都能识别。

耳标：种猪个体标识的另一种方法是打耳标，耳标分为普通耳标和电子耳标。

普通耳标是在塑料耳牌上，用专用笔人工手写数字编号。优点是便于识别，缺点是个别猪只耳标容易脱落，不具备自动识别功能。

电子耳标内置电子芯片和天线，按照一定频段无线接收数据。优点是能够被系统自动识别，获取猪只身份信息，减少人工录入麻烦，避免现场笔误和计算机转录时手误。缺点是成本高、拆卸困难。

从经济实用出发，场内测定大多选用耳缺号标识和耳牌，测定站采用电子耳标。

二、繁殖性能测定

为满足种猪登记、遗传评估数据需求，要对纯种母猪所有窝产仔猪进行测定和记录，并全程对母猪配种、分娩、产仔、初生重等项进行跟踪记录和即时测定。

1. 总产仔数　在仔猪出生时记录同窝仔猪总数，包括死胎、木乃伊、弱仔和畸形猪在内。

2. 产活仔数　出生 24h 内同窝存活的仔猪数，包括衰弱即将死亡的仔猪在内。

3. 初生重　包括活仔猪个体重和初生窝重。在仔猪出生 24h 内用电子秤称得个体活重，全窝仔猪个体重累加，即可获得初生窝重。一般在给仔猪打耳缺号前先称量体重。

4. 21 日龄窝重　和断奶仔猪称重参照初生称重方法进行。

三、生长性能测定（主要进行达 100kg 体重日龄的测定）

一般种猪选育场纯繁后代每窝选测不少于两公三母。

国家核心场育种群所有纯繁达标种猪实施全群生长性能测定。

当待测种猪体重达到 85～115kg 时驱赶到种猪检测装置上称重，记录个体号、性别、测定日期、体重等信息。

在初次使用称重设备——种猪性能检测装置时，要对仪表进行标定。主要是通过操作显示器面板的功能键，对额定载荷、称量精度、计量单位、小数位等进行标定（负载标定或空载标定）。

1. 负载标定　仪表通电进入正常显示之后，按 MODE 键进入功能选择状态，按 G \ N 键，出现 CAL 显示，输入初始密码六个 0，再按 ENTER 键确定，此时进入标定状态，依次进行如下设置：

（1）单位设置　通常设置为 kg，按 ENTER 键确认，进入小数点位置的设置，通常设置为小数点后留三位数。

（2）最小分度值　按 ENTER 键确认，进入最小分度值的设置，通常设置为 0.002kg 即 2 克。

（3）最大量程　按 ENTER 键确认，显示的是最大量程，表示最多只能称量 200kg 以内的物体。

（4）传感器灵敏度　再按 ENTER 键确认，这时显示的是传感器灵敏度设置，这时的数值要与传感器上标明的灵敏度一致。

（5）毫伏数　按 ENTER 键确认，此时仪表上显示出传感器的输出毫伏数，这是空秤状态下的零点毫伏数，将数值记录在说明书上，作为备份。

（6）零位标定　按下 ENTER 键，副显示变为 ES，此时将此值输入仪表，输入方法是用 G/N 键与 TARE 键配合（G/N 键找对位置，TARE 键输入数字），进入零位标定。

（7）砝码标定　在秤盘上放入标准砝码，这时仪表上显示的是增益毫伏数，将这一数值和砝码重量记录到说明书，并将此值输入仪表。按 ENTER 键后输入砝码质量，按 ENTER 键确认，标定完成。再次按下 ENTER 键，显示的是砝码的重量，取走砝码，就可以给物体称重了。

2. 空载标定　如果种猪场没有准备标准砝码，可以进行空载标定。方法是手动输入记录在说明书上的零点毫伏数和增益毫伏数，具体方法可以参照说明书。建议种猪场配备标准砝码，标定更准确。

标定完成后按 ZERO 键清零，就可以给物体称重了。

（1）称量　目前，多数电子秤在活体称重时，仪表数值显示数字会随着物体的晃动而不停跳动，难以确定读数。种猪性能检测装置，通过活体称重模式，使测量值定格，实现活体动态称量时的自稳定，解决了这一难题。具体方法是：当显示数值随活体动物晃动而变动，无法确定读数时，按下 ENTER 键，仪表上会出现闪烁的"RUN"，此时称重装置进入活体动物称重模式，系统在得出称重结果后，数字会闪烁 3 次后定格显示，这时可以做称量结果记录。

（2）清零　记录完成后，按 ZERO 键清零，以便进行下一次的称量。

（3）记录　没有安装电子耳标的，需要手工将现场称量所获得的数据，录入相应表格后备用。安装电子耳标的，系统会自动识别猪只身份信息，并将种猪重量自动录入计算机。经过育种软件公式计算，我们可以获得种猪达到 100kg 体重的校正日龄。

四、活体背膘厚和眼肌面积（厚度）的测定

种猪体重称量完成后，调整两边侧保定板间的距离，限制被测猪的活动空间，使被测猪自然站立，进入活体背膘厚、眼肌面积测定流程。首先了解所测部位。

（一）正确判断猪背膘、眼肌部位

猪背部纵切面的解剖学结构分为：表皮、真皮、脂肪、肌肉和骨骼（彩图 13）。

猪的背膘是指在表皮和真皮下方的脂肪层，我们通常管它叫肥膘，学名背膘。利用 B 超测定的背膘厚指的是眼肌中部背膘厚，包括表皮、真皮和脂肪层的厚度。

眼肌是指猪背膘下面的肌肉，解剖学称背最长肌，俗称里脊。

测定首先要确定测定部位。猪一般有 14～17 对肋骨，我们所要测定的背膘厚规定为猪的左侧倒数第 3 和第 4 根肋骨之间的背膘厚度。测定点为倒数第三、第四根肋骨之间，离背中线 5cm 处（彩图 14）。

根据彩图 15、彩图 16 判断倒数第三、第四根肋骨（10～11 肋骨）。判断关键：①斜方肌存在与否，②背最长肌的大小，③棘肌的出现等。

（二）猪活体背膘厚、眼肌厚度的测定方法

因为超声波不能在空气中传导，所以，必须在测定部位涂上液性传导介质超声胶（耦合剂）能够消除探头与皮肤间的空气，从而使我们获得更加清晰的图像。

右手持探头，在被测猪的左侧倒数第三、第四根肋骨之间，离背中线 5cm 处测定。将探头与背中线平行置于测定点位置，观察 B 超屏幕变化。慢慢变换探测位置，使图像清晰，位点更准确。直到获得满意的图像。

当显示图像中出现明显的背膘、眼肌等分界亮线后，保持探头位置，同时按下冻结键固定图像。

按下＋键，这时屏幕上出现一个"＋"光标，底部出现读数显示"00.0cm"。按下测量控制方向键，把"＋"光标移到测定起点位置，以顶点第一条亮线为起点，方向键与中间的F键同时按下，移动速度会加快，"＋"光标移到测量起点位置后，按下MR测量键，"＋"光标固定，再按测量控制区域的方向键，出现一个活动的"＋"光标，将"＋"光标移到筋膜亮线位置，这时背膘厚度就显示在屏幕底部，可以作为测量结果记录。

按下x号键，屏幕上出现x号光标，用方向键移动x号光标，与"＋"光标完全重合为"米"字，按下MR测量键，移动x号光标，到胸膜亮线，屏幕下方自动显示出眼肌厚度。

将测量的数值录入相关表格备用，也可以存储和打印输出。然后将这些数据输入计算机软件，作为遗传评定依据。

在常用B超中，阿洛卡SSD-500V和亚卫9000V型B超是目前较为先进的兽用超声波测定仪。这两种B超探头都配有马鞍形硅胶测定架，有横向扫描和纵向扫描两种测定方法，能够获取不同的图像。利用操作键盘，移动轨迹球光标描绘眼肌轮廓图，能够直接获取或存储眼肌面积图（彩图17～彩图19）。

其他型号B超的具体操作、测定方法可参照产品说明书进行。

场内测定实际操作可参照《种猪性能测定》光盘中有关内容。

第二节　测定站测定

测定站测定一般按主管部门要求，统一安排，组织具备资格的种猪场，将发育正常、无遗传缺陷、符合体重要求的待选纯种猪，在统一设备、统一饲养环境条件下进行的测定。

测定站测定主要对优秀的青年公猪生长发育等性状进行测定和体型外貌评定。

测定流程如下：收测→加载耳标→隔离预饲2周→30kg时进入正式测定→结测。

一、收测

根据地区生猪遗传改良计划，组织有资质的种猪场选择60～70日龄25kg左右的健康后备公猪集中到测定站，并进行现场登记、核实有关信息等（图16-2～图16-3）。

图16-2　按预定计划收测

图16-3　收测现场登记

二、加载耳标

测定站所测猪只需佩戴两副耳标。一个测定排序耳标，以便测定结束后仍然可以区分并查询其原场个体编号；另一个电子耳标，为自动测定系统的射频识别。为送测猪重新编号，先加编号，再加电子耳标。电子耳标的信息由厂家植入电子芯片，基本信息写入芯片数据采集器。送测猪进入测定中心后，必须重新打耳牌（图16-4）。

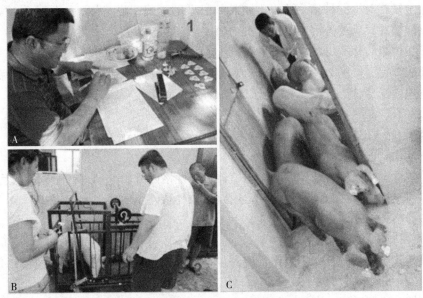

图16-4 送测猪重新打耳牌
A. 为送测猪重新编号　B. 用耳号钳打号　C. 重新打号后进入测定舍

三、隔离预饲

重新打耳牌、称重、消毒猪体后，以场为单位送隔离舍饲养2周，完成健康观察、预饲。

然后选合格的猪作为受测猪进入种猪测定舍，按性别、体重分开饲养。

采用自动计料系统，进行采食调教，当体重达30±3kg时开始测定，记录每头猪每天的采食量（图16-5）。

图16-5 进入测定舍开始测定

四、结测

当体重达90~110kg（85~105kg）时，称重并用B超测定眼肌、背膘厚。

一个熟练的测定员，完成一头种猪的称重、背膘厚、眼肌厚测定，需要3~5min。如测定眼肌面积，描绘眼肌边缘图像，则需要较长时间（彩图20）。

测定站还可进行体尺、肉色、肌肉pH、大理石纹、氟烷基因等项测定和体型外貌鉴定（彩图21）等。

第三节　外貌评定

外貌评定是一种直接根据体型外貌和外形结构进行选种的表型选择方法。

猪的机体是一个有机整体，各个组织、器官间存在着联系和相关性，各个组织、器官的机能的好坏直接影响猪的生产性能，同样也影响其外形。

外貌评定是指对不同种猪企业、不同品种品系的种猪，进行体型、体质、被毛、皮肤、肢蹄等肉眼能够观察到的外部特征的观测与鉴定。

测定站在饲料转化率、活体测膘的基础上，普遍开展了种猪外貌评定。

进行外貌评定（彩图 22），评定的主要内容：品种特征、结构与结实度、肢蹄问题、乳腺发育、生殖器发育状况等。

方法：一看、二测、三评。

看：距猪 2～3 倍体长的距离围绕猪转一圈，看皮毛、肢蹄等。

测：测体尺、体重和有关性状。

评：外貌评定从品种特征、躯体、生殖器官、性格四方面分别进行评分，然后再乘以一定的经济加权系数，计算个体总体评分，用以评价种猪外貌的优劣。

北京市种猪外貌评定执行以下标准：

（1）品种特征（30 分）

整体感观：高长开阔，结实匀称，活力强，品种特征明显的给 5 分；短粗、骨骼纤细、杂合特征的给 0 分。系数为 3。

头部特征：比例适当，耳型、额头、脸型、嘴筒符合品种特征的给 5 分；眼部色斑、卷耳、兜齿的给 0 分。系数为 2。

被毛：短薄顺贴的给 5 分；杂色、色斑、背旋的给 0 分。系数为 1。

（2）躯体（35 分）

前、后躯：肌肉丰满，明显凸出体宽的给 5 分；静脉曲张、棱角分明、成为负担的给 0 分。系数为 3。

胸腰：胸宽深，背宽平直，结合流畅，腹部和膁无赘肉的给 5 分；胸椎肌萎缩、扎肋的给 0 分。系数为 2。

四肢（图 16-6～图 16-8）：正立，步态稳健有力，关节灵活，骨骼粗壮，前后肩等高的给 5 分；卧系、大小蹄、大球节、O 形腿的给 0 分。系数为 2。

图 16-6　前肢的不同侧视缺陷图

A. 严重屈腿　B. 屈腿　C. 直腿　D. 镰状腿　E. 严重镰状腿

（引自 Hypor Conformation Scoring and Selection Manual）

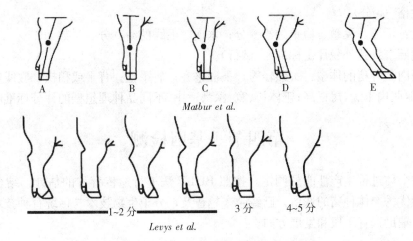

Matbur et al.

1~2分　　　3分　　4~5分

Levys et al.

图 16-7　各种后肢缺陷的侧视图

A. 严重直后腿　B. 直后腿　C. 正常后腿　D. 屈后腿　E. 下卧后腿

（引自 Hypor Conformation Scoring and Selection Manual）

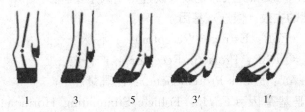

1　　3　　5　　3′　　1′

图 16-8　系部缺陷如图

1 严重屈系　3 直系　5 正常　3′弱系　1′严重弱系

（引自 Hypor Conformation Scoring and Selection Manual）

（3）生殖器官（30 分）

有效乳头（图 16-9）：白猪 7 对、杜洛克猪 6 对以上，排列均匀对称，发育良好的给 5 分；副乳、乳头扁平的给 0 分。公猪系数为 2，母猪系数为 5。

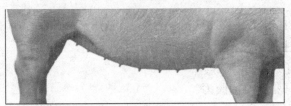

Well developed,positioned and shaped underline.

with 4 + 4 nipples. Underline score= 4/5

图 16-9　乳头的分布位置图

（引自 Hypor Conformation Scoring and Selection Manual）

睾丸发育：发育充分、匀称，附睾明显，阴囊松弛，与肛门距离适中的给 5 分；单睾、隐睾、偏睾的给 0 分。系数为 2（仅限公猪）。

尿泡：无尿泡的给 5 分；有积尿、软鞭的给 0 分。系数为 2（仅限公猪）。

阴户发育：正常的给 5 分；小而上翘的给 0 分。系数为 2（仅限母猪）。

（4）性格（5分）

亲和性：活泼、灵敏、稳重的给5分；木讷、毛躁的给0分。系数为1。

具体参照《种猪外貌评定标准》（试行）。

理想瘦肉型种猪的体型：头颈轻秀，下额整齐；肩平整；背平或稍拱，腹线整齐；四肢中等长；臀腿肌肉丰满，尾根高；躯体长、宽、深都适中。不同品种理想型的评分标准略有差异。

第四节　基因检测

对种猪个体进行生产性能的测定，按照 BULP 法进行遗传育种的估计，结合综合指数的高低进行优秀个体种猪的选留，已经越来越普及，分子生物技术与传统育种技术相结合成为猪育种的辅助选育手段和发展方向。

一、影响猪繁殖、肉质和健康的主效（候选）基因

为综合提高生长性能、肉品质量、健康水平和繁殖效率，国内外进行了大量相关研究。研究表明，影响繁殖、肉质和健康的主效（候选）基因主要有：

1. 影响繁殖性能的主效（候选）基因

雌激素受体基因（*ESR*：Estrogen Receptor）：产仔数。

催乳素受体基因（*PRLR*：Prolactin Receptor）：产仔数。

α-乳蛋白基因（*α-lac*：α-milk Protein Gene）：泌乳量。

猪促卵泡素 β 亚基基因（*FSHβ*：Follicle Stimulating Hormone Beta-Subunit）：产仔数。

2. 影响肉质的主效（候选）基因

氟烷基因（*Hal*：Halothane Gene）：系水力，肉色，pH。

酸肉基因（*RN*：Acid Meat Gene）：pH，肉色，系水力。

心脏脂肪酸结合蛋白（H-FABP：Heart Fatty Acid Binding Protein）：肌内脂肪含量。

脂肪组织脂肪酸结合蛋白（A-FABP：Adipocyte Fatty Acid Binding Protein）：肌内脂肪含量。

猪白细胞抗原（SLA：Swine Leukocyte Antigen）：公猪膻味，胴体性状。

3. 影响抗病力的主效（候选）基因

F18 受体基因：仔猪断奶后腹泻。

K88 受体基因：仔猪断奶前腹泻。

猪白细胞抗原（*SLA*：Swine Leukocyte Antigen）：仔猪成活率，免疫能力。

二、种猪的基因检测

在一些大专院校、技术推广部门和有条件的种猪场或育种公司，配有基因检测设备，开展了肉质、产仔数等候选基因检测，其中氟烷基因检测较为普遍。

氟烷基因是控制猪应激综合征（Porcine Stress Syndrome，PSS）的主效基因。氟烷基因阳性反应个体主要表现在猪肉颜色、pH 和失水率等性状上。主要是由猪兰尼定受体 1（Ryanodine Receptor1，RYR1）基因的碱基 C 突变为 T，导致编码氨基酸精氨酸变为胱氨

酸，进而影响了兰尼定受体的蛋白功能和磷酸化反应，从而引起蛋白结构和功能改变，这种改变引起猪的应激敏感综合征。

大部分中国地方猪种氟烷基因的突变率很低，因此一般将外来猪种和培育猪种作为氟烷基因检测重点。但有关资料资料表明，氟烷基因检测已经从外种猪扩大到培育猪如北京黑猪和地方品种如民猪、藏猪、内江猪等。

不少地区将氟烷基因检测列入种猪质量监测的重要内容。北京市根据种猪质量监测工作计划，定期对原种猪场的种猪进行氟烷基因检测，以筛选和培育抗应激敏感基因猪。

常用检测方法 PCR-RFLP（Polymerase Chain Reaction-Restriction Fragment Length Polymorphism，PCR-RFLP，聚合酶链反应-限制性片段长度多态性）。

氟烷基因检测流程大体如下：采样→DNA 提取→PCR 扩增→酶切→电泳检测（图 16-10～图 16-12）。

 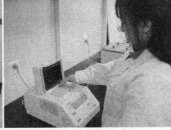 

图 16-10　基因组提取　　　　图 16-11　PCR 扩增　　　　图 16-12　凝胶成像（基因分型）

三、氟烷基因 PCR-RFLP 检测方法及结果

（一）检测方法

1. 检测原理　猪 RYR1 DNA 1843 位的 C→T 突变是目前所发现的唯一决定猪氟烷基因的变异。氟烷基因（n）即 *RYR1 1843* T 等位基因，氟烷抗性基因（N）即 *RYR1 1843* C 等位基因。采用 J Fujii 设计的引物，特异性扩增出 659bp 含有上述突变位点的片段，再使用限制性内切酶 Hha I 对扩增产物进行酶切，1.5%琼脂糖凝胶电泳，根据电泳带型判断氟烷基因的不同基因型。

引物序列如下：P1：5′-TCCAGTTTGCCACAGGTCCTACCA-3′，P2：5′-ATTCACCGGAGTGGAGTCTCTGAG-3′。

基因型判断依据：NN；493、166bp；Nn；659、493、166bp；Nn；659bp。

2. PCR 过程

（1）PCR 反应液组分与比例如下。

$$
\begin{array}{ll}
2\times\text{Master mix：} & 12.5\mu\text{L} \\
\text{P1（10}\mu\text{moL/L）：} & 1\mu\text{L} \\
\text{P2（10}\mu\text{moL/L）：} & 1\mu\text{L} \\
\text{ddH}_2\text{O：} & 8.5\mu\text{L} \\
\text{模板 DNA：} & 2\mu\text{L} \\
\text{合计：} & 25\mu\text{L}
\end{array}
$$

（2）反应条件　见表 16-1。

表 16-1　PCR 反应条件

温度（℃）	时间	循环数
94	5min	1
94	1min	
65	30s	35
72	30s	
72	7min	1

3. 酶切　反应条件如下。

10×NEB buffer：	2μL
100BSA：	0.2μL
HhaⅠ：	0.5μL
PCR 产物：	10μL
dd H_2O：	7.3μL
合计	20μL

37℃，温育 4～5h。

（二）检测结果

1. 样品 DNA 提取　DNA 提取效果见图 16-13。

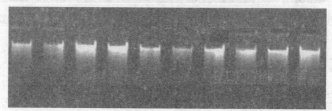

图 16-13　DNA 提取电泳图

2. PCR　PCR 效果见图 16-14。

3. 酶切　PCR 产物酶切后，电泳效果见图 16-15。

北京市自 2009 年起，每年定期对原种猪进行氟烷基因检测，公布检测结果。

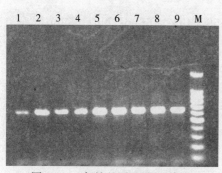

图 16-14　氟烷基因 PCR 电泳图

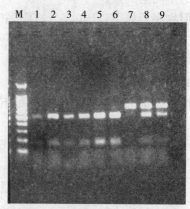

图 16-15　氟烷基因 PCR-RFLP 电泳图

NN：1、2、3、4、5、6 nn：7 Nn：8、9

第十七讲　种猪育种数据管理与分析系统

目前,种猪场应用普遍的是 SQL GBS4.0、5.0 种猪企业单机版,有少数场应用的为网络版。本教材以 4.0 单机版为基础介绍 GBS 基本安装与使用方法。

第一节　系统安装与系统恢复

一、运行环境

（1）硬件环境　本系统可在一般 PC 服务器、台式机或笔记本电脑上运行,对机器的最低配置要求：CPU PⅢ,内存 128M,硬盘 20G,显示器 VGA 800×600 256 色以上,建议 VGA 1024×768。

（2）软件环境　操作系统：WINDOWS2000/XP/NT,并加载中文环境；数据库：SQL Server 2000 或以上；办公软件：Microsoft Office-Excel。

（3）安装顺序　SQL Server 2000 数据库安装、GBS 软件安装。

（4）安装说明　GBS 软件对于初学者来说,安装配置比较麻烦,如果不想自己安装,可联系软件开发商客服远程控制安装。如果自己安装,会加深对软件的认识,也可以积累经验,以便在出现故障时进行自我修复。

二、数据库的安装

SQL Server 2000 数据库的安装比较复杂,全程分安装、设置、启动 3 个阶段约 20 步。

（一）数据库安装（14 步）

（1）见图 17-1,SQL→autorun. exe→安装 SQLServer2000 组件。

（2）进入图 17-2,点击安装数据库服务器；

（3）进入图 17-3,点击下一步。

（4）进入图 17-4,选本地计算机→下一步。

（5）进入图 17-5,选择创建新的 SQL Server 实例,或安装客户端工具→下一步。

（6）进入图 17-6,输入（自定义）姓名,默认的是计算机名称,输入公司名称→下一步。

图 17-1　安装组件

图 17-2　安装数据库服务器

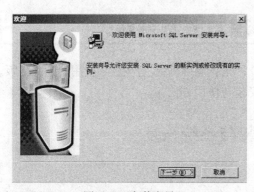

图 17-3　安装向导

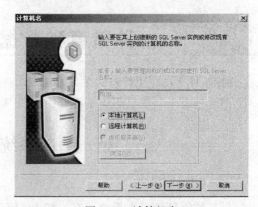

图 17-4　计算机名

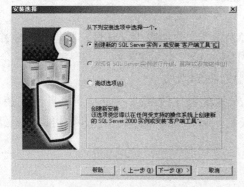

图 17-5　安装选择

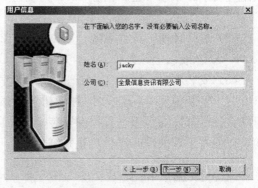

图 17-6　用户信息

（7）接受许可协议，进入图 17-7，点击"是"。

（8）图 17-8 选服务器和客户端工具→下一步。

（9）进入图 17-9，选择"默认"→下一步。

（10）图 17-10，选择"典型"→下一步。

（11）图 17-11，选择对每个服务使用统一账号。自动启动 SQL Server 服务→使用本地系统账号。

（12）图 17-12,选混合模式(Windows…SQL…身份验证)输入密码 sa，确认 sa→下一步。

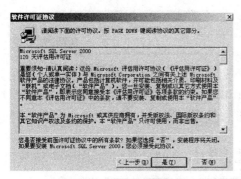

图 17-7　软件许可证协议

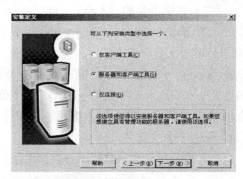

图 17-8　安装定义

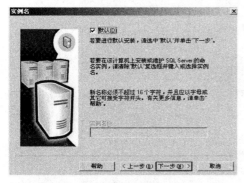

图 17-9　实例名

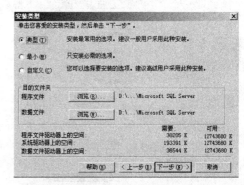

图 17-10　安装类型

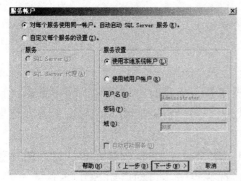

图 17-11　服务账户

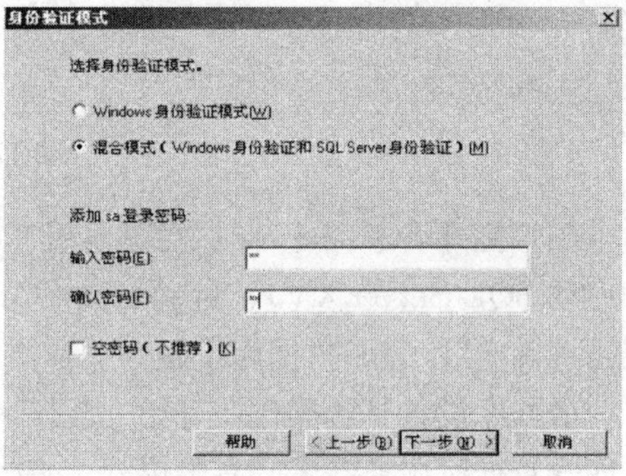

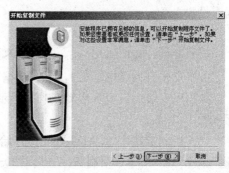

图 17-12　身份验证模式

（13）进入图 17-13，点击"下一步"。

（14）系统自动拷贝数据，等待几分钟，直至安装完毕。见图 17-14。

注意事项：

第 8 步，选择服务器和客户端工具。

第 11 步，单机安装选择对每个服务使用统一账号。自动启动 SQL Server 服务。网络用户选择使用域用户账户安装。

第 12 步，选择混合模式。

图 17-13　开始复制文件

（二）数据库设置（3步）

（1）开始→程序→Microsoft SQL Server→
（图17-14）→企业管理器→控制台根目录→Microsoft
SQL Servers→SQL Server组→Local（Windows. NT

图17-14　系统数据拷贝

属性）｛→SQL Server属性→自动启动SQL Server（V）、自动启动SQL Server代理（U）、
自动启动MSDTC（D）→数据库、数据库转换服务、管理、复制、支持服务、安全、Meta
Data Sever7个文件夹｝。

（2）展开目录树→数据库→数据库服务器名，右击鼠标，点击"属性"。如图17-15所示。

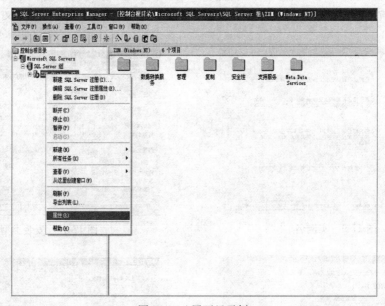

图17-15　展开目录树

（3）打开SQL Server属性（配置）页面，在操作系统启动时自动启动策略中点击：自
动启动SQL Server（V）、自动启动SQL Server代理（U）、自动启动MSDTC（D），然后
点击"确定"，完成数据库设置。

数据库设置具体操作：开始→程序→Microsoft SQL Server→企业管理器→目录树→数
据库→数据库服务器名，右击鼠标，点击"属性"，选择点击：自动启动SQL Server（V）、
自动启动SQL Server代理（U）、自动启动MSDTC（D）→确定。如图17-16所示，完成数
据库设置。

（三）启动数据库（3步）

（1）开始→程序→Microsoft SQL Server→服务器管理，如图17-17。

（2）点击开始/继续（S），启动数据库。如图17-18。

数据库安装、设置、启动成功，显示器右下角出现类似于电脑主机外形的绿色数据库图
标（图17-19）。

（3）启动数据库SUMMARY：开始→程序→Microsoft SQL Server→服务器管理→服
务：SQL Server等3项刷新→当启动OS时自动启动服务→数据库安装、设置、启动成功，
显示器右下角出现数据库启动图标。

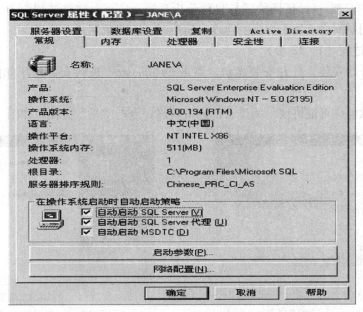

图 17-16　完成数据库设置

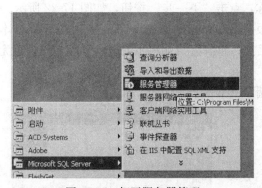

图 17-17　打开服务器管理

图 17-18　启动数据库

注意事项：如果服务器已启动，则可省略第二步。

图 17-19　数据库图标

三、GBS 安装与启动

（一）硬件环境

本系统可以在一般的 PC 服务器、台式机或笔记本电脑上运行，对机器的最低配置要求：CPU：PⅢ；内存：128M；硬盘：20G；显示器：VGA 800 * 600 256 色以上，建议 VGA 1024 * 768。

（二）软件环境

操作系统：WINDOWS2000/XP/NT，并加载中文环境。

数据库：SQL Server 2000 或以上；办公软件：Microsoft Office-Excel。

（三）安装说明

在安装《种猪场管理与育种分析系统－GBS》之前，建议先安装好 SQL Server 2000 数据库系统并已启动，数据库的安装方法参见《SQL Server 2000 安装说明》或数据库（SQL

Server 2000）的安装。《种猪场管理与育种分析系统－GBS》软件试用期为 60 天，60 天后软件失效。试用期间进入每个界面的速度有所延时，正式版用户无此现象。

（四）安装过程（1～12 步）

第 1 步：开始安装。打开安装光盘，点击 Setup. exe，进入安装程序如图 17-20，点击下一步。

第 2 步：软件许可证协议。阅读软件许可协议，点击"是"按钮，如图 17-21 所示。

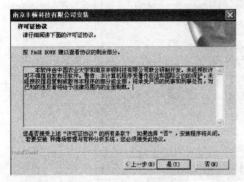

图 17-20　进入安装程序　　　　　　　　图 17-21　软件许可证协议

第 3 步：客户信息。填写用户名和公司名称，点击"下一步"按钮，如图 17-22 所示。

第 4 步：设置安装类型。安装类型包括：服务器端和客户端。选择服务器端系统将在本机安装数据库，在安装过程中需要设置数据库信息；选择客户端将不安装数据库文件，也无须设置数据库信息。

选择安装类型，单机版用户选择"服务器端"→下一步，如图 17-23 所示。

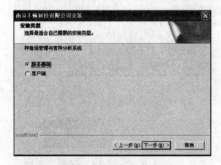

图 17-22　客户信息　　　　　　　　　　图 17-23　设置安装类型

第 5 步：设置数据库信息。选择服务器端，需要设置数据库服务器名、用户名和密码如图 17-24。

服务器名填入安装数据库时设置的数据库服务器名，如果用户在安装数据库时没有记录下服务器名称，采用以下步骤查找服务器名。

单击如图 17-25 所示的程序→Microsoft SQL Server→服务管理器→弹出的界面（如图 17-26 所示），查找到服务器名称→复制服务器名称→粘贴。

用户名填入安装数据库时设置的数据库管理员用

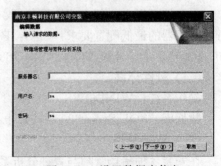

图 17-24　设置数据库信息

户名，缺省指定 sa。

密码填入安装数据库时设置密码，建议为 sa。

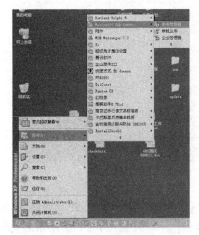

图 17-25　开启程序

图 17-26　服务管理器

填写完数据库设置后，点击"下一步"按钮。

第 6 步：选择系统安装目录。选择安装目录，点击"下一步"按钮，如图 17-27 所示。

第 7 步：安装信息。确认安装信息，点击"下一步"按钮，如图 17-28 所示。

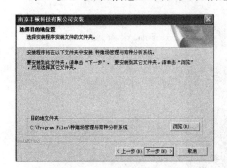

图 17-27　系统安装目录

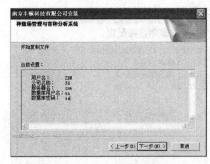

图 17-28　安装信息

第 8 步：拷贝文件。开始拷贝文件，如图 17-29 所示。

第 9 步：数据库安装完毕确认。如果您选择的是安装服务器端，系统会自动安装数据库，安装完毕后会提示"数据库安装成功"，点击"确定"按钮，如图 17-30 所示。

图 17-29　拷贝文件

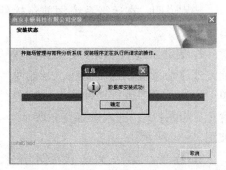

图 17-30　安装完毕确认

第 10 步：安装加密狗。出现图 17-31 所示，点击"安装"→加密狗安装完毕，当出现"驱动安装成功！"提示时（图 17-32），点击"退出"。

图 17-31　安装加密狗

图 17-32　驱动安装成功

第 11 步：数据库连接设置。在数据库连接设置页面中，"服务器名称"选择或直接输入［服务器端填写"（local）"，客户端填写需要连接的服务器名］，单机版用户"服务器名称"就是本机计算机名称；用户名称为：sa，密码为：sa，"数据库名称"选择"pig"，点击"确定"按钮。如图 17-33 所示。

第 12 步："种猪场管理与育种分析系统"安装完毕．当出现图 17-34 所示时，点击"完成"按钮。

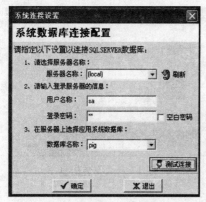

图 17-33　数据库连接设置

图 17-34　安装完毕

（五）系统启动与退出

特别说明：在运行系统之前将软件厂商提供的 USB 加密狗（加密锁）正确插入 USB 口中。

1. 启动系统　可以点击桌面的快捷方式启动系统；也可以在"开始菜单"中选择程序运行"种猪场管理与育种分析系统"。进入系统登录界面，如图 17-35 所示。

2. 登录　第一次登录（图 17-35），用户名："xitong"、密码："1"。

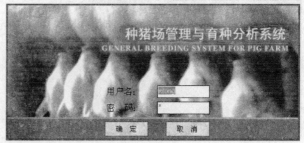

图 17-35　启动系统

进入系统后即显示系统登录主界面如图 17-36 所示。

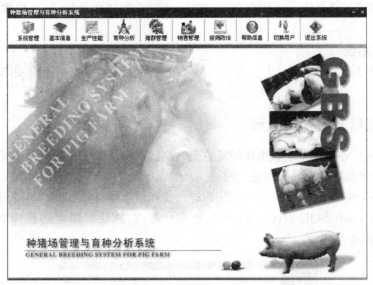

图 17-36　系统登录主界面

用户可以自行添加用户和修改密码。具体参见《种猪场管理与育种分析系统－GBS 操作手册》。

您现在可以正常操作"种猪场管理与育种分析系统"了。

3. 清除业务数据　系统自带两个模拟猪场的测试数据，以供用户熟悉本系统功能和操作时练习之用。当用户已经熟悉本系统的业务功能和操作方法，准备正式使用本系统开始管理企业的业务时，请先执行"系统管理"子系统中的清除业务数据模块，将系统中的测试业务数据全部清除，开始录入自己的业务数据。

4. 用户管理　系统默认有一个"xitong"用户，在使用系统之前请使用该用户登入，为每一个使用人建立登入用户并分配相应的操作权限。在实际业务操作的时候，应使用各自的用户登入码登入。在建立用户之后，系统默认"xitong"用户可以修改其密码，保证系统的安全性。

5. 系统备份设置　为了在系统崩溃的时候能够恢复系统，保证业务数据不致遗失，应在系统管理模块的自动备份中设置系统的自动备份策略，指定自动备份文件的存放目录，系统将根据您的设置自动备份数据库，建议设置为日备份模式。

6. GBS3.0 数据导入　猪场管理与育种分析系统→系统管理→GBS3.0 数据导入→育种文件存放目录（事先将 8 个育种文件拷贝到安装目录的"arjdata"中）、解包文件目录→数据导入→导入过程。

7. 基本信息维护　您在使用系统之前，您需要定义一些基本的数据字典，如：猪舍、疫苗信息等。

8. 猪群管理模块（结存设置、初始化）　定义好结存的策略，系统就可以在指定的时间做出猪群管理部分的相关生产报表，可以在猪群管理模块的结存设置中指定结存的策略。如果是第一次使用本系统，还需要将每一个猪舍的详细存栏情况通过猪群管理模块的初始化录入到本系统，并更新系统的猪舍存栏账目。

9. 销售管理模块（基本信息）　在使用销售做销售业务之前，需要先定义相关的销售字典，如销售级别、客户来源等。

10. 注意事项 登录输入"用户名"时实际是用户的"登录标识"；操作过程中请勿拔除软件加密狗！

（六）退出系统

在系统主界面（图 17-36）上点击"退出系统"菜单或直接点击窗口关闭按钮"×"即可退出系统。

四、系统崩溃的恢复处理

当系统遇到意外出现系统数据库崩溃情况时，按以下步骤恢复数据库系统。

（一）卸载当前数据库操作系统

从 Windows 的"控制面板"中（图 17-37）找到"添加/删除程序"并打开，出现图 17-38，找到"Microsoft SQL Server 2000"，点击"更改/删除"即可卸载掉 Microsoft SQL Server 2000 数据库系统。

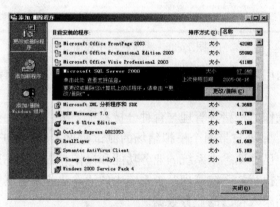

图 17-37 控制面板

图 17-38 打开"添加/删除程序"

（二）重新安装数据库操作系统

参见 SQL Server 2000 安装说明。

（三）数据文件导入步骤（1~6 步）

1. 进入 Microsoft SQL Server 数据库控制台 开始→程序→Microsoft SQL Server→企

业管理器（图 17-39）→Microsoft SQL Server 数据库控制台（图 17-40）。

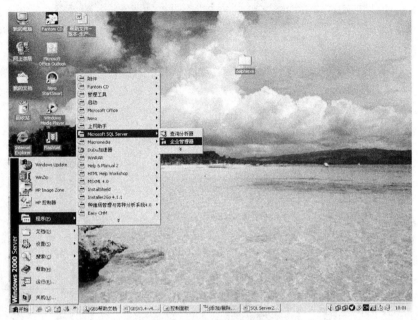

图 17-39　企业管理器

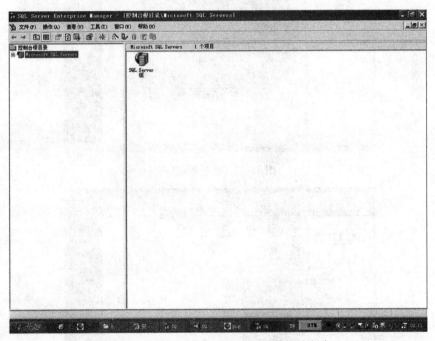

图 17-40　Microsoft SQL Server 数据控制台

2. 数据库→选择新建数据库　展开目录树找到"数据库"目录，右击鼠标，如图 17-41 所示。选择新建数据库，如图 17-42 所示。

3. 输入数据库名称（pig）　在图 17-42 所示"名称（N）"输入框中录入"pig"后点击"确定"即出现图 17-43。

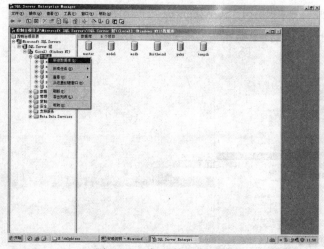

图 17-41　打开数据库目录

图 17-42　新建数据库

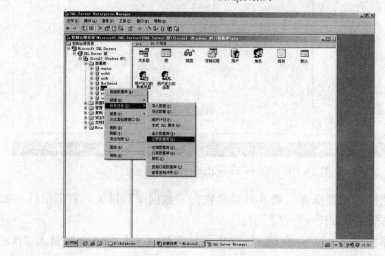

图 17-43　所有任务

4. 所有任务→选择还原数据库　如图 17-43 所示，选择"pig"，单击右键，选择"所有任务"，选择"还原数据库"，出现图 17-44。

图 17-44　还原数据库

5. 选择设备并添加文件　如图 17-44 所示，选择"从设备"和"数据库-全部"，点击"选择设备"，出现图 17-45（还原自…磁盘…），点击"添加"，出现图 17-46（文件名…）。

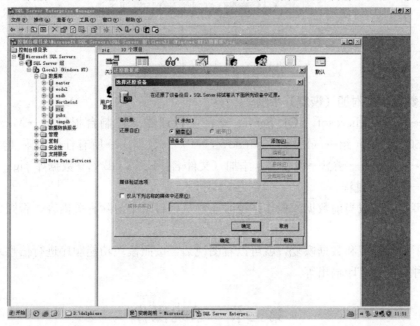

图 17-45　选择设备

6. 查找、选择数据库文件并还原　如图 17-46 所示，从系统自动或用户手工备份的数据库文件存放目录中选择备份日期最近的数据库文件，然后点击"确定"，直到出现图 17-47，

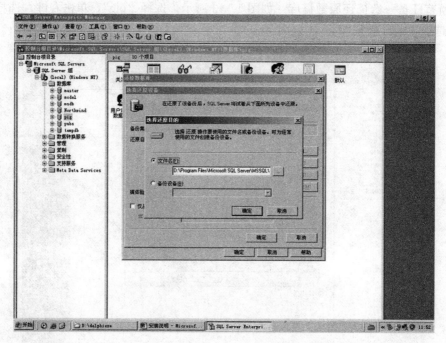

图 17-46 添 加

至此，系统数据库已成功恢复！关闭所有窗口即可。

图 17-47 确认系统数据库还原

（四）数据文件附加（恢复）步骤

开始→程序→Microsoft SQL Server →企业管理器→控制台根目录→Microsoft SQL Servers→SQL Server 组→（local）（windows NT）→数据库→所有任务→附加数据库→pig →从设备→选择设备→磁盘→设备名：添加（文件名：E：\ GBS4.0 数据库 pig _ data，附加 pig _ log）→确定→过程。

注意事项：卸载当前数据库操作系统时还要从根目录中清除有关内容，否则可能导致重装失败！

学会了安装卸载和数据恢复，就可以看图说话，按照模块功能顺序进行信息录入、数据处理、育种分析及打印输出等。

第二节　系统操作

为了提高本系统键盘操作的便捷性和工作效率，系统中设置了许多功能快捷键，方便用户使用。具体参见表 17-1。

表 17-1 GBS v3.4/v4.0 快捷键设置一览表

序号	功能键组合	功能	序号	功能键组合	功能
1	Alt+A	添加、新增、登记	8	Enter	编辑框移动（向后移动）
2	Alt+E	修改	9	Ctrl+Z	进入导航窗口
3	Alt+D	删除	10	Shift+Tab	编辑框移动（向前后移动）
4	Alt+S	保存	11	F1	联机帮助
5	Alt+C	取消	12	F2～F10	主界面中主菜单的快捷键
6	Alt+X	返回	13	ESC	主界面中退出系统或退出某主菜单选择项
7	Tab	编辑框向后移动			

注：子菜单的快捷键在菜单名后有提示，但必须在主菜单弹出的情况下有效。

操作流程与模块简介如下。操作流程图见图 17-48。

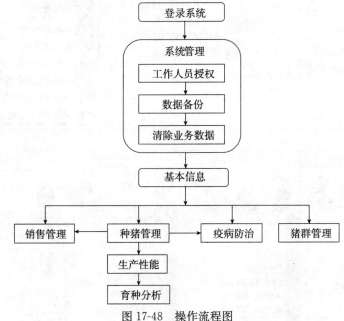

图 17-48 操作流程图

系统模块：模块是能够单独命名并独立地完成一定功能的程序语句的集合。

GBS 由系统管理、基本信息、种猪管理、生产性能、育种分析等独立功能模块组成（图 17-49～图 17-50）。

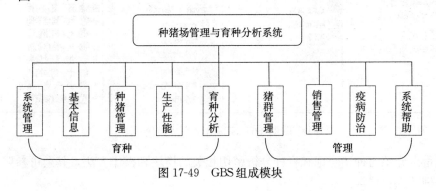

图 17-49 GBS 组成模块

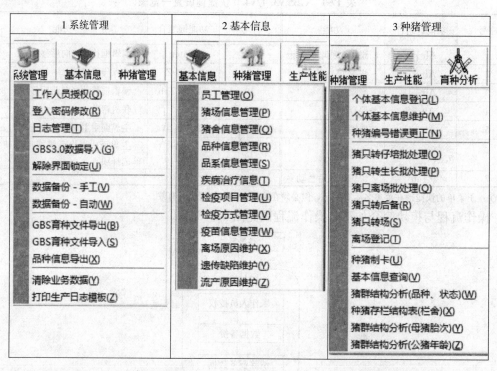

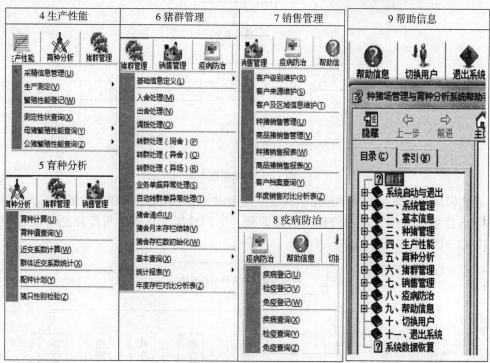

图 17-50　GBS 九大组成模块

本节重点介绍与种猪登记和育种分析密切相关的模块和操作方法，其余可参照"帮助信息"或咨询开发单位等。

一、系统管理

模块定义：该子系统的主要功能是帮助系统管理员进行日常的应用维护工作，以保证系统安全、高效运行。主要包括：用户维护、系统授权、系统数据备份、系统运行日志管理等。介绍系统正常运作、本产品的开发背景，并提供联机帮助文件《GBS用户操作指南》（图17-51）。

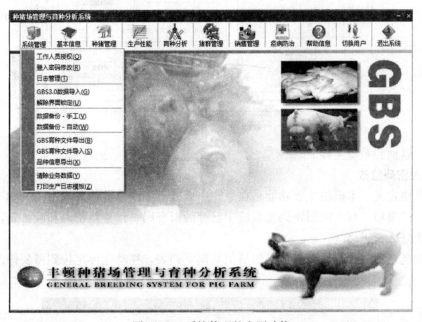

图17-51 系统管理的主要功能

1. 工作人员授权

（1）模块定义 本模块主要功能是建立系统操作用户名录，并针对每个用户在实际工作中角色不同分别进行可操作模块的权限配置。

（2）功能说明 添加用户：添加一个新的操作员信息。其中登录标识（即登录账号）用户姓名必须填写。

用户角色类型有两种类型：一般用户和系统管理人员，系统默认值为系统管理员。

功能模块选择框中列示了系统所有的业务模块名称，系统管理员针对当前新添加的操作员实际工作角色要求，将相应的业务功能模块进行操作授权（"☑"表示选中已授权）（图17-52）。

（3）注意事项 如果新添加的用户是一般用户，功能模块选择框中所有业务功能模块默认值为未选中；如果新添加的用户是系统管理人员，"功能模块选择"框中所有业务功能模块默认值为选中。新添加的用户初始登录密码均为"888888"。

修改资料：修改当前光标所在的操作员及其授权信息。

删除用户：删除一个操作员及其授权信息。

保存：将添加或修改后的操作员及其授权信息存入数据库。

取消：取消添加或修改操作。

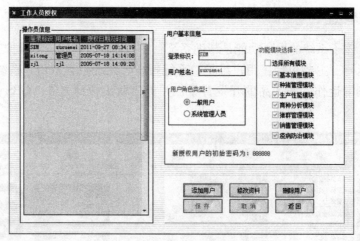

图 17-52 人员授权

返回：返回到系统主界面。

2. 登入密码修改

（1）模块定义 本模块主要功能是在系统中修改系统操作员的登入密码（图 17-53）。

（2）注意事项 写入的旧密码与系统中已存的旧密码一致且新密码和确认新密码完全一致才能完成登入密码修改。

（3）功能说明 操作员信息：操作员信息浏览列表，移动光标定位到需要修改登入密码的操作员。

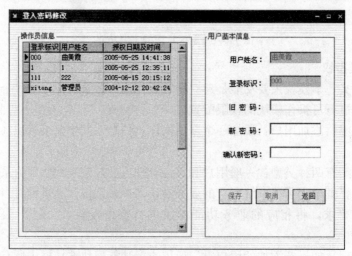

图 17-53 登入密码修改

用户基本信息：显示当前光标所在的操作员的"用户姓名""登录标识""旧密码""新密码"和"确认新密码"必须填写。

保存：将修改后的操作员登入密码写入系统数据库。在保存时校验填写的旧密码必须与系统中数据库中已存的旧密码一致，否则系统会报错误信息："您提供的旧密码不正确，请重新输入！"；同时也校验填写的"新密码"和"确认新密码"必须完全一致，否则系统会报错误信息："确认密码与新密码不一致，请重新输入！"（图 17-54）。

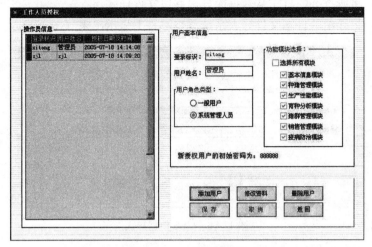

图 17-54　工作人员授权

取消：取消登入密码修改操作。

返回：返回到系统主界面。

3. 日志管理

（1）模块定义　本模块主要是对系统中所有操作员的操作日志进行查询。当日志记录较大（通常半年为限），系统管理员可以导出日志，并以文件形式保存到系统外部。也可以导入以文件形式保存的历史日志，显示出来供查询管理。

（2）功能说明

日期：选择需要查询的日志日期范围（图 17-55）。

按用户查询：选择了按用户查询的查询方式，必须选择 1 个具体用户姓名。

按功能模块查询：选择了按功能模块查询的查询方式，必须选择一个具体的功能模块名称。

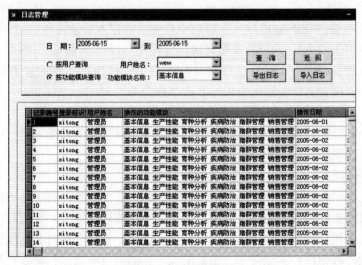

图 17-55　日志管理

查询：根据选择的查询日期和查询方式组合条件，显示查询的日志流水账。

导出日志：将所查询的日志从数据库导出并以文件形式保存。

导入日志：将导出的日志文件导入系统并在屏幕上显示出来（图17-56）。

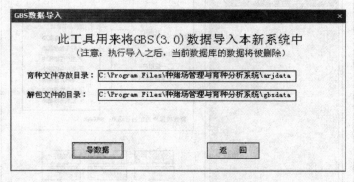

图17-56　GBS数据导入

返回：返回系统主界面。

（3）注意事项　系统管理员要定期清理系统日志数据记录（即导出），以免系统日志数据库太大，消耗系统资源，影响运行性能。

4. GBS v3.0数据导入

（1）模块定义　本模块主要针对旧版的GBS用户（GBS 3.0版VFP平台上的GBS系统）升级到GBS 3.4版或GBS 4.0版时，育种数据的一次性导入处理。

（2）特别说明　如果在导入过程中发生异常，请确认数据库DTC服务是否已启动，具体方法参考《SQL Server2000数据库的安装手册》中数据库设置部分。

（3）功能说明　系统管理→GBS3.0数据导入→育种文件存放目录（路径）、解包文件的目录→导数据→导入过程（系统后台自动执行数据导入和校验工作，完成或失败系统均会给出相关提示信息）→返回。

（4）注意事项　执行该模块前必须将GBS3.0系统中"育种数据保存"操作后的产生的8个文件（bith、DISK1、farm、farr、grow、readme、slg、type）拷贝到本次安装目录arjdata文件夹中（见"GBS数据导入"界面中育种文件存放目录提示）。否则系统报错。

该模块仅适用于旧版GBS用户系统升级，即使用GBS 3.4版或GBS 4.0版以前的一次性育种数据导入服务，GBS 3.4版或GBS 4.0一旦正式使用产生新的业务数据后，不能再使用此项功能，否则会造成新系统录入的业务数据全部丢失！

由于旧版GBS系统的数据库平台和育种数据导出时处理技术比较早，与新系统的运行环境差距较大，有个别用户可能会遇到数据不规范等不可预见的环境因素影响而无法正常执行此功能，请直接联系开发服务商指导或协助解决！

5. 解除界面锁定

（1）模块定义　系统中有一些复杂运算业务，如：近交系数计算、系谱校验、BLUP运算等，在执行时需要开销较大的系统资源，为保证系统的运行效率，系统对这类业务做了技术限制，不允许多用户操作，即一旦有用户执行该模块，系统立即对其加锁锁定，只有当该用户退出此模块时其他用户才能使用。正常情况下，加锁与解锁工作都是在后台由系统自动完成的。但如果遇到非正常执行完毕退出，如强制关机、Windows任务管理器强制结束任务操作等情况中断系统，系统的自动解锁功能暂失，需要24h后才能自动解锁（即被锁定的业务模块 24h 后才能重新使用）。如果遇到这种意外事件，用户可以执行该模块手动解锁（图 17-57）。

（2）功能说明　解锁：将光标所在的正在锁定的列表中的应用模块界面解锁，解锁后当前应用模块界面立即从正在锁定列表中消失。

返回：返回系统主界面。

（3）注意事项　用户在使用解锁时必须慎重，建议使用条件：意外、非法中断程序的用户加锁，又必须在 24h 内再次使用该模块。因为该模块可以对任何加锁业务立即手动解锁，如果不小心将某个正在执行的复杂算法模块解锁，其他用户又可以进入该模块执行，将造成系统资源紧张，严重时甚至会造成系统数据库崩溃，谨慎使用！

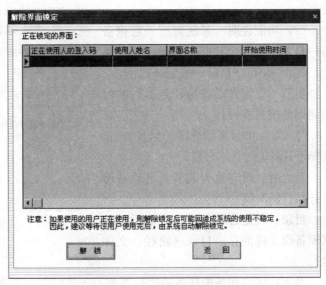

图 17-57　手动解除界面锁定

6. 手工数据备份

（1）模块定义　本模块主要功能是将系统数据库文件备份到指定的位置，以便遇到系统崩溃意外时还原系统数据。

（2）功能说明　系统管理→数据备份—手工→目录（指定数据库备份文件存放路径，图17-58）→ 备份（将数据库文件完整备份到指定目录），如果备份成功，系统提示：数据备份已成功完成（图 17-59）→确定→退出，返回系统主界面。

（3）注意事项　为预防系统崩溃、数据库损坏等意外发生时系统业务数据丢失的风险，系统管理人员应养成良好的工作习惯，定期做好数据库备份工作。建议至少每周备份一次。

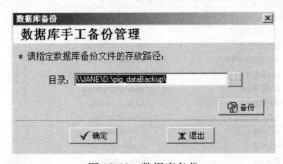

图 17-58　数据库备份

图 17-59　数据备份完成

另外，为预防数据库备份文件占用硬盘空间资源太大影响其使用效率，建议用户定期对备份目录进行清理，删除历史备份文件。

7. 自动数据备份

（1）模块定义　本模块主要是设定系统数据库文件备份的自动任务，系统能根据设定的参数定期自动备份数据库到指定位置，以便遇到系统崩溃意外时还原系统数据。

（2）功能说明　系统管理→数据备份—自动（类型、日期、时间、存放路径，图 17-60）→目录→确定→退出。

类型：设定自动备份任务执行的时间周期是按月或按日。

每月日：如果类型设定的是月备份，选择每月备份的具体日期。

每天时：设定每天或某天自动备份任务执行的时间。

目录：设定自动备份任务执行时数据库备份文件的存放目录（路径、文件名）。

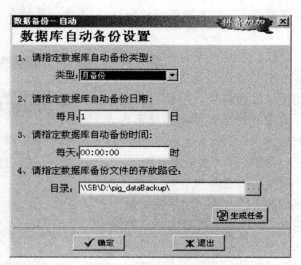

图 17-60　数据备份设置

确定：将自动备份任务的执行参数写入数据库，生效执行。文件格式：date 和 Log。

退出：返回系统主界面。

（3）特别说明　如选择月备份类型，每月日的选择日期范围只能在 1～28 日，因为 2 月份通常只有 28 天。

（4）注意事项　为预防系统崩溃、数据库损坏等意外事件发生时系统业务数据丢失，系统管理人员应定期做好数据库备份工作。系统正常使用后一定要设定和启用该功能模块！另外，为了预防数据库备份文件占用硬盘空间资源太大影响其使用效率，建议用户定期对备份目录进行清理，删除历史备份文件。

8. 育种文件导出

（1）模块定义　本模块主要功能是导出当前系统中育种数据文件。系统管理→育种文件选择→导出文件位置→导出（图 17-61）。

（2）功能说明

育种文件选择：选择需要导出的具体相关育种数据文件名。其中，猪只基本信息是必选的，其他文件默认值选中，用户可根据需要点击每个文件前面的选择框进行选择。

导出文件位置：显示导出文件存放位置，系统在本系统的安装目录下自动创建和选择，用户

图 17-61　GBS 育种文件导出

不可修改。

导出：点击该功能按钮，系统后台自动将用户选择的育种文件导出并生成压缩文件，如果用户已经执行过该模块，系统会出现提示框（图17-62）。

图 17-62　导出提示框

确定：系统后台自动将用户选择的育种文件导出并生成压缩文件。

取消：返回系统上层界面。

返回：返回系统主界面。

（3）注意事项　导出的13个压缩文件存在当前系统本次安装目录的OutData文件夹中。如果用户已经运行过该模块，再次运行时将会覆盖上次导出的育种文件。

9. 育种文件（13个）**导入**　种猪场管理与育种分析系统主菜单→系统管理→育种文件导入→育种文件选择、InData（图17-63）→导入类型：覆盖追加、追加、清空导入→导入过程→返回。

图 17-63　GBS育种文件导入

（1）模块定义　本模块主要功能是导入育种数据文件（该文件是执行育种文件导出时生成的文件）。

（2）功能说明

育种文件选择：选择需要导入的具体相关育种数据文件名。其中，猪只基本信息是必选的，其他文件默认值选中，用户可以根据需要点击每个文件前面的选择框进行选择。

导入文件位置：显示导入文件存放位置，系统默认从安装目录下的InData目录中读取数据，用户事先必须将需要导入的压缩文件包拷贝到该目录下（※将导出到OutData的文件导入到InData）。

导入类型选择：系统提供覆盖追加、追加、清空导入三种模式的育种数据导入功能，用户可以根据自己的需要进行选择处理。其中"追加导入"指不删除系统中已存在的育种数据，添加新个体数据，覆盖老个体数据；"清空导入"指删除系统已有的育种数据，导入新的育种数据。

导入：点击导入功能按钮，系统将根据用户选择的文件自动到指定的目录下寻找对应的压缩文件包，如果发现需要的文件包不存在，系统会自动用红色字体显示文件名，并给出相关提示（图17-64），等待用户取消此文件选择或将该文件的压缩数据包放到指定目录中，继续执行"导入"工作，系统再次出现提示框"您确定要导入数据吗？"。

图17-64　导入提示框

确定：系统后台自动将用户选择的育种文件导入。

取消：返回系统上层界面。

返回：返回系统主界面。

（3）追加导入　选择"追加导入"的模式可以解决一个公司多个猪场分散应用，但育种数据集中到公司进行管理分析的功能。具体操作方式是：

①在每个猪场的GBS系统中分别执行育种数据导出。

②然后将公司GBS安装目录的InData目录清空。

③将一个场的导出育种数据包拷贝到将公司GBS安装目录的InData目录下，执行追加导入。

④重复②～③，直到GBS系统中集中的该公司所有猪场的育种数据全部导入。

（4）注意事项　需要导入的压缩文件提前存放到当前系统本次安装目录的InData文件夹中。如果该文件夹中已存在文件，最好先清空，以防导入数据文件版本混乱。建议使用该功能前先执行一次系统数据备份（数据备份），以备误操作的补救处理。

10. 清除业务数据

（1）模块定义　本模块主要功能是在用户正式使用本系统进行实际业务操作前（或正式切换运行前）进行系统初始化工作，将前期模拟试运行或操作练习时产生的业务数据清空保留基本信息数据。

（2）功能说明　清除：执行该功能按钮系统出现确认清除提示框见图17-65。

确定：系统后台自动将业务数据表清空（图17-66）。

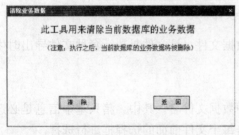

图17-65　清除业务数据

图17-66　确认清除提示框

取消：返回系统上层界面。返回：返回系统主界面。

（3）注意事项　谨慎使用该模块，仅当系统正式运行前需要清理系统中垃圾业务数据时使用。系统正式运行后禁用该功能，否则会造成业务数据全部丢失。建议使用该功能前先执行一次系统数据备份（数据备份－手工），以备误操作的补救处理。

11. 打印生产日志模板

（1）模块定义 主要是打印用户指定的生产日志报表（Excel 格式）。

（2）功能说明

Excel 模板选择：可在列表框中选择要打印的模板。

选择"全选"，则选择列表框中的所有模板。

确定选择：如果选择了直接打印，则通过操作系统的默认打印机直接打印报表，否则先让用户预览，再由用户选择是否打印。

"生长性能测定"模块见表 17-2。

表 17-2　生长性能测定表

个体号	始测日期	始测体重(kg)	二测日期	二测体重(kg)	二测耗料(kg)	三测日期	三测体重(kg)	三测耗料(kg)	结测日期	结测体重(kg)	结测耗料(kg)	背膘厚1	背膘厚2	背膘厚3	背膘厚4	眼肌面积1	眼肌面积2	眼肌面积3	眼肌面积4	测定人

"外貌体尺测定"模板见表 17-3。

表 17-3　外貌体尺测定表

个体号	测定日期	测定场	技术员	体重	体长	胸围	管围	眼肌重	体高	胸深	胸宽	臀宽	生殖器评分	肢蹄评分	瞎乳头数	乳头形状评分	乳头排列评分	体型评分	健康评分	耳型评分	皮肤评分	毛质评分

"屠宰性能测定"模板见表 17-4。

表 17-4　屠宰性能测定表

个体号	测定日期	技术员	活重	空体重	头重	尾重	皮厚	肢蹄重	肾重	板油重	板油率	左胴体重	右胴体重	胴体长	肋骨数	后腿重	后腿率	眼肌重	含水量	系水率	失水率	滴水损失	脂肪含量	肌肉硬度	肉颜色1	肉颜色2	大理石纹1	大理石纹2

pH1	pH2	熟肉率	前躯皮重	前躯瘦肉重	前躯脂肪重	前躯骨重	中躯皮重	中躯瘦肉重	中躯脂肪重	中躯骨重	后躯皮重	后躯骨重	后躯瘦肉重	后躯脂肪重	背膘厚1	背膘厚2	背膘厚3	背膘厚4	眼肌面积1	眼肌面积2	眼肌面积3	眼肌面积4

"发情配种信息"模板见表 17-5。

表 17-5　发情配种登记表

个体号	胎次	情期	发情日期	是否首次发情	膘情	发情类型	发情状况	发情备注	一配日期	一配方式	一配公猪	二配日期	二配方式	二配公猪	三配日期	三配方式	三配公猪	配种员	配种备注

"妊娠登记"模板见表17-6。

表 17-6　妊娠登记表

个体号	胎次	情期	配种日期	公猪编号	妊检员	妊检日期	预产期	受孕情况	一配日期	膘情	备注

"流产信息管理"模板见表17-7。

表 17-7　流产登记表

个体号	配种日期	流产日期	流产原因	妊娠天数	备注

"产仔管理"模板见表17-8。

表 17-8　产仔登记表

个体号	胎次	情期	产仔日期	公仔数（头）	母仔数（头）	畸形数（头）	木乃伊数（头）	死胎数（头）	出生窝重（kg）	产仔难易度

"断奶信息管理"模板见表17-9。

表 17-9　断奶登记表

个体号	胎次	情期	断奶日期	寄入数（头）	寄出数（头）	畸形数（头）	断奶母仔数（头）	断奶公仔数（头）	断奶窝重（kg）

"猪只离场登记"模板见表17-10。

表 17-10　离场登记表

个体号	离场时间	离场体重（kg）	离场执行人	离场方式	离场原因

"猪只转后备"模板见表17-11。

表 17-11 转后备猪登记表

个体号	发生猪场	发生猪舍场	发生日期	执行人

返回：返回系统主界面。

（3）注意事项 选择直接打印时请确认操作系统默认打印机是否设置正确。

二、基本信息

模块定义：该子系统的主要功能完成系统中的基础数据定义。模块操作流程见图 17-67。

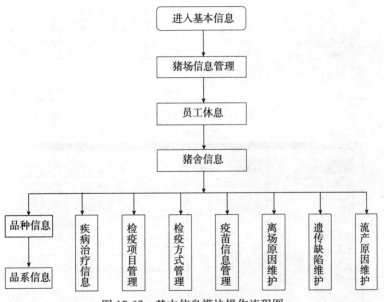

图 17-67 基本信息模块操作流程图

注意事项：在使用其他业务模块之前，必须先完成相关的系统初始化工作，即先要完成基础信息定义工作，该类信息会在其他业务模块中频繁的引用，否则，系统无法正常使用。基础信息一旦保存后，如果已经被其他业务引用，将不能删除，否则会引起系统数据混乱！

1. 员工管理

（1）模块定义 主要定义猪场各业务部门业务人员如：配种员、兽医、饲养员、销售员等信息（图 17-68）。

（2）功能说明

添加：增加一个新的员工信息。其中编号、姓名必须填写，猪场选择该员工所属场。

修改：修改已有员工信息，其中编号不许修改。

删除：删除已有的员工信息。

保存：将添加或修改后的员工信息写入数据库（图 17-69）。一旦保存，编号将不可修改。如果发现编号错误只有通过删除、添加来更正。

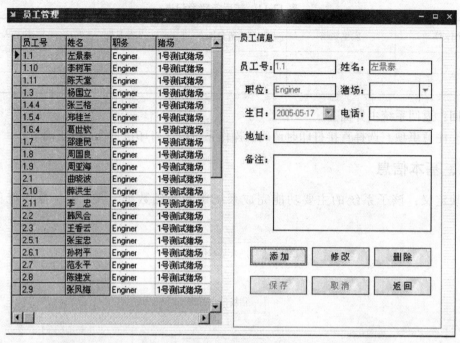

图 17-68　员工信息管理

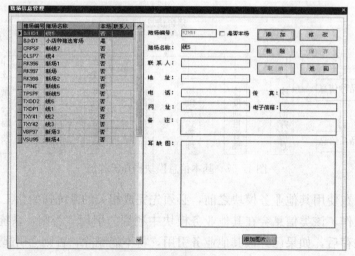

图 17-69　猪场信息管理

取消：取消添加或修改操作。返回：返回主界面。

2. 猪场信息管理

（1）模块定义　本模块主要功能是在系统中定义猪场的各项信息。

（2）功能说明

添加：增加一个新的猪场信息。其中猪场编号 5 位，必须填写，且不可与已有编号重复。

修改：修改已有的 1 条猪场信息，其中猪场编号不可修改。

删除：删除已有的 1 条猪场信息。

保存：将添加或修改后的猪场信息保存入数据库。一旦保存，猪场编号将不可修改。

取消：取消添加或修改操作。

返回：返回系统主界面。

添加图片：在添加和修改状态下可以为该猪场信息选择一个耳缺图，并将其存入数据库。该图只能是 bmp 格式。

（3）特殊数据项说明　如果选择"是否本场"，代表此场是本公司/场内的猪场，否则代表与本公司或本场有业务往来的猪场。

（4）注意事项　猪场信息一旦添加并保存，猪场编号将不可修改，如果要修改，只有将此信息删除并重新添加正确的信息。特别注意：在删除猪场信息时，检查系统是否有相关的业务已引用该信息，如果有，不能删除，否则会造成系统信息混乱！

3. 猪舍信息管理

（1）模块定义　定义猪舍的各项信息。

（2）功能说明

添加：增加一个新的猪舍信息。其中猪舍编号最大 10 位，对于同一猪场不可与已有猪舍编号重复。猪场名称必须选择，猪舍名称必须填写（图 17-70）。

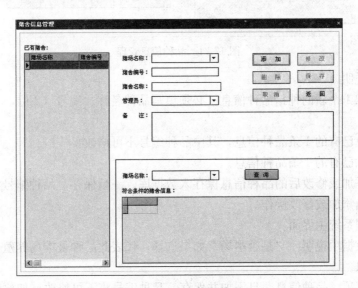

图 17-70　猪舍信息管理

修改：修改已有的一条猪舍信息，其中猪舍编号不可修改。

删除：删除已有的一条猪舍信息。

保存：将添加或修改后的猪舍信息保存入数据库。一旦保存，猪舍编号将不可修改。

取消：取消添加或修改操作。

返回：返回系统主界面。

查询：可以选择 1 个猪场名称，点击查询，可以在符合条件的猪舍信息中查阅该猪场的猪舍相关信息。

（3）注意事项　猪舍信息一旦添加并保存，猪舍编号将不可修改，如果要修改，只有将此信息删除并重新添加正确的信息。特别注意：在删除猪舍信息时，检查系统是否有相关的业务已应用该信息，如果有，不能删除，否则会造成系统信息混乱！

4. 品种信息管理

（1）模块定义　本模块主要定义种猪品种的描述信息（图17-71）。

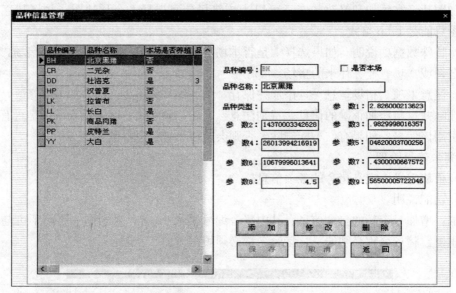

图17-71　品种信息管理

（2）功能说明

添加：增加1个新的种猪品种信息。必须填写品种名称、编号（2位，不能与已有品种编号重复）。

修改：修改已有的1条品种信息，其中品种编号不可修改。

删除：删除已有的1条品种信息。

保存：将添加或修改后的品种信息保存入数据库。一旦保存，品种编号将不可修改。

取消：取消添加或修改操作。

返回：返回系统主界面。

（3）特殊数据项说明　"是否本场"如果选择，代表此品种是本场养殖，否则代表本场暂无此品种猪只。

（4）注意事项　品种信息一旦添加并保存，品种编号将不可修改，如要修改，只有将此信息删除并重新添加正确的信息。在删除猪舍信息时，检查系统是否有相关的业务已应用该信息，如果有，不能删除，否则会造成系统信息混乱！已有品种的9个参数建议不要进行修改，只有育种专家有指导修改能力，否则会造成育种计算错误。

5. 品系信息管理

（1）模块定义　本模块主要功能是在系统中定义品系的各项信息（图17-72）。

（2）功能说明

添加：增加一个新的品系信息。其中品系编号4位，不可与已有品种的品系编号重复。品种名称必须选择，品系名称必须填写。

修改：修改已有的一条品系信息，其中品系编号不可修改。

删除：删除已有的一条品系信息。

保存：将添加或修改后的品系信息保存入数据库。一旦保存，品系编号将不可修改。

取消：取消添加或修改操作。

返回：返回系统主界面。

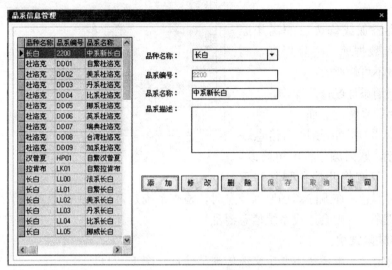

图 17-72　品系信息管理

（3）注意事项　品系信息一旦添加并保存，品系编号将不可修改，如果要修改，只有将此信息删除并重新添加正确的信息。在删除品系信息时，检查系统是否有相关的业务已引用该信息，如果有，不能删除，否则会造成系统信息混乱！

6. 疾病治疗信息管理

模块定义：本模块主要功能是在系统中定义疾病的各项信息。

功能和具体操作方法参照有关帮助信息。

7. 检疫项目管理

模块定义：在系统中定义检疫项目的各项信息。

功能和具体操作方法参照有关帮助信息。

8. 检疫方式管理

模块定义：定义检疫方式字典信息。

功能和具体操作方法参照有关帮助信息。

9. 疫苗信息管理

模块定义：本模块主要是定义疫苗各项信息。

功能和具体操作方法参照有关帮助信息。

10. 离场原因维护

（1）模块定义　本模块主要功能是在系统中定义离场原因的数据字典选择项（图 17-73）。

（2）功能说明

添加：增加一个新的离场原因信息。其中原因编号必须填写，不可与已有原因编号重复。原因名称必须填写。离场方式必须选择，然后维护该离场方式下的离场原因字典选择项。

修改：修改已有的一条离场原因信息，其中原因编号不可修改。

删除：删除已有的 1 条离场原因信息。

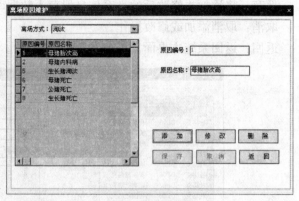

保存：将添加或修改后的离场原因信息保存入数据库。一旦保存，离场原因编号将不可修改。

取消：取消添加或修改操作。

返回：返回系统主界面。

（3）注意事项　离场原因信息一旦添加并保存，原因编号将不可修改，如果要修改，只有将此信息删除并重

图 17-73　离场原因维护

新添加正确的信息。在删除离场原因信息时，检查系统是否有相关的业务已引用该信息，如果有，不能删除，否则会造成系统信息混乱！

11. 遗传缺陷维护

（1）模块定义　本模块主要定义遗传缺陷信息（图 17-74）。

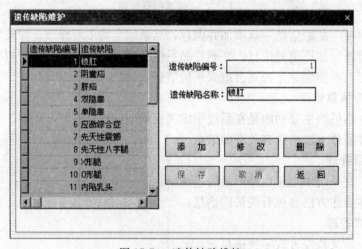

图 17-74　遗传缺陷维护

（2）功能说明

添加：增加一个新的遗传缺陷信息。其中遗传缺陷编号、名称必须填写，编号不可与已有遗传缺陷编号重复。

修改：修改已有的一条遗传缺陷信息，其中遗传缺陷编号不可修改。

删除：删除已有的一条遗传缺陷信息。

保存：将添加或修改后的遗传缺陷信息保存入数据库。一旦保存，遗传缺陷编号将不可修改。

取消：取消添加或修改操作。

返回：返回系统主界面。

（3）注意事项　遗传缺陷信息一旦添加并保存，遗传缺陷编号将不可修改，如果要修

改，只有将此信息删除并重新添加正确的信息。

在删除遗传缺陷信息时，检查系统是否有相关的业务已引用该信息，如果有，不能删除，否则会造成系统信息混乱！

12. 流产原因维护

（1）模块定义　本模块主要定义流产原因的数据字典选择项（图17-75）。

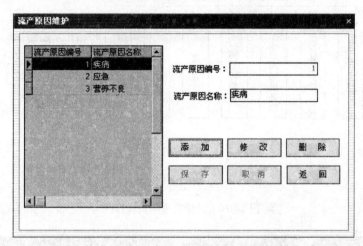

图17-75　流产原因维护

（2）功能说明

添加：增加一个新的流产原因信息。其中流产原因编号必须填写，不可与已有流产原因编号重复。流产原因名称必须填写。

修改：修改已有的一条流产原因信息，其中流产原因编号不可修改。

删除：删除已有的一条流产原因信息。

保存：将添加或修改后的流产原因信息保存入数据库。一旦保存，流产原因编号将不可修改。

取消：取消添加或修改操作。

返回：返回系统主界面。

（3）注意事项　流产原因信息一旦添加并保存，流产原因编号将不可修改，如果要修改，只有将此信息删除并重新添加正确的信息。在删除流产原因信息时，检查系统是否有相关的业务已引用该信息，如果有，不能删除，否则会造成系统信息混乱！

三、种猪管理

种猪管理在育种软件中是基础的基础，只有在正确登记种猪个体信息的前提下，才可进行繁殖、生产性能测定等项工作。

模块定义：该子系统主要功能是完成种猪基本信息登记及生长状态转群批处理等工作，并提供种猪制卡和种猪猪群结构分析报表。模块操作流程见图17-76。

1. 个体基本信息登记

（1）模块定义　主要录入猪只的各项基本信息（图17-77）。

（2）功能说明

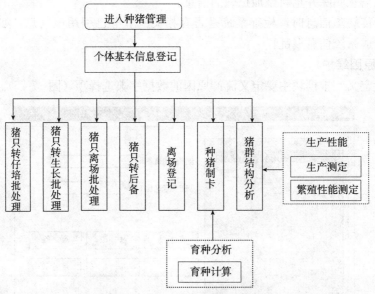

图 17-76　种猪管理模块操作图

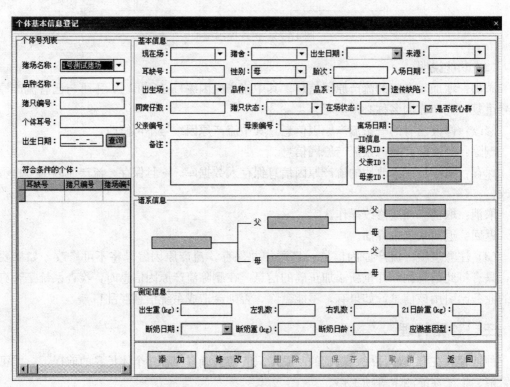

图 17-77　个体基本信息登记

　　添加：增加一个新的猪只的基本信息。其中现在场、出生日期、耳缺号、品种信息必须选择和填写，若输入的耳缺号不足 6 位，系统会在前面自动补 0。可以直接录入已定义的猪舍编号，也可以用快捷键 Ctrl＋Z 激活导航窗口选择猪舍。当该个体的父亲编号或母亲编号不为空时，系统自动校验查找用户录入的父、母亲编号是否已在个体信息中登记，如果存在则自动将其父、母的父、母信息即祖父、母信息显示在系谱信息中。此时如祖父或祖母的信息为空，允许用户直接录入祖父或祖母的个体 ID 号，如祖父或祖母的信息不为空，则不允许用户修改该祖父或祖母信息。

如果用户录入的父母亲编号不存在，则出现图 17-78～图 17-79 的提示。

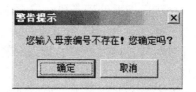

图 17-78　父亲编号不存在提示　　　　　图 17-79　母亲编号不存在提示

选择"是"将保存父母编号信息，同时要求用户输入父母的 ID 号（如图 17-80～图 17-82 所示）；选择"否"将回到先前的添加或者修改状态。

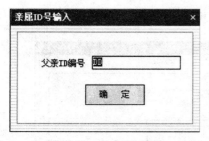
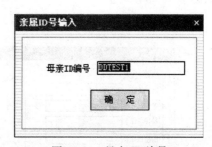

图 17-80　父亲 ID 编号　　　　　　　　图 17-81　母亲 ID 编号

修改：修改已有的 1 头猪只的基本信息，其中现在场、出生日期、耳缺号、品种信息不可修改。如祖父或祖母的信息为空或者其父母亲本身在系统中没有登记，允许用户直接录入或修改祖父母的个体 ID 号。

图 17-82　耳缺号输入

删除：删除已有的一头猪只的基本信息。

保存：将添加或修改后的猪只基本信息保存入数据库。一旦保存，现在场、出生日期、耳缺号、品种信息将不可修改。保存时若来源选择为购入或购买精液则出现如下界面，必须输入出生场耳缺号，耳缺号不足 6 位系统将在数字前面自动补 0。

取消：取消添加或修改操作。

返回：返回系统主界面。

查询：界面左侧的"个体号列表"中可以根据猪只所在猪场名称、耳缺号、品种名称、出生日期这四个条件或者这些条件的任意组合查询猪只信息。查出的猪只个体在符合条件的个体列表中显示，选择该列表的具体猪只在右侧可以显示该猪只的详细信息。

（3）特殊数据项说明　断奶日龄在保存数据后会根据出生日期和断奶日期自动计算出来。

（4）注意事项　猪只基本信息一旦保存，现在场、出生日期、耳缺号、品种信息将不可修改。如要修改，只有将此信息删除并重新添加正确的信息。界面中灰色的文本框是只能浏览，不能录入的数据项。系谱信息中的父或母信息不可编辑，只能到父亲编号或母亲编号中编辑，但系谱中祖父、祖母的编号或 ID 号有时是可以编辑的，要仔细阅读本模块的功能说明，弄清楚何时可以直接录入或修改该信息。

2. 猪只转仔培批处理　本模块主要功能是将符合用户设定条件的且尚未转仔培的猪只自动批量转为仔培状态。进行转仔培批处理的猪场在此列表中选择要进行转仔培批处理的猪场。

猪只转仔培批处理条件：选择自动转仔培日龄，则可在文本框中设置日龄大小，用此条件选择参与转仔培批处理的猪只。选择出生日期范围，可以选择日期范围，用此条件选择参与转仔培批处理的猪只。转仔培日龄建议设在 30～70 天，具体方法参照有关帮助信息。

3. 猪只转生长批处理　本模块主要功能是将符合用户设定条件的且尚未转生长的猪只自动批量转为生长状态。建议设在 70～200 天转为生长状态。

4. 猪只离场批处理　本模块主要功能是将符合用户设定条件的且尚未转后备的猪只自动批量转为离场状态。

5. 猪只转后备　本模块主要是猪只转后备信息登记（图 17-83）。

图 17-83　猪只转后备信息登记

个体号列表：可据猪只所在猪场名称、耳缺号、品种名称和出生日期这四个条件或者这些条件的任意组合查询猪只信息。如果选择未转后备猪只，则只查出符合上述条件的猪只状态在转后备前的猪只，如果选择后备前及后备猪只，则查出符合条件的所有猪只（已转后备和未转后备的猪只）。在符合条件的个体列表中选择要进行登记或撤销的猪只。

登记：对选择的猪只登记转后备信息。发生场，发生舍，发生日期和执行人必须填写。

撤销：将选择的已转后备的猪只清空其转后备信息，但不改变其猪只状态。

确认：保存登记的转后备信息，并改变猪只状态为后备猪只。

取消：取消登记状态，返回浏览状态。

返回：返回系统主界面。

撤销操作将选择的已转后备的猪只的转后备信息清空，同时将猪只状态改为生长猪。

6. 离场登记　本模块主要功能是猪只离场信息登记（图 17-84）。

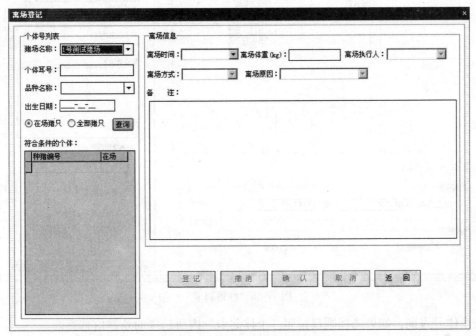

图 17-84　离场登记

个体号列表：可据猪只所在猪场名称，耳缺好，品种名称和出生日期这四个条件或这些条件的任意组合查询猪只信息。如选择在场猪只，则仅查出符合上述条件的在场猪只，如果选择全部猪只，则查处符合条件的所有猪只（包括离场的）。在符合条件的个体列表中选择要进行登记或撤销的猪只。

登记：对选择的猪只登记离场信息。离场时间，离场执行人，离场方式和离场原因必须填写。

撤销：将选择的已离场的猪只改回在场状态，并清空其离场信息。

确认：保存登记的离场信息，并改变猪只的在场状态为离场。

取消：取消登记状态返回浏览状态。

返回：返回系统主界面。

7. 种猪制卡　种猪卡作为种猪交流、繁殖性能测定等至关重要（图 17-85）。

本模块主要功能是生成用户指定猪只的基本信息卡，育种值卡，免疫信息卡。

猪场选择：可在表框中选择相应猪场。选择"全选"即选择表框中的所有猪场。

品种选择：可在表框中选择相应品种。选择"全选"即选择表框中的所有品种。

状态：可以在表框中选择相应的状态。"全选"即选择列表框中的所有状态。

在场：选择要查询的猪只是否仅为在场的猪只。

时间设置：选择要查询的猪只的出生日期范围。

性别设置：选择要查询的猪只的性别。

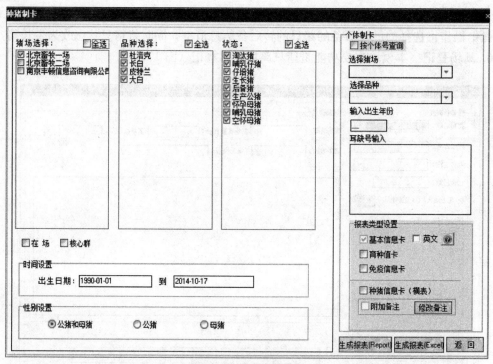

图 17-85　种猪制卡

按个体号查询：如果选择则仅按照"个体制卡"内所选择的条件信息查询。

1号测试猪场
种猪档案证明

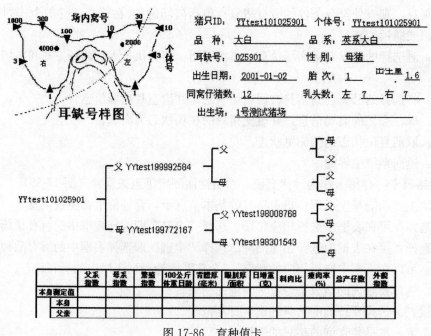

猪只ID：<u>YYtest101025901</u>　个体号：<u>YYtest101025901</u>

品　种：<u>大白</u>　　　　品系：<u>英系大白</u>

耳缺号：<u>025901</u>　　　性　别：<u>母猪</u>

出生日期：<u>2001-01-02</u>　胎次：<u>1</u>　出生重<u>1.6</u>

同窝仔猪数：<u>12</u>　　　乳头数：左 <u>7</u> 右 <u>7</u>

出生场：<u>1号测试猪场</u>

	父系指数	母系指数	繁殖指数	100公斤体重日龄	背膘厚（毫米）	眼肌厚/面积	日增重（克）	料肉比	瘦肉率（%）	总产仔数	外配指数
本身测定值											
本身											
父亲											

图 17-86　育种值卡

选择猪场：选择要查询的猪只所在的猪场。

选择品种：选择要查询的猪只的品种。

输入出生年份：输入要查询的猪只的两位出生年份，如 2005 年则输入 05。

耳缺号输入：输入要查询的猪耳缺号。输入多个耳缺号时用回车键换行分隔。

报表类型设置：在其中选择所需的制卡类型。

制卡：据用户选择查询，并显示查询结果，生成报告表（图 17-86～图 17-87）。

种猪免疫信息

种猪个体号	免疫日期	疫苗名称	注射部位	注射反映
DDBJXD100021909				
	2005-06-15		皮内	
DDBJXD101000701				
	2005-06-15		皮内	
DDBJXD101001205				
	2005-06-15		皮内	
DDBJXD102011405				
	2005-06-15		皮内	
DDBJXD102011701				
	2005-06-15		皮内	
DDBJXD102011705				
	2005-06-15		皮内	
DDBJXD102012003				
	2005-06-15		皮内	
DDBJXD102012105				
	2005-06-15		皮内	
DDBJXD102012201				
	2005-06-15		皮内	

图 17-87　免疫信息卡

也可选择生成电子表，如电子表育种值卡（图 17-88～图 17-89），方便查询、存储、打印。

用户可选择同时制几种类型的卡。如选择基本信息卡和育种值卡系统将只输出育种值卡，因育种值卡已包含基本信息卡的所有内容。

8. 基本信息查询　本模块主要功能是查询猪只的个体基本情况、血缘追踪、全同胞信息、半同胞信息、后裔基本信息、个体及亲属主要性状育种值（图 17-90）。

猪场选择：可在列表框中选择相应猪场。选全选则选择列表框中的所有猪场。

品种选择：可在列表框中选择相应品种。选全选则选择列表框中的所有品种。

状态：可在列表框中选择相应的状态。选全选则选择列表框中的所有状态。

在场：选择要查询的猪只是否仅为在场的猪只。

时间设置：选择要查询的猪只的出生日期范围。

性别设置：选择要查询猪只的性别。

按个体号查询：如果选择则只按照个体制卡内所选择的条件信息查询。

选择猪场：选择要查询猪只所在猪场。

选择品种：选择要查询的猪只的品种。

输入出生年份：输入要查询的猪只的两位出生年份，如 2005 年则输入 05。

耳缺号输入：输入要查询的猪只的耳缺号。输入多个耳缺号时用回车键换行分隔。

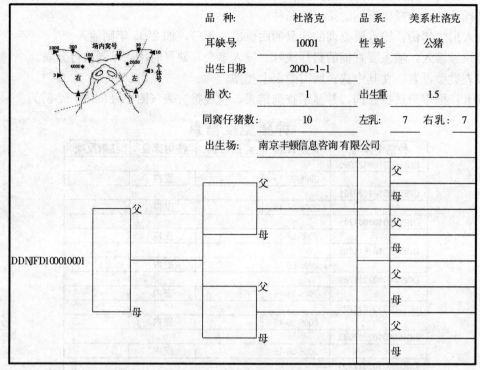

品 种:	杜洛克	品 系:	美系杜洛克
耳缺号:	10001	性 别:	公猪
出生日期	2000-1-1		
胎次:	1	出生重	1.5
同窝仔猪数:	10	左乳: 7	右乳: 7
出生场:	南京丰顿信息咨询有限公司		

图 17-88 电子表育种卡 (1)

		父系指数	母系指数	繁殖指数	100kg体重日龄	背膘厚(mm)	眼肌厚/面积	日增重(g)	饲料转化率	瘦肉率(%)	总产仔数(头)	外貌指数
本身测定值												
育种值	本身	108.57			−0.7	−0.329						
	父亲											
	母亲											
	祖父											
	祖母											
	外祖父											
	外祖母											

图 17-89 电子表育种卡 (2)

报表类型设置：在其中选择所要生成的查询报表。

统计制表：根据用户的选择进行查询，并显示查询结果，生成报表，见图 17-91～图 17-97。

返回：返回系统主界面。

个体及其亲属主要性状育种值表见表 17-12。

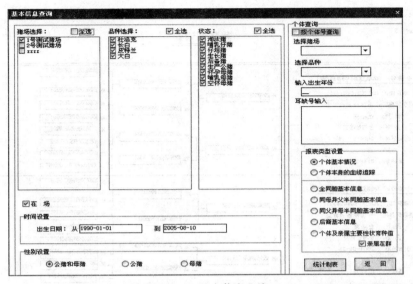

基本信息查询
猪场选择：
全选
1号测试猪场
2号测试猪场
zzzz
品种选择：
全选
杜洛克
长白
皮特兰
大白
状态：
全选
淘汰猪
哺乳仔猪
仔培猪
生长猪
后备猪
生产公猪
怀孕母猪
哺乳母猪
空怀母猪
个体查询
按个体号查询
选择猪场
选择品种
输入出生年份
耳缺号输入
报表类型设置
个体基本情况
个体本身的血缘追踪
全同胞基本信息
同母异父半同胞基本信息
同父异母半同胞基本信息
后裔基本信息
个体及亲属主要性状育种值
亲属在群
在 场
时间设置
出生日期：从 1990-01-01
到 2005-08-10
性别设置
公猪和母猪
公猪
母猪
统计制表
返 回

图 17-90 基本信息查询

个体信息表—1
个体基本信息查询表
打印日期：2005-06-15
个体号： DDBJXD105888888
猪只ID： DDBJXD105888888
现饲养在： 小店种猪选育场
出生场： 小店种猪选育场
出生日期： 2005-06-11
当前状态： 哺乳仔猪
品种： 杜洛克
断奶日期： 0
断奶日龄 0
变更日期： 0
品系： 中系新长白
断奶重： 0
当前胎次： 0
情期： 0
性别： 母
21日龄重： 0
当前日龄： 4
出生胎次： 1
同窝仔猪： 4
近交系数： -1
父亲编号：
品种：
品系：
出生日期：
母亲编号： DDBJXD100017910
品种： 杜洛克
品系：台湾杜洛克
出生日期： 2000-04-12
在场

图 17-91 个体基本情况表

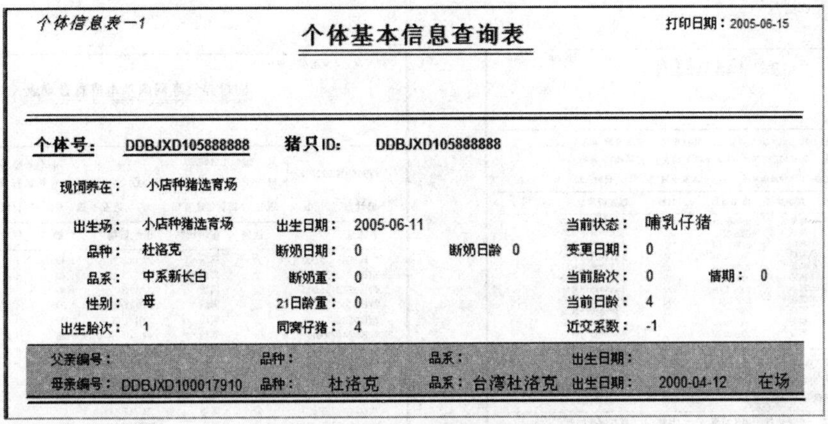

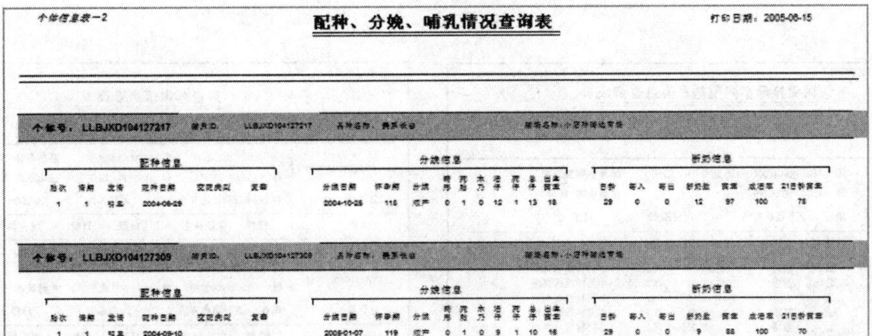

个体信息表—2
配种、分娩、哺乳情况查询表
打印日期：2005-06-15
个体号：LLBJXD104127217
配种信息
分娩信息
断奶信息
个体号：LLBJXD104127309
个体号：LLBJXD104127405

图 17-92 种猪繁殖成绩表

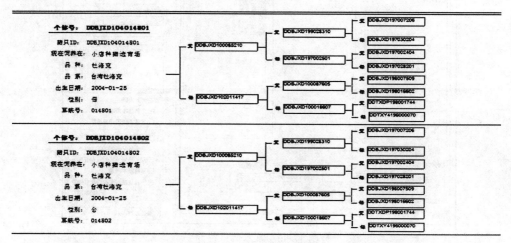

图 17-93　个体血缘追踪表

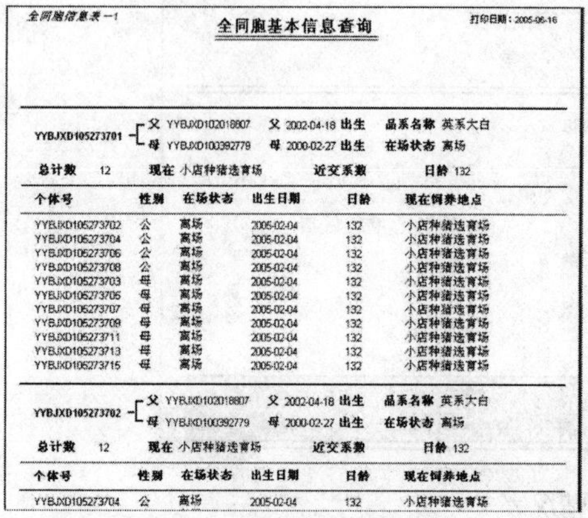

图 17-94　全同胞基本信息表　　　　　图 17-95　同母异父半同胞基本信息表

图 17-96　同父异母半同胞基本信息表　　　　图 17-97　后裔基本信息表

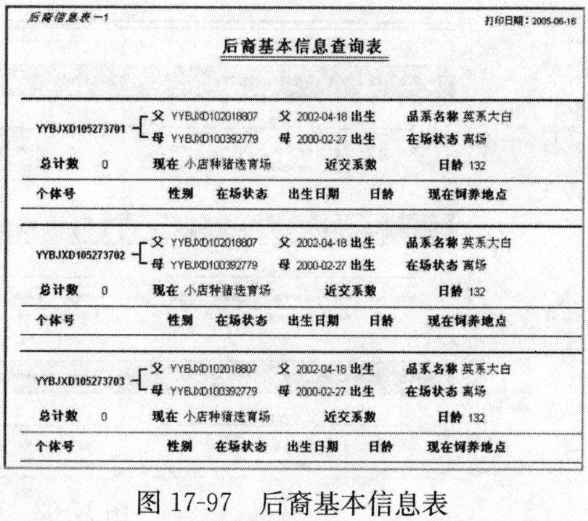

表 17-12 个体及其亲属主要性状育种值表

打印日期：2014-10-18

亲属关系	亲属个体号	EBV 指数				目标体重日龄	校正背膘厚（mm）	校正眼肌厚/面积	日增重（g）	饲料转换率（%）	估计瘦肉率（%）	外貌指数	乳头发育	胎产总仔数（头）	胎产活仔数（头）	21日龄窝重
		父系	母系	繁殖	自定											
被查个体	DDBJXM102040101 公															
全同胞	DDBJXM102040103 公															
全同胞	DDBJXM102040105 公															
全同胞	DDBJXM102120001 公	98.01					−0.36	0.205								
全同胞	DDBJXM102120007 公	114.15					−1.16	−0.542								
全同胞	DDBJXM102120009 公	132.78					−3.48	−1.06								
全同胞	DDBJXM102040102 母															
全同胞	DDBJXM102040104 母															
全同胞	DDBJXM102040106 母															
全同胞	DDBJXM102120002 母	102.74					0	−0.16								
全同胞	DDBJXM102120004 母	99.32					0.99	−0.204								
同母异父	DDBJXM102120003 公	99.93					−0.63	0.159								
同母异父	DDBJXM102120005 公	110.31					0.61	−0.753								
同母异父	DDBJXM102120006 母	114.92					−0.98	−0.631								
同母异父	DDBJXM102120008 母	109.92					−1.43	−0.228								
同母异父	DDBJXM102120010 母	130.98					−3.93	−0.844								
全同胞	11	109.4					−0.8	−0.352								
同母异父	5	113.212					−1.27	−0.459								
同父异母	0															
后裔	0															

个体基本情况表支持 Excel 报表生成功能。个体本身的血缘追踪有按列排序的功能。

9. 猪群结构分析（品种、状态） 本模块主要功能是生成用户指定猪群的品种状态结构分析报表。

猪场选择：可以在列表框中选择相应猪场。选择全选，则选择列表框中的所有猪场。

品种选择：可以在列表框中选择相应品种。选择全选，则选择列表框中的所有品种。

状态：可以在列表框中选择相应的状态。选择全选，则选择列表框中的所有状态。

在场：选择要查询的猪只是否仅为在场的猪只。

时间设置：选择要查询的猪只的出生日期范围。

根据用户的选择进行查询，并显示查询结果，生成报表。

分析报表（一）见表 17-13、分析报表（二）见表 17-14：

表 17-13 猪群结构分析报表（一）

打印日期：2014-10-17

猪场名称	品种	状态	数量		
			公猪数量（头）	母猪数量（头）	小计（头）
北京畜牧一场	长白	后备猪	9	8	17
北京畜牧一场	长白	空怀母猪	0	1	1
北京畜牧一场	长白	生产公猪	2	0	2
北京畜牧一场	长白	生长猪	5	5	10
长白小计			16	14	30
北京畜牧一场	大白	后备猪	40	18	58
北京畜牧一场	大白	怀孕母猪	0	4	4
北京畜牧一场	大白	空怀母猪	0	17	17
北京畜牧一场	大白	生产公猪	10	0	10
大白小计			50	39	89
北京畜牧一场	杜洛克	后备猪	6	6	12
北京畜牧一场	杜洛克	怀孕母猪	0	1	1
北京畜牧一场	杜洛克	生产公猪	1	0	1
北京畜牧一场	杜洛克	生长猪	2	2	4
杜洛克小计			9	9	18
北京畜牧一场	皮特兰	后备猪	6	6	12
北京畜牧一场	皮特兰	空怀母猪	0	1	1
北京畜牧一场	皮特兰	生产公猪	1	0	1
皮特兰小计			7	7	14
北京畜牧一场小计			82	69	151
累计			82	69	151

表 17-14 猪群结构分析报表（二）

打印日期：2014-10-17

猪场名称	品种	淘汰猪			哺乳仔猪			仔培猪			生长猪			后备猪			生产公猪（头）	怀孕母猪（头）	哺乳母猪（头）	空怀母猪（头）	合计（头）
		公（头）	母（头）	小计（头）	公（头）	母（头）	小计（头）	公（头）	母（头）	小计（头）	公（头）	母（头）	小计（头）	公（头）	母（头）	小计（头）					
北京畜牧一场	杜洛克	0	0	0	0	0	0	0	0	0	2	2	4	6	6	12	1	1	0	0	18
北京畜牧一场	长白	0	0	0	0	0	0	0	0	0	5	5	10	9	8	17	2	0	0	1	30
北京畜牧一场	皮特兰	0	0	0	0	0	0	0	0	0	0	0	0	6	6	12	1	0	0	1	14
北京畜牧一场	大白	0	0	0	0	0	0	0	0	0	0	0	0	40	18	58	10	4	0	17	89
合计		0	0	0	0	0	0	0	0	0	7	7	14	61	38	99	14	5	0	19	151

分析报表（一）、分析报表（二）的区别仅是报表样式的区别。

10. 猪群结构分析（母猪胎次）　本模块主要功能是生成用户指定猪群的母猪胎次结构分析报表（图 17-98）。

具体方法参照猪群结构分析（品种、状态）。

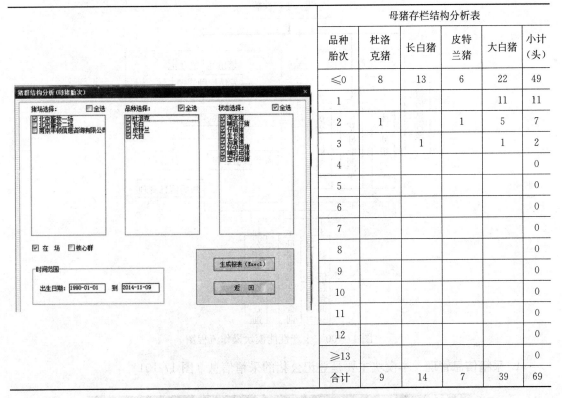

母猪存栏结构分析表					
品种 胎次	杜洛 克猪	长白猪	皮特 兰猪	大白猪	小计 （头）
≤0	8	13	6	22	49
1				11	11
2	1		1	5	7
3		1		1	2
4					0
5					0
6					0
7					0
8					0
9					0
10					0
11					0
12					0
≥13					0
合计	9	14	7	39	69

图 17-98　母猪存栏分析表

11. 猪群结构分析（公猪年龄）　本模块主要功能是生成用户指定猪群的公猪年龄结构分析报表（图 17-99）。

具体方法参照猪群结构分析（品种、状态）。

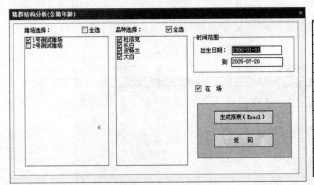

公猪存栏结构分析表				
品种 年龄	大白	长白	杜洛克	皮特兰	小计
0	56	36	23	17	92
1	37	25	14	10	62
2	68	87	8	10	155
3	81	67			148
4	113	97			210
5	87	62			149
6					0
7					0
8					0
9					0
10					0
11					0
12					0
≥13					0
合计	442	374	45	37	816

图 17-99　公猪存栏结构分析表

四、生产性能

模块定义：该子系统主要功能是完成种猪日常生长、繁育等测定信息的登记和管理工作。

模块操作流程图见图17-100。

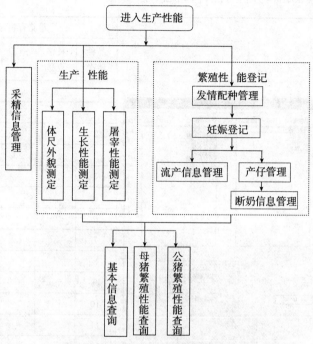

图 17-100　生产性能模块操作流程图

1. 采精信息管理　本模块主要是登记公猪的采精信息（图17-101）。

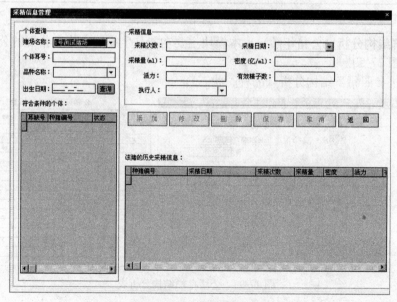

图 17-101　采精信息管理

添加1条采精信息时，系统会根据该公猪的历史采精信息自动给出采精次数默认值，允许用户修改。

注意只有状态为生长、后备或生产公猪的公猪才能进行采精信息登记。

个体号列表：可以根据公猪所在猪场名称、耳缺号、品种名称和出生日期这四个条件或者这些条件的任意组合查询公猪（公猪状态必须为生长、后备或生产公猪）信息。在符合条件的个体列表中选择要进行添加或修改的公猪的采精信息。

添加：对选择的公猪录入采精信息。

修改：对选择的公猪修改发情配种信息。

删除：删除公猪当前的采精信息。

保存：保存"添加"或"修改"后的采精信息。

取消：取消添加或修改状态，返回浏览状态。

返回：返回系统主界面。

在符合条件的个体列表中选择公猪后，如果该公猪已经有采精信息，则会在该猪的历史采精信息列表框中显示出来。

2. 生产测定

（1）生长性能测定

特别说明：该模块中所有进行测定登记的猪只在场状态均是"在场"，"离场"的猪只不能被选种登记。

本模块主要是猪只生长测定信息的登记（图 17-102）。

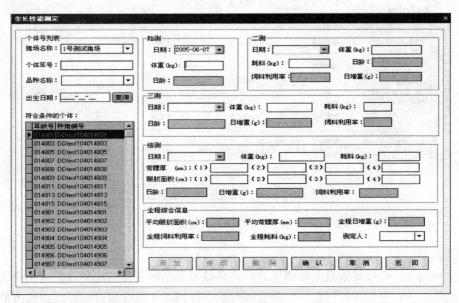

图 17-102　生长性能测定

个体号列表：可以根据猪只所在猪场名称、耳缺号、品种名称和出生日期这四个条件或者这些条件的任意组合查询猪只信息。在符合条件的个体列表中选择要进行添加或修改的猪只的测定信息。

添加：对选择的并且还无测定信息的猪只录入测定信息。

修改：对选择的且有测定信息的猪只修改或者补充录入测定信息。

删除：删除猪只的所有测定信息。

确认：保存添加或修改后的测定信息。

取消：取消添加或修改状态，返回浏览状态。

返回：返回系统主界面。

特殊数据项说明：在填写结测体重、结测背膘厚、结测眼肌面积时系统可能会将录入的数值显示成红色，这表明用户录入的数值大小可能异常，需要特别注意这些录入的数值是否正确。

注意事项：对已有测定信息的猪只，只能用"修改"来补充录入测定信息。所有灰色的文本框只可浏览，不可修改。当执行"确认"操作后，这些文本框中会显示出根据录入信息计算出的值。特别注意显示成红色的数值，它们可能数值大小异常。

（2）体尺外貌测定

模块定义：本模块主要功能是猪只外貌体尺测定信息的登记（图 17-103）。

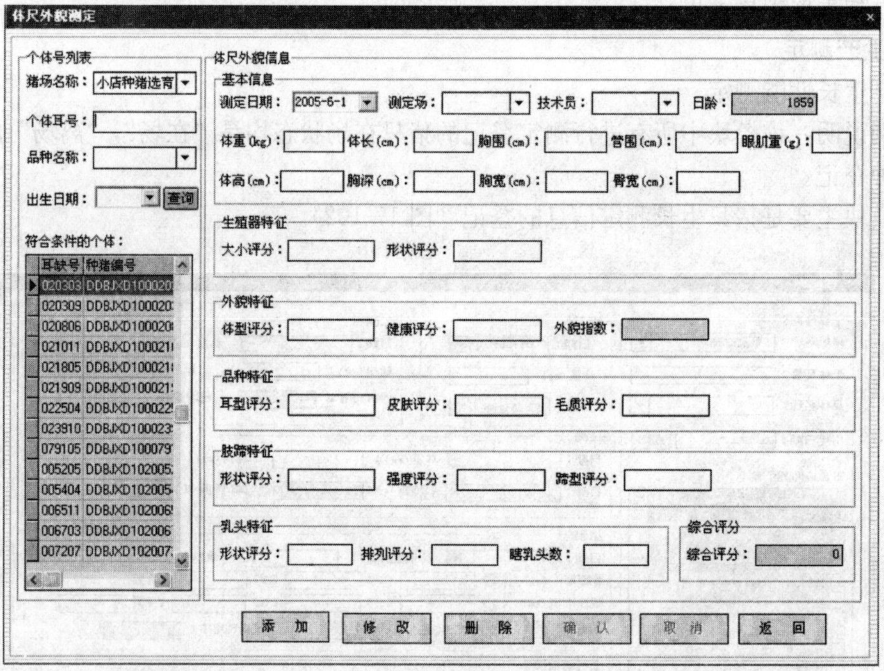

图 17-103　体尺外貌测定

功能说明：

个体号列表：可根据猪只所在猪场名称、耳缺号、品种名称、出生日期这 4 个条件或这些条件的任意组合查询猪只信息。在符合条件的个体列表中选择要进行添加或修改的猪只的测定信息。

添加：对选择的猪只录入测定信息。

修改：对选择的猪只修改测定信息。

删除：删除猪只的所有测定信息。

确认：保存添加或修改后的测定信息。

取消：取消添加或修改状态，返回浏览状态。

返回：返回系统主界面。

注意事项：所有灰色的文本框只可浏览，不可修改。当执行"确认"操作后，这些文本框中会显示出根据录入信息计算出的值。

（3）屠宰性能测定

模块定义：本模块主要功能是猪只屠宰性能测定信息的登记（图17-104）。

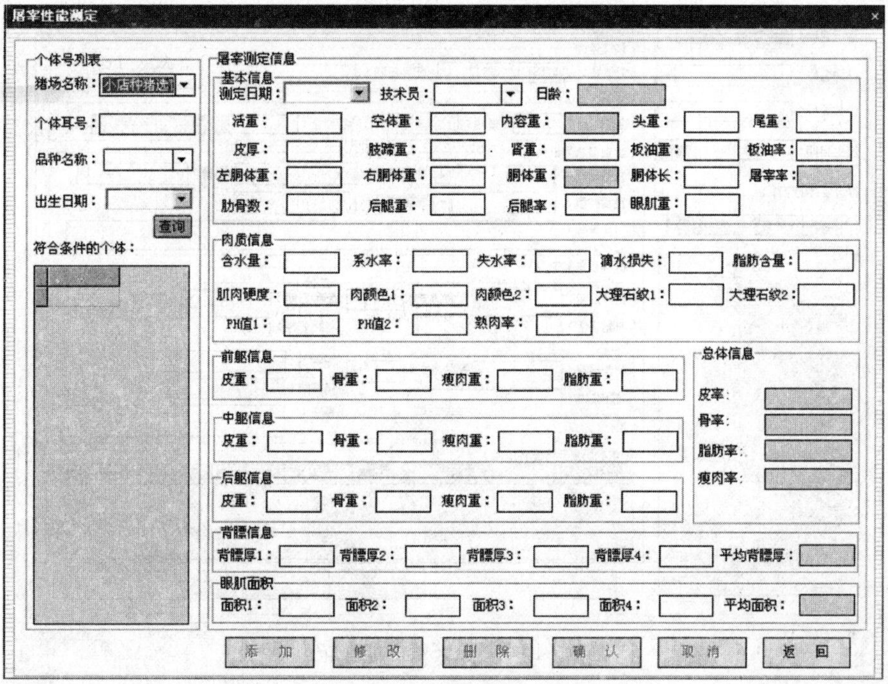

图 17-104　屠宰性能测定

功能说明：

个体号列表：可根据猪只所在猪场名称、耳缺号、品种名称、出生日期这四个条件或者这些条件的任意组合查询猪只信息。在符合条件的个体列表中选择要进行添加或修改的猪只的测定信息。

添加：对选择的猪只录入测定信息。

修改：对选择的猪只修改测定信息。

删除：删除猪只的所有测定信息。

确认：保存添加或修改后的测定信息。

取消：取消添加或修改状态，返回浏览状态。

返回：返回系统主界面。

注意事项：屠宰信息一旦保存，系统自动将该猪只的在场状态变成离场，离场原因变成屠宰。所有灰色的文本框只可浏览，不可修改。当执行确认操作后，这些文本框中会显示出根据录入信息计算出的值。该模块中所有进行测定登记的猪只在场状态均是在场，离场的不能被选种登记。

3. 繁殖性能登记

模块定义：本模块主要功能是猪只发情与配种信息的登记（图17-105）。

特殊数据项说明：系统会根据所选择猪只的配种、产仔情况，自动计算出胎次、情期，当与实际情况不符时可以修改，但不能为空。对于同一猪只，胎次、情期不能同时与该猪以往的发情配种信息中的胎次、情期重复。所在猪舍默认为个体基本信息登记表中的猪舍，允许修改，保存时会反写个体基本信息登记中的猪舍。

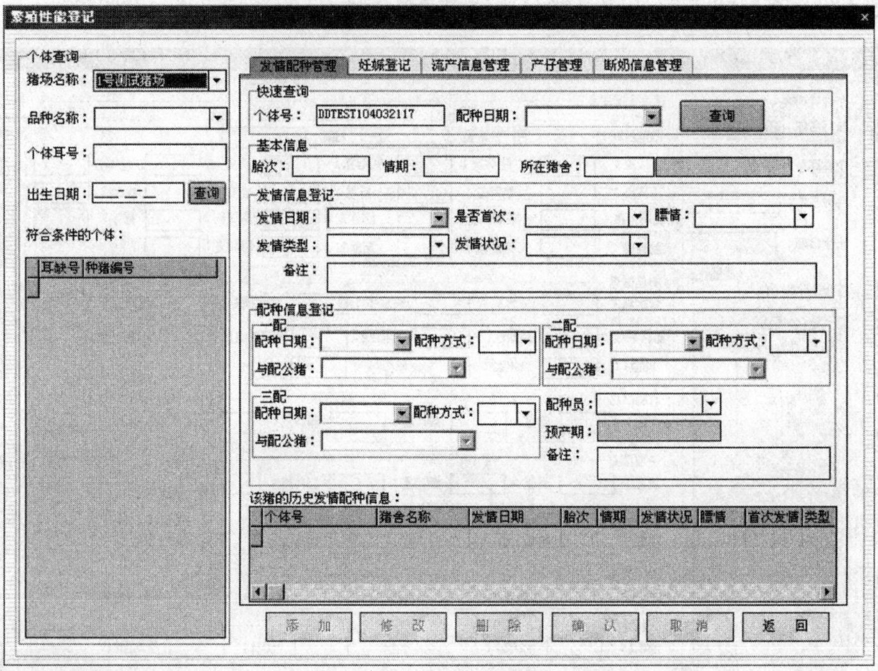

图 17-105　繁殖性能登记

注意事项：所有灰色的文本框只可浏览，不可修改。当执行"确认"操作后，这些文本框中会显示出根据录入信息计算出的值。

①发情配种管理　功能说明如下。

个体号列表：可以根据猪只所在猪场名称、耳缺号、品种名称和出生日期这四个条件或这些条件的任意组合查询猪只信息。在符合条件的个体列表中选择要进行添加或修改的猪只的测定信息。

添加：对选择的猪只录入发情配种信息。

修改：对选择的猪只修改发情配种信息。

删除：删除猪只当前的发情配种信息。

确认：保存添加或修改后的发情配种信息。

取消：取消添加或修改状态，返回浏览状态。

返回：返回系统主界面。

在"符合条件的个体"列表中选择猪只后，如果该猪只有发情配种信息，则会在"该猪的历史发情配种信息"列表框中显示出来。

查询：输入个体号和配种日期，可以查出该猪只在此配种日期下的详细发情配种信息。

②妊娠登记

模块定义：本模块主要功能是猪只妊检信息的登记（图 17-106）。

功能说明：

个体号列表：可根据猪只所在猪场名称、耳缺号、品种名称、出生日期这四个条件或者这些条件的任意组合查询猪只信息。在符合条件的个体列表中选择要进行添加或修改的猪只的测定信息。

添加：对选择的猪只录入妊检信息。

修改：对选择的猪只修改妊检信息。

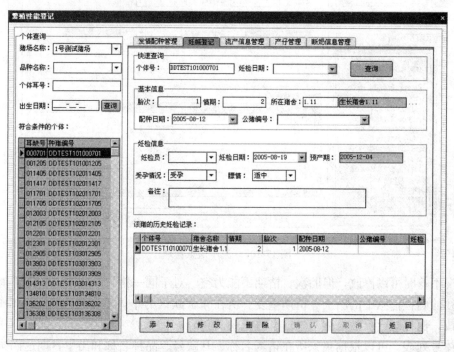

图 17-106　妊娠登记

删除：删除猪只当前的妊检信息。

确认：保存添加或修改后的妊检信息。

取消：取消添加或修改状态，返回浏览状态。

返回：返回系统主界面。

在"符合条件的个体"列表中选择猪只后，如果该猪只有妊检信息，则会在"该猪的历史妊检信息"列表框中显示出来。

查询：输入个体号和妊检日期，可以查出该猪只在此妊检日期下的详细妊检信息。

特殊数据项说明：系统会根据所选择猪只的配种信息，自动给出胎次、情期，配种日期、公猪编号，当与实际情况不符时可以修改，但胎次、情期不能为空。对于同一猪只，胎次、情期不能同时与该猪以往的妊检信息中的胎次、情期重复。所在猪舍默认为个体基本信息登记表中的猪舍，允许修改，保存时会反写个体基本信息登记中的猪舍。

注意事项：所有灰色的文本框只可浏览，不可修改。当执行确认操作后，这些文本框中会显示出根据录入信息计算出的值。

③流产信息管理

模块定义：本模块主要功能是猪只流产信息的登记（图 17-107）。

系统会根据所选择猪只的配种信息，自动给出胎次、情期、配种日期、公猪编号，当与

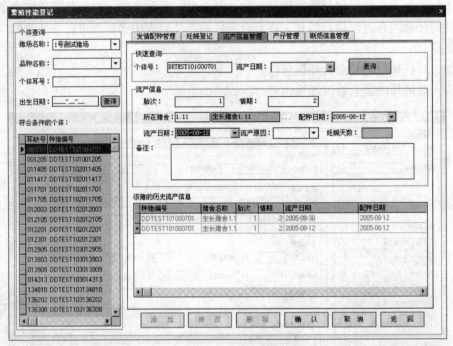

图 17-107　流产信息管理

实际情况不符时可以修改，但胎次、情期不能为空。对于同一猪只，胎次、情期不能同时与该猪以往的妊检信息中的胎次、情期重复。所在猪舍默认为个体基本信息登记表中的猪舍，允许修改，保存时会反写个体基本信息登记中的猪舍。

个体号列表：可以根据猪只所在猪场名称、耳缺号、品种名称和出生日期这四个条件或者这些条件的任意组合查询猪只信息。在符合条件的个体列表中选择要进行添加或修改的猪只的测定信息。

添加：对选择的猪只录入流产信息。

修改：对选择的猪只修改流产信息。

删除：删除猪只当前的流产信息。

确认：保存添加或修改后的流产信息。

取消：取消添加或修改状态，返回浏览状态。

返回：返回主界面。

注意所有灰色的文本框只可浏览，不可修改。当执行确认操作后，这些文本框中会显示出根据录入信息计算出的值。

在符合条件的个体列表中选择猪只后，如果该猪只有流产信息，则会在该猪的历史流产信息列表框中显示出来。

查询：输入个体号和流产日期，可以查出该猪只在此流产日期下的详细流产信息。

④产仔管理

模块定义：本模块主要功能是猪只产仔信息的登记（图 17-108）。

系统会根据所选猪只的配种信息自动给出胎次、情期、配种日期，当与实际情况不符时胎次、情期可以修改，但胎次、情期不能为空。对于同一猪只，胎次、情期不能同时与该猪

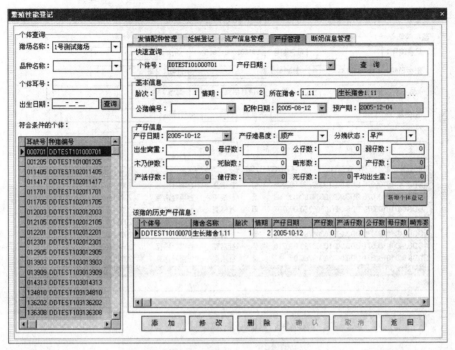

图 17-108　产仔管理

以往的产仔信息中的胎次、情期重复。

　　个体号列表：可以根据猪只所在场名称、耳缺号、品种名称、出生日期这四个条件或这些条件的任意组合查询猪只信息。在符合条件的个体列表中选择要进行添加或修改的猪只的产仔信息。

　　添加：对选择的猪只录入产仔信息。

　　修改：对选择的猪只修改产仔信息。

　　删除：删除猪只当前产仔信息。

　　确认：保存添加或修改后的产仔信息。

　　取消：取消添加或修改状态，返回浏览状态。

　　返回：返回系统主界面。

　　在符合条件的个体列表中选择猪只后，如果该猪只有产仔信息，则会在该猪的历史产仔信息列表框中显示出来。

　　查询：输入个体号和产仔日期，可以查出该猪只在此产仔日期下的详细产仔信息。

　　新增个体登记：当所选猪只有产仔信息时，用户可执行该操作，执行该操作时会出"新增个体登记"界面（图 17-109），用户可直接在其中输入该猪所产仔猪的信息。

　　注意所有灰色的文本框只可浏览，不可修改。当执行确认操作后，这些文本框中会显示出根据录入信息计算出的值。

　　⑤断奶信息管理

　　模块定义：本模块主要功能是猪只断奶信息的登记（图 17-110）。

　　个体号列表：可根据猪只所在猪场名称、耳缺号、品种名称、出生日期这四个条件或者这些条件的任意组合查询猪只信息。在符合条件的个体列表中选择要进行添加或修改的猪只

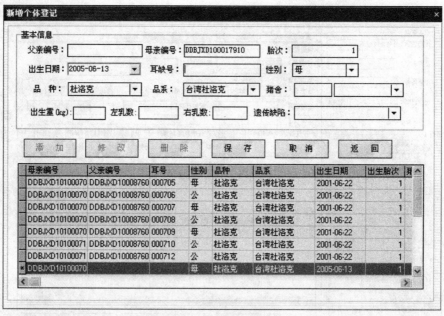

图 17-109　新增个体登记

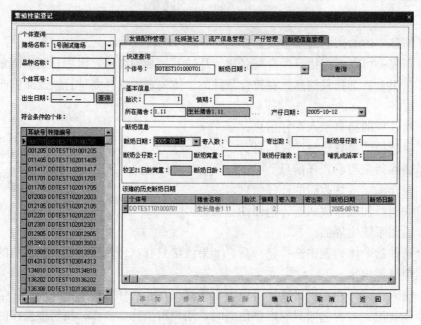

图 17-110　断奶信息管理

的产仔信息。

　　添加：对选择的猪只录入断奶信息。

　　修改：对选择的猪只修改断奶信息。

　　删除：删除猪只当前的断奶信息。

　　确认：保存添加或修改后的断奶信息。

　　取消：取消添加或修改状态，返回浏览状态。

返回：返回系统主界面。

在符合条件的个体列表中选择猪只后，如该猪只有断奶信息，则会在该猪的历史断奶信息表框中显示出来。

查询：输入个体号和断奶日期，可以查出该猪只在此断奶日期下的详细断奶信息。

特殊数据项说明：系统会根据所选择猪只的配种信息，自动给出胎次、情期，当与实际情况不符时胎次、情期可以修改，但胎次、情期不能为空。对于同一猪只，胎次、情期不能同时与该猪以往的断奶信息中的胎次、情期重复。所在猪舍默认为个体基本信息登记表中的猪舍，允许修改，保存时会反写个体基本信息登记中的猪舍。

注意所有灰色文本框只可浏览，不可修改。当执行确认操作后，这些文本框中会显示出根据录入信息计算出的值。

4. 测定性状查询

模块定义：本模块主要功能查询猪只的各种测定性状（图 17-111）。

功能说明：

统计范围设置：可以在此输入要统计的测定日期范围。对于出生登记表，测定日期是指猪只的出生日期；对于生长性能表，测定日期是指猪只的始测日期；对于屠宰测定表，测定日期是指猪只的屠宰测定日期；对于外貌评定表，测定日期是指猪只的体尺外貌测定日期；对于繁殖成绩表，测定日期是指猪只配种日期。

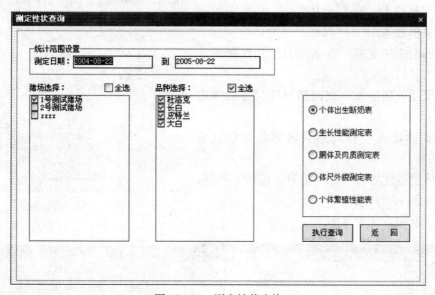

图 17-111 测定性状查询

猪场选择：可以在列表框中选择相应猪场。选择全选，则选择列表框中的所有猪场。

品种选择：可以在列表框中选择相应品种。选择全选，则选择列表框中的所有品种。

个体出生断奶表：显示、打印、分析个体出生断奶信息，如图 17-112 所示：

个体出生断奶信息：

单击生成报表（Report）按钮，生成固定格式的报表并可打印。

单击生成报表（Excel）按钮，生成 Excel 文件并可编辑、打印。

单击统计按钮，对焦点所在列进行分析，给出相关参数（总记录数、缺失数据、有效数

猪只编号	母号	父号	性别	出生日期	出生重	断奶日期	断奶体重	出生胎次	同窝活仔数	21日龄重	品
DDTEST104032401	DDtest102012301	DDtest100085210	母	2004-08-22	0.8	2004-09-20	10	3	12	5	杜
DDTEST104032402	DDtest102012301	DDtest100085210	公	2004-08-22	1.6	2004-09-20	11.2	3	12	5.2	杜
DDTEST104032403	DDtest102012301	DDtest100085210	公	2004-08-22	1.5	2004-09-20	8.8	3	12	5.1	杜
DDTEST104032404	DDtest102012301	DDtest100085210	公	2004-08-22	1.5	2004-09-20	8.9	3	12	5.2	杜
DDTEST104032405	DDtest102012301	DDtest100085210	母	2004-08-22	1.3	2004-09-20	10	3	12	5	杜
DDTEST104032406	DDtest102012301	DDtest100085210	母	2004-08-22	1.4	2004-09-20	10.4	3	12	5.2	杜
DDTEST104032407	DDtest102012301	DDtest100085210	母	2004-08-22	1.5	2004-09-20	10	3	12	5.2	杜
DDTEST104032408	DDtest102012301	DDtest100085210	公	2004-08-22	1.4	2004-09-20	8.9	3	12	5.2	杜
DDTEST104032409	DDtest102012301	DDtest100085210	母	2004-08-22	1.4	2004-09-20	10.5	3	12	5.2	杜
DDTEST104032410	DDtest102012301	DDtest100085210	公	2004-08-22	1.5	2004-09-20	8.9	3	12	5.2	杜
DDTEST104032411	DDtest102012301	DDtest100085210	母	2004-08-22	1.3	2004-09-20	8.9	3	12	5.1	杜
DDTEST104032412	DDtest102012301	DDtest100085210	公	2004-08-22	1.6	2004-09-20	10	3	12	5.2	杜
DDTEST104032501	DDtest103138502	DDtest103143113	母	2004-08-30	1.4	2004-09-28	10	1	9	5.2	杜
DDTEST104032502	DDtest103138502	DDtest103143113	公	2004-08-30	1.3	2004-09-28	8.8	1	9	5.2	杜
DDTEST104032503	DDtest103138502	DDtest103143113	公	2004-08-30	1.4	2004-09-28	9.5	1	9	5.2	杜
DDTEST104032504	DDtest103138502	DDtest103143113	公	2004-08-30	1.4	2004-09-28	8.7	1	9	5.2	杜
DDTEST104032505	DDtest103138502	DDtest103143113	母	2004-08-30	0.9	2004-09-28	10	1	9	5	杜
DDTEST104032506	DDtest103138502	DDtest103143113	公	2004-08-30	1.4	2004-09-28	10	1	9	5.2	杜
DDTEST104032507	DDtest103138502	DDtest103143113	母	2004-08-30	1.6	2004-09-28	10	1	9	5.2	杜

生成报表(Report)　生成报表(Execl)　统　计　返　回

图 17-112　个体出生断奶表

据、平均值、最大值、最小值、标准差、95％分位数、90％分位数、80％分位数）。可生成如图 17-113 信息报表等。

①生长性能测定表　查询猪只生长性能测定信息（图 17-114）。

②体尺外貌测定表　查询猪只体尺外貌测定信息（图 17-115）。

③屠宰测定表　查询猪只屠宰测定信息表（图 17-116）。

④个体繁殖性能表　查询猪只的配种，产仔，断奶信息（图 17-117）。

返回：返回系统主界面。

图 17-113　信息报表

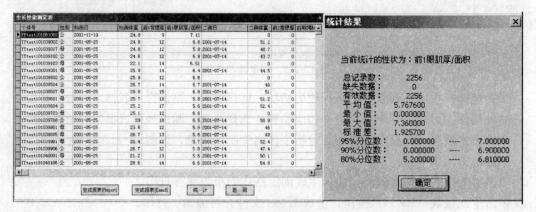

图 17-114　生长性能测定表

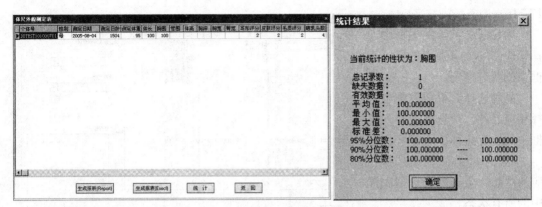

图 17-115　体尺外貌测定表

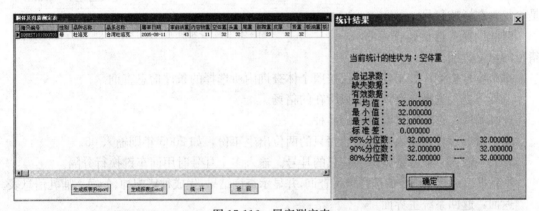

图 17-116　屠宰测定表

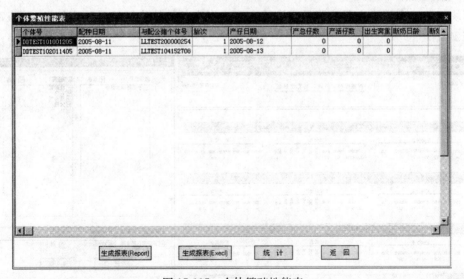

图 17-117　个体繁殖性能表

5. 母猪繁殖性能查询

（1）母猪综合繁殖性能查询

模块定义：本模块主要功能是使用户可以查询种母猪个体的配种、分娩、哺乳信息（图

17-118)。

猪场选择：可在表框中选择相应猪场。全选则选择列表框中的所有猪场。

品种选择：可在表框中选择相应品种。全选则选择列表框中的所有品种。

状态：可在表框中选择相应的状态。全选则选择列表框中的所有状态。

在场：选择要查询的猪只是否仅为在场的猪只。

时间设置：选择要查询的猪只的出生日期范围。

图 17-118　母猪综合繁殖性能查询

按个体号查询：如果选择则仅按照个体查询内所选择的条件信息查询。

选择猪场：选择要查询的猪只所在的猪场。

选择品种：选择要查询猪只的品种。

输入出生年份：输入要查询的猪只的两位出生年份，如 2005 年则输入 05。

耳缺号输入：输入要查询的猪只的耳号。输入多个耳号时用回车键换行分隔。

统计报表：根据用户的选择进行查询，并显示查询结果，生成种猪配种、分娩、哺乳信息表。

返回：返回系统主界面。

（2）猪只配妊率查询

模块定义：本模块主要功能是查询符合用户指定条件的猪只的受胎率信息（图17-119～图 17-120）。

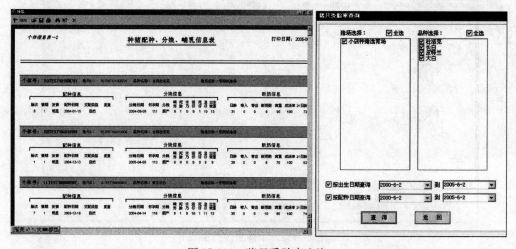

图 17-119　猪只受胎率查询

注意事项：按出生日期查询与按配种日期查询可以组合使用也可单独使用。当组合使用时，两个选择条件之间是"与"的逻辑关系。

猪场猪只受胎率查询报表

打印日期2005-06-15

小店种猪选育场

个体号	出生日期	首配日期	末配日期	配种次数	成功次数	受胎率(%)
DDBJXD103013903	2003-09-05	2004-04-14	2004-09-14	2	2	100
DDBJXD103013909	2003-09-05	2004-04-17	2004-09-15	2	2	100
DDBJXD103014313	2003-10-23	2004-06-19	2004-06-19	1	1	100
品种小计:				5	5	100
LLBJXD103119301	2003-06-16	2004-02-07	2004-07-06	2	2	100
LLBJXD103119407	2003-06-17	2004-01-22	2004-06-23	2	2	100
LLBJXD103119503	2003-06-21	2004-02-05	2004-07-04	2	2	100
LLBJXD103119507	2003-06-21	2004-03-04	2004-08-01	2	2	100
LLBJXD103119513	2003-06-21	2004-02-08	2004-07-06	2	2	100
LLBJXD103119609	2003-06-23	2004-02-12	2004-08-03	2	2	100
LLBJXD103119611	2003-06-23	2004-03-17	2004-08-11	2	2	100
LLBJXD103119613	2003-06-23	2004-03-15	2004-10-07	2	2	100
LLBJXD103119801	2003-06-29	2004-02-17	2004-07-17	2	2	100
LLBJXD103119803	2003-06-29	2004-02-07	2004-07-08	2	2	100
LLBJXD103120011	2003-06-30	2004-02-14	2004-07-12	2	2	100
LLBJXD103120601	2003-07-04	2004-02-28	2004-07-26	2	2	100
LLBJXD103120701	2003-07-06	2004-02-22	2004-09-15	2	2	100
LLBJXD103120703	2003-07-06	2004-02-23	2004-07-22	2	2	100
LLBJXD103120805	2003-07-08	2004-03-17	2004-08-24	2	2	100
LLBJXD103122409	2003-09-02	2004-04-20	2004-09-19	2	2	100
LLBJXD103122803	2003-09-09	2004-05-23	2004-10-21	2	2	100
LLBJXD103122901	2003-09-11	2004-04-17	2004-09-19	2	2	100
LLBJXD103123001	2003-09-11	2004-04-19	2004-09-20	2	2	100
LLBJXD103123005	2003-09-11	2004-04-19	2004-09-29	2	2	100

图 17-120　猪只受胎率查询报表

猪场选择：可以在列表框中选择相应猪场。选择"全选"，则选择列表框中的所有猪场。

品种选择：可以在列表框中选择相应品种。全选则选择列表框中的所有品种。

按出生日期查询：输入要查询的猪只的出生日期范围。

按配种日期查询：输入要查询的猪只的配种日期范围。

查询：根据用户的选择进行查询，并显示查询结果，生成报表（如图）。

返回：返回主界面。

（3）母猪断奶配种间隔统计

模块定义：本模块主要功能是使用户可以查询种母猪个体的繁殖性能情况（图 17-121）。

空怀期计算公式：本胎次的最后一次配种日期－上个胎次的产仔日期－平均断奶日龄。

初情期计算公式：初情日期－出生日期。

初配日龄计算公式：第一次配种日期－出生日期。

功能说明：

猪场选择：可以在列表框中选择相应猪场。选择全选，则选择列表框中的所有猪场。

品种选择：可以在列表框中选择相应品种。选择全选，则选择列表框中的所有品种。

状态：可以在列表框中选择相应的状态。选择全选，则选择列表框中的所有状态。

在场：选择要查询的猪只是否仅为在场的猪只。

时间选择：选择要查询的猪只的出生日期范围。

按个体号查询：如果选择则仅按照个体制卡内所选择的条件信息查询。

选择猪场：选择要查询的猪只所在的猪场。

选择品种：选择要查询的猪只的品种。

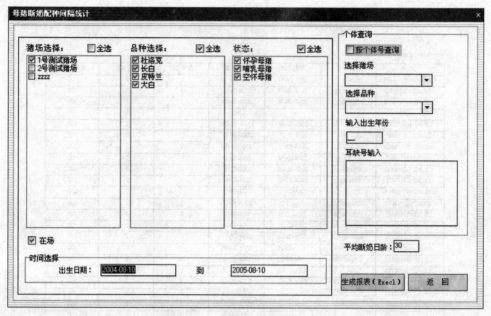

图 17-121 母猪断奶配种间隔统计

输入出生年份：输入要查询的猪只的 2 位出生年份，如 2005 年输入 05。

耳缺号输入：输入要查询的猪只的耳缺号。输入多个耳缺号时，用回车键换行分隔。

报表类型设置：在其中选择所需的制卡类型。

平均断奶日龄：输入该数值作为空怀期的计算参数。

生成报表：根据用户的选择进行查询，并显示查询结果，生成 Excel 报表（图 17-122）。

返回：返回系统主界面。

种母猪个体繁殖性能统计表

个体号	1胎			2胎		3胎		4胎		5胎		7胎		8胎		9胎		10胎		11胎		12胎		平均活仔数	平均空怀期
	数量	初情期	初配日龄	数量	空怀期	数量	空怀期	数量	空怀期	数量	空怀期	数量	空怀期	数量	空怀期	数量	空怀期	数量	空怀期	数量	空怀期	数量	空怀期		
DDBJXD104014908	8		305																					8.00	0.00
LLBJXD104127217	12		175																					12.00	0.00
LLBJXD104127309	9		243																					9.00	0.00
LLBJXD104127406	13		263																					13.00	0.00
LLBJXD104127609	10		227																					10.00	0.00
LLBJXD104127611	8		222																					8.00	0.00
LLBJXD104127701	12		307																					12.00	0.00
LLBJXD104127713	9		266																					9.00	0.00
LLBJXD104127909	14		271																					14.00	0.00
LLBJXD104127911	11		286																					11.00	0.00
LLBJXD104127913	6		275																					6.00	0.00
LLBJXD104127916	10		266																					10.00	0.00
LLBJXD104128006	10		276																					10.00	0.00
LLBJXD104128007	6		268																					6.00	0.00
LLBJXD104128401	11		283																					11.00	0.00
LLBJXD104128601	10		287																					10.00	0.00
LLBJXD104140803	6		249																					6.00	0.00
LLBJXD104140806	12		263																					12.00	0.00
LLBJXD104140809	15		263																					15.00	0.00
YBBJXD104210907	12		296																					12.00	0.00
YBBJXD104212213	13		302																					13.00	0.00
YBBJXD104212419	13		316																					13.00	0.00
YBBJXD104212901	10		336																					10.00	0.00
YBBJXD104213901	8		313																					8.00	0.00
YBBJXD104214401	12		288																					12.00	0.00
YBBJXD104214405	10		315																					10.00	0.00
YBBJXD104218701	10		269																					10.00	0.00
YBBJXD104218707	8		298																					8.00	0.00
YBBJXD104216803	16		289																					16.00	0.00
YBBJXD104216609	13		231																					13.00	0.00
YBBJXD104217306	12		310																					12.00	0.00
YBBJXD104219713	7		183																					7.00	0.00
YBBJXD104226006	15		260																					15.00	0.00
YBBJXD104228601	11		240																					11.00	0.00

图 17-122 种母猪个体繁殖性能统计表

(4) 母猪个体产仔性能统计

模块定义：本模块主要功能是使用户可以查询种母猪的繁殖性能情况（图 17-123）。

功能说明：

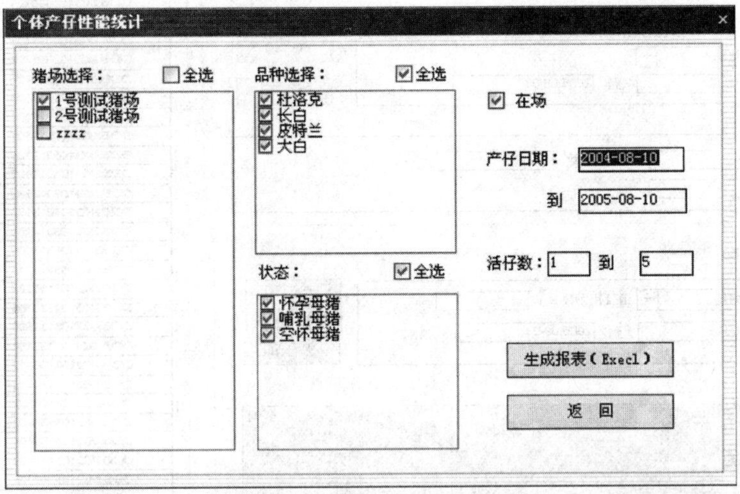

图 17-123　个体产仔性能统计

猪场选择：可以在列表框中选择相应猪场。全选则选择列表框中的所有猪场。

品种选择：可以在列表框中选择相应品种。全选则选择列表框中的所有品种。

状态：可以在列表框中选择相应的状态。全选则选择列表框中的所有状态。

在场：选择要查询的猪只是否仅为在场的猪只。

产仔日期：选择要查询的猪只的产仔日期范围。

活仔数：设置猪只产活仔数的范围。

生成报表：根据用户的选择进行查询，并显示查询结果，生成 Excel 报表（图 17-124）。

种母猪个体繁殖性能查询表

个体号	产仔情况明细			产仔情况明细			现在猪舍
	胎次	活仔数	产仔日期	胎次	活仔数	产仔日期	
LLBJXD100000902	8	4	2005-06-24				
PPBJXD102102305	3	5	2005-01-25				
YYBJXD199923795	10	3	2004-07-08				

图 17-124　种母猪个体繁殖性能查询表

返回：返回系统主界面。

（5）配种相关信息查询

模块定义：本模块主要是对猪只进行一段时间内的受胎率查询和一段时间内的配种次数查询（图 17-125）。

功能说明：

受胎率查询：输入查询时间范围和需要查询的猪场（默认所有本场猪场）进行查询，会在查询结果中显示用户指定时间范围内的配种头数、返情头数、受胎率。

多次配种个体查询：输入配种次数和查询时间范围和需要查询的猪场（默认所有本场猪场），进行查询，会在查询结果列表中列出符合用户指定条件的个体。进行打印，系统可以将查询结果生成报表。

返回：返回系统主界面。

注意事项：配种头数、返情头数、受胎率文本框均只是查询结果浏览，不能编辑。

配种相关信息查询

1、受胎率查询
查询条件
猪场名称： 所有猪场 ▼
配种日期： 2004-08-03　到　2005-08-03

查询　返回

查询结果
配种头数　　　　　返情头数
受胎率

2、多次配种个体查询
查询条件
猪场名称： 所有猪场 ▼　配种次数≧
配种日期： 2004-08-03　到　2005-08-03

查询　打印　返回

查询结果
个体号　　配种次数

个体号	配种次量
DDBJXD101000701	1
DDBJXD101001205	1
DDBJXD102011405	1
DDBJXD102011701	1
DDBJXD102011705	1
DDBJXD102012003	1
DDBJXD102012201	1
DDBJXD102012301	1
DDBJXD103012905	1
DDBJXD103012905	1
DDBJXD103013903	1
DDBJXD103013903	1
DDBJXD103013909	1
DDBJXD103013909	1
DDBJXD103014313	1
DDBJXD103136308	1
DDBJXD103136805	1
DDBJXD103137502	1
DDBJXD103138104	1
DDBJXD103138412	1
DDBJXD103138412	1
DDBJXD103138502	1
DDBJXD103138604	1
DDBJXD103138604	1
DDBJXD103140102	1
DDBJXD103140102	1
DDBJXD103140202	1
DDBJXD103141702	1
DDBJXD103141704	1
DDBJXD103141806	1

图 17-125　配种相关信息查询

（6）母猪群体产仔性能统计

模块定义：本模块主要是查询种母猪群体的繁殖性能情况（图 17-126）。

功能说明：

猪场选择：可在列表框中选择相应猪场。全选则选择列表框中的所有猪场。

母猪群体产仔性能统计

猪场选择：□全选
☑1号测试猪场
☑2号测试猪场
□zzzz

品种选择：☑全选
☑杜洛克
☑长白
☑皮特兰
□约克
□大白

出生日期：2004-08-10
到　2005-06-10

生成报表（Excel）
返回

种母猪群体繁殖性能统计表

胎次	品种				平均
	杜洛克	长白	皮特兰	大白	
1	7.75	9.95	7.80	10.25	8.95
2	11.33	9.71	9.75	10.37	10.29
3		10.20		7.50	8.88
4		10.00			10.00
5					#DIV/0!
6					#DIV/0!
7					#DIV/0!
8					#DIV/0!
9					#DIV/0!
10					#DIV/0!
11					#DIV/0!
12					#DIV/0!
平均	9.54	9.97	8.78	9.39	9.42

图 17-126　母猪群体产仔性能统计

品种选择：可在列表框中选择相应品种。全选则选择列表框中的所有品种。

出生日期：选择要查询的猪只的出生日期范围。

生成报表：根据用户的选择进行查询，并显示查询结果，生成 Excel 报表。

返回：返回系统主界面。

初配日龄计算公式：第一次配种日期至出生日期。

（7）猪场产仔日报（明细）

模块定义：本模块主要功能是生成猪只的产仔明细日报。具体参照"帮助信息"或有关人员指导进行操作（图 17-127～图 17-128）。

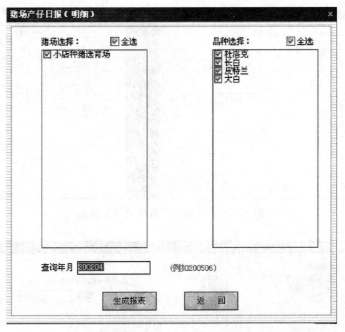

图 17-127　猪场产仔日报查询

小店种猪选育场
2005年06月产仔日报

打印日期2005-06-28

个体号	父号	母号	产仔日期	总仔	活仔	公仔	母仔	死仔	木乃伊	死胎	健仔	弱仔	畸形
DDBJXD100017910	DDTXDP198000565	DDTXY4198001334	2005-06-24										
DDBJXD100017910	DDTXDP198000565	DDTXY4198001334	2005-06-24										
DDBJXD100021011	DDTXY4297000811	DDTXY4199000327	2005-06-29	15	12	6	6	3	2	1	10	2	
DDBJXD100021011	DDTXY4297000811	DDTXY4199000327	2005-06-30	9	9	5	4				8	1	
DDBJXD102054804	DDBJXD101007001	DDBJXD101010401	2005-06-24										
小计				24	21	11	10	3	2	1	18	3	
小计平均				4.80	4.20	2.20	2.00	0.60	0.40	0.20	3.60	0.80	
个体号	父号	母号	产仔日期	总仔	活仔	公仔	母仔	死仔	木乃伊	死胎	健仔	弱仔	畸形
LLBJXD100000902	LLBJXD198002325	LLBJXD198002275	2005-06-24	8	4	2	2	4	2	2			
LLBJXD101035104	LLCRPSF00035001	LLCRPSF00061006	2005-06-25										
LLBJXD101055206	LLCRPSF00043601	LLCRPSF00040210	2005-06-30										
小计				8	4	2	2	4	2	2			
小计平均				2.67	1.33	0.67	0.67	1.33	0.67	0.67	0.67	0.67	
个体号	父号	母号	产仔日期	总仔	活仔	公仔	母仔	死仔	木乃伊	死胎	健仔	弱仔	畸形
PPBJXD198985113	PPBJXD196967890	PPBJXD198962075	2005-06-24										1
PPBJXD198985168	PPBJXD196969804	PPBJXD195953792	2005-06-24										
小计													1
小计平均													0.50
个体号	父号	母号	产仔日期	总仔	活仔	公仔	母仔	死仔	木乃伊	死胎	健仔	弱仔	畸形
YYBJXD199883765	YYBJXD197044470	YYBJXD198054263	2005-06-24										
小计													
小计平均													
全场合计				32	25	13	12	7	4	4	20	5	1
全场平均				2.91	2.27	1.18	1.09	0.64	0.36	0.27	1.82	0.45	0.09

图 17-128　猪场产仔日报

（8）猪场产仔月报（汇总）

模块定义：主要功能是生成猪只产仔汇总月报。具体参照"帮助信息"或有关人员指导操作。

生成报表：根据用户的选择进行查询，并显示查询结果，生成报表（图 17-129）。

返回：返回系统主界面。

（9）母猪年度产仔汇总　本模块主要查询种母猪在某年度内的产仔汇总情况（图 17-130）。

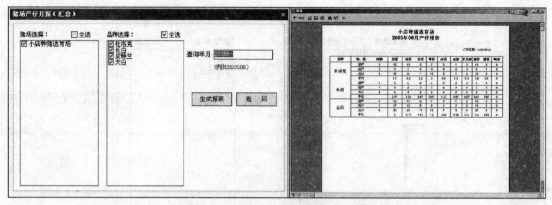

图 17-129　猪场产仔月报查询及报表

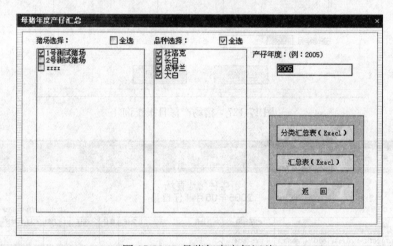

图 17-130　母猪年度产仔汇总

功能说明：

猪场选择：可以在列表框中选择相应猪场。选择全选，则选择列表框中的所有猪场。

品种选择：可以在列表框中选择相应品种。选择全选，则选择列表框中的所有品种。

产仔年度：选择要查询的猪只的产仔年度。

分类汇总表：按品种分类合计每个品种的年度产仔情况，最后给出汇总生成 Excel 报表。

汇总表：将该年度所有母猪的产仔情况汇总，生成 Excel 报表（图 17-131）。

返回：返回系统主界面。

6. 公猪繁殖性能查询

（1）采精明细表　本模块主要是对公猪一段时间内的采精信息查询（图 17-132）。

具体参照"帮助信息"或有关人员指导操作。

（2）配种明细表　本模块主要功能是对公猪在一段时间内的配种信息查询（图 17-133）。

具体参照"帮助信息"或有关人员指导操作。

生成报表：根据用户的选择进行查询，并显示查询结果生成报表（图 17-134）。

2005年度种母猪年度产仔分类汇总表

品种	月份	1月	2月	3月	4月	5月	6月	7月	8月	9月	10月	11月	12月	合计
杜洛克	窝数	54	63	27	27		45	9						225
	总仔	653	486	306	282		216	90						1963
	活仔	585	477	297	282		189	54						1854
	公仔	297	243	135	117		99	27						918
	母仔	288	234	162	135		90	27						936
	死仔	18	0	9	0		27	36						90
	死胎	180	207	261	162	108	27	18						963
	本	2043	2187	2754	1800	1197	72	18						10071
	猪	1946	2160	2673	1764	1170	36	27						9783
	畸仔	936	1080	1396	837	558	18	18						4851
长白	窝数	1006	1089	1278	927	612	18	18						4950
	总仔	90	18	81	36	27	36							297
	活仔	36	54	36	45	18	18							207
	公仔	315	594	351	495	126	0							1872
	母仔	288	576	342	450	117	0							1773
	死仔	153	261	144	225	27	0							810
	死胎	135	315	198	225	90	0							963
	本	27	18	9	36	9	0							99
	猪	234	405	414	279	9	9							1341
	畸仔	2727	4564	4554	3006	9	9							14850
	弱仔	2529	4464	4437	2898	9	0							14328
度		1422	2331	2232	1575	0	0							7560
		1107	2133	2205	1323	0	0							6768
		180	90	117	126	0								513
		45	0	0	27	0								459
		18	9	0	27	0								54
		936				0								

2005年度种母猪年度产仔汇总表

月份	窝数	总仔	活仔	公仔	母仔	死仔	死胎	木乃伊	畸仔	弱子	畸形
1月	56	632	594	312	282	38	35	3			0
2月	81	869	854	435	419	14	13	1			1
3月	82	885	861	434	427	24	21	3			0
4月	57	616	596	306	290	20	15	5			0
5月	14	147	143	65	78	4	2	2			0
6月	11	32	25	13	12	7	3	4	20	5	1
7月	1	10	6	3	3	4	2	3	2	3	2
8月											
9月											
10月											
11月											
12月											
累计	332	3,191	3,079	1,568	1,511	111	81	26	23	8	4

图 17-131 年度母猪产仔分类汇总表和汇总表

图 17-132 采精明细表

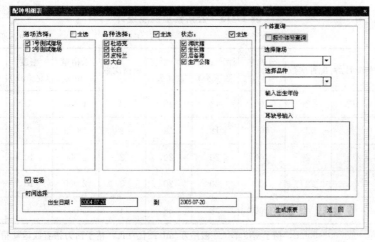

图 17-133 配种明细表

公猪配种明细表

打印日期：2005-07-20

公猪编号：LLtest104152708

猪场名称	配种日期	与配母猪	配种方式	是否成功	总仔数	活仔数	配种员	备注
1号测试猪场	2005-01-07	LLtest104140803	自然	成功	6	6		
1号测试猪场	2005-01-11	LLtest104140805	自然	成功	12	12		
平均：					9	9		

公猪编号：YYtest104214404

猪场名称	配种日期	与配母猪	配种方式	是否成功	总仔数	活仔数	配种员	备注
1号测试猪场	2004-10-29	YYtest104210907	自然	成功	12	12		
1号测试猪场	2004-12-05	YYtest104213901	自然	成功	8	8		
平均：					10	10		

图 17-134　公猪配种明细表

返回：返回系统主界面。

（3）繁殖性能统计　本模块主要功能是查询统计公猪的繁殖性能情况（图 17-135）。

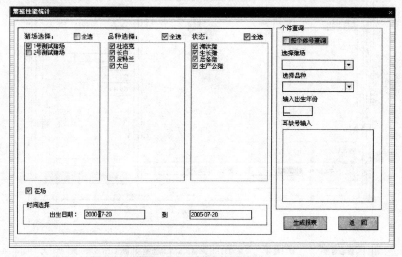

图 17-135　繁殖性能统计

具体参照"帮助信息"或有关人员指导操作。

生成报表：根据用户选择进行查询，并显示查询结果生成报表（表 17-15）。

表 17-15　公猪繁殖性能统计

打印日期：2005-07-20

公猪编号	初配日龄	配种次数	分娩率（%）	胎产总仔数（头）	胎产活仔数（头）	采精次数	采精量（mL）	密度（亿/mL）	活力（%）	有效精子数（亿）
LLtest04152708	212	2	100	18	18	2	1 003	7	9	50
小计		2	100	18	18	2	1 003	7	9	50
YYtest104214404	273	2	100	20	20	2	2 000	10	6	1 000
小计		2	100	20	20	2	2 000	10	6	1 000
累计		4	100	38	38	4	3 003			

注：公猪采精量一般 200～50mL，精子密度单位一般用万/mL 或亿/mL，精子活力指直线运动精子的百分比。本表为模拟数据，采精量、密度可能与生产实际不符。

五、育种分析

本模块主要对本系统的猪只进行育种分析。包括 BLUP、近交系数计算、生成配种计划等功能。模块操作流程见图 17-136～图 17-137。

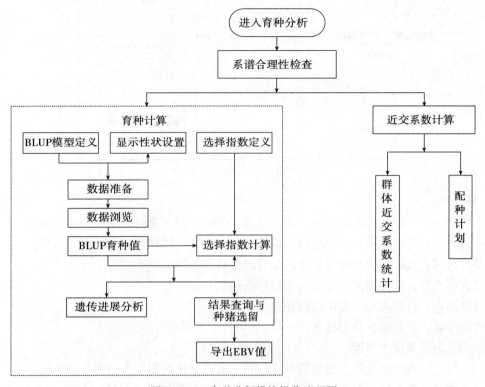

图 17-136　育种分析模块操作流程图

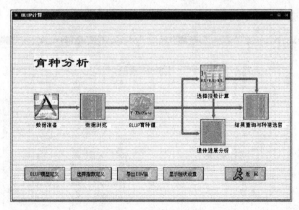

图 17-137　育种分析

1. 育种计算

（1）数据准备　本模块主要功能为 BLUP 运算进行数据准备（图 17-138）。

注意参与数据准备的猪只如果数量较大时，数据准备的时间可能会比较长，请耐心等待。

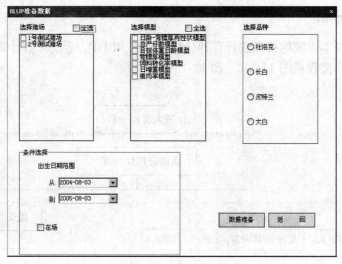

图 17-138 数据准备

功能说明

选择猪场：可以在列表框中选择相应猪场。全选，则选择列表框中的所有猪场。

选择模型：可以在列表框中选择相应模型。全选则选择列表框中的所有模型。

条件选择：选择要参与数据准备的猪只出生日期范围。

仅在群个体：选择当前在场参加数据准备的猪只。

选择品种：可以在列表框中选择相应品种。

数据准备：开始进行数据准备。

返回：返回系统主界面。

(2) 数据浏览　本模块主要功能是让用户里浏览筛选数据准备所得到的数据。

列表中显示的是经过数据准备所得到的数据（图 17-139）。用鼠标单击列表框的表头，则被点击的表头所在的列的数据会按照升序或降序排列。用鼠标单击一行数据，则会将此行数据选中。按住 ctrl 键并用鼠标逐一单击数据行则可以选中多行数据。删除所选记录可以将

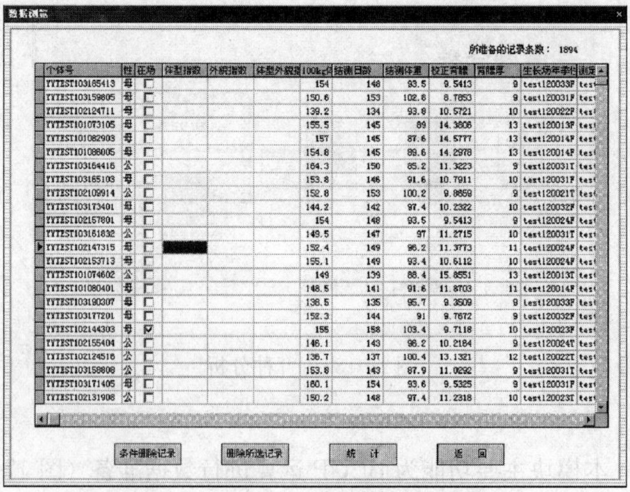

图 17-139 数据浏览

所选的数据行删除。鼠标单击列表中一个单元格则条件删除记录会以此单元格所属字段作为删除条件，点击条件删除记录，会出现如图 17-140A：其中删除范围选择让用户通过设置猪只所在猪场、品种、性别这 3 个条件来删除数据行。

当前变量即用户当前所点击的单元格所属字段。如果选择包括值为 0 或空记录，则表示该字段值若为 0 或为空的数据行在用户点击确认删除后都将被删除。如果用户单击的单元格所属字段是数值型字段，则会出现图 17-140B。此时会多出大于等于和小于等于让用户输入，用户可以在此处输入该字段的数值范围，凡是该字段处于此范围内的数据行在用户点击确认删除后都将被删除。

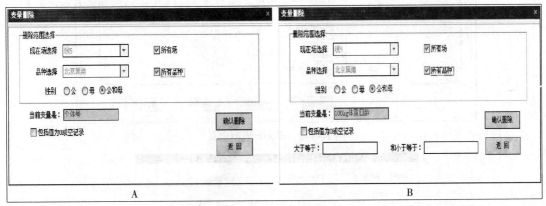

图 17-140　变量删除
A. 选中单元格条件删除记录　B. 选中数值型字段条件删除记录

单击统计按钮，对焦点所在列进行分析，给出相关参数（总记录数、缺失数据、有效数据、平均值、最大值、最小值、标准差、95％分位数、90％分位数、80％分位数）（图 17-141）。

返回：返回系统主界面。

（3）BLUP 运算　本模块主要功能进行 BLUP 运算（图 17-142）。

功能说明：

选择模型：可在表框中选择参与计算的模型（图 17-143）。

系谱上溯代数：用户可以指定 BLUP 运算时上溯的猪只代数。

图 17-141　统计结果

BLUP 运算：开始 BLUP 运算。

RST 文件：在［BLUP 运算文件］浏览框中显示运算完成后的结果文件。

REL 文件：在［BLUP 运算文件］浏览框中显示运算完成后的系谱文件。

PED 文件：在［BLUP 运算文件］浏览框中显示数据准备时的系谱文件。

DAT 文件：在［BLUP 运算文件］框中显示数据准备时的数据文件。

返回：返回主界面。

注意猪只数量较大时计算的时间可能会比较长，需等待。

（4）BLUP　本模块主要功能是让用户定义或修改 BLUP 模型

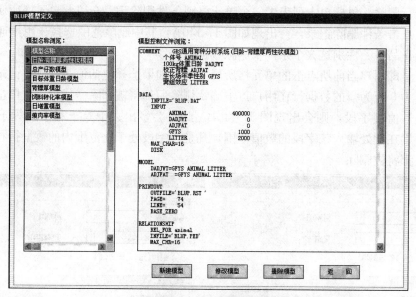

图 17-142　BLUP 模型定义

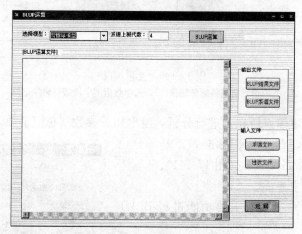

图 17-143　BLUP 运算选择模型

功能说明：

模型名称浏览：可以在此列表框中选择要进行修改或删除的模型。

新建模型：点击此按钮时会出现类似的界面（BLUP 模型建立修改表单，图 17-144）：

模型设定：在此页面定义模型的名称，模型说明，模型的变量，模型表达式（图 17-145）。

遗传参数：在此页面定义模型的残差效应方差和随即效应方差（图 17-146）。

全局控制：定义模型的全局控制信息（图 17-147）。

假设检验：在此页面定义模型的假设检验（图 17-148）。

模型控制文件浏览：浏览模型控制文件。

设置性状条件：该页面用于维护各模型在 BLUP 运算准备数据时筛选有效数据的条件（图 17-149）。条件是直接使用数据库语言编辑的，建议用户不要直接修改，如果希望新增或修改条件请联系开发商。

确定保存：保存定义的模型。

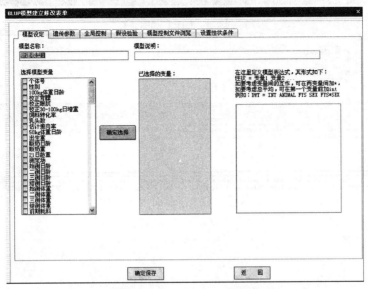

图 17-144 BLUP 模型建立修改表单

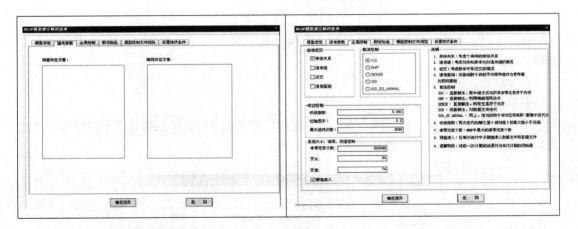

图 17-145 模型设定　　　　　　　　　　　　　　图 17-146 遗传参数

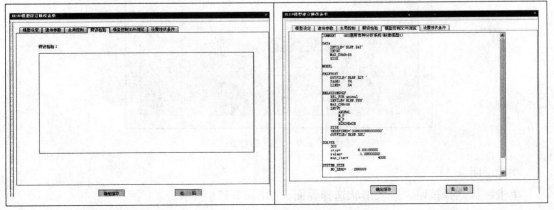

图 17-147 全局控制　　　　　　　　　　　　　　图 17-148 假设检验

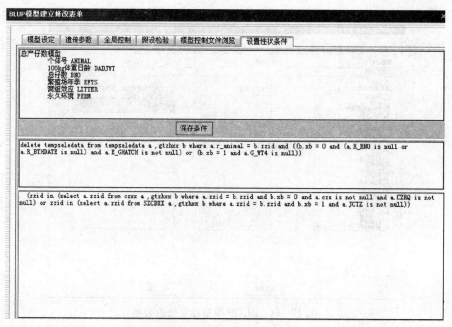

图 17-149　设置性状条件

修改模型：点击此按钮时会出现 BLUP 模型建立修改表单，用户可以在此修改所选的模型信息。

删除模型：删除所选的模型。

返回：返回系统主界面。

（5）选择指数定义　本模块主要功能是让用户定义或修改各个品种对应不同指数的性状及其经济加权系数和 BLUP 性状均值（图 17-150）。

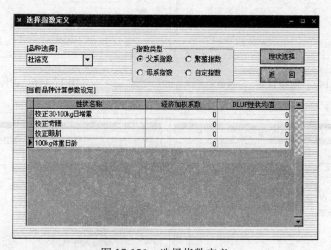

图 17-150　选择指数定义

功能说明：

单击性状选择按钮，进入形状选择界面，如图 17-151 所示。

单击选中列框选择或取消需要参加计算的性状，单击确定按钮保存所选择修改的内容，返回上层界面。

单击取消按钮，取消当前的修改内容返回上层界面。

单击返回按钮，返回系统主界面。

图 17-151 选择指数定义性状选择

（6）指数计算 本模块主要功能是让用户进行指数计算（图 17-152）。

功能说明：

在品种选择下拉框中选择需要计算的品种。

在指数类型中选择需要计算的指数。

单击计算按钮，进行指数计算。

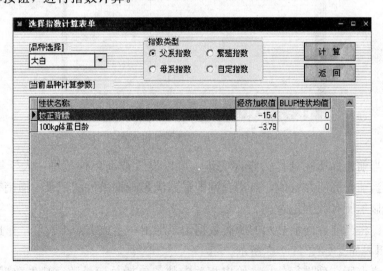

图 17-152 选择指数计算表单

（7）遗传进展及遗传差异分析

模块定义：本模块主要功能是让用户对猪只的主要性状、EBV 值和指数值进行比较分析（图 17-153）。

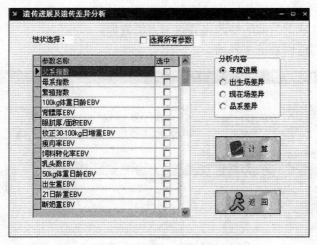

图 17-153　遗传进展及遗传差异分析

功能说明：

在列表框中单击选择需要分析的性状。

在分析内容中选择分析种类。

单击计算，进行分析；分析完毕后弹出如图 17-154 分析结果浏览页面。

图 17-154　遗传进展分析报表

查询：以当前光标所在列作为查询变量，可以设置查询条件范围：大于等于、小于等于，默认值是当前光标所在行值，点击查询即显示满足查询条件的记录。撤销查询：取消查询设置，恢复显示所有数据记录。

导出表单：将当前界面上显示的所有数据记录导出，生成 Excel 表单，并且直接进入该 Excel 表单编辑界面。如图 17-155 所示。

统计：对焦点所在列进行分析，给出相关参数。包括总记录数、缺失数据、有效数据，平均值、最大值、最小值、标准差，95％分位数、90％分位数、80％分位数。

如图 17-156 所示。

绘图：用直方图或折线图形式显示当前光标所在列的数据值。如图 17-157～图 17-158 所示。

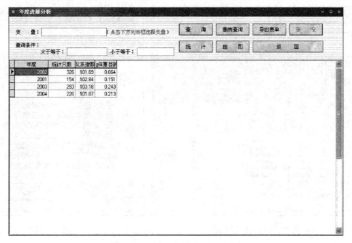

图 17-155　年度进展分析

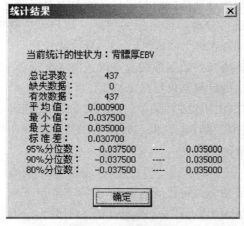

图 17-156　统计数据

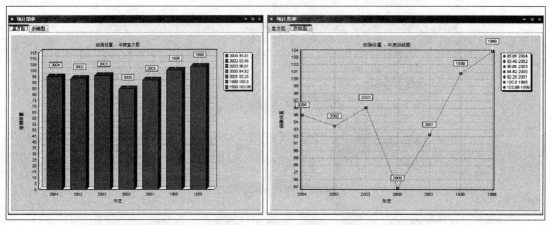

图 17-157　直方图　　　　　　　　　　　图 17-158　折线图

2. 结果查询与种猪选留

（1）模块定义　浏览、处理 BLUP 计算结果及指数运算结果（图 17-159～图 17-160）。

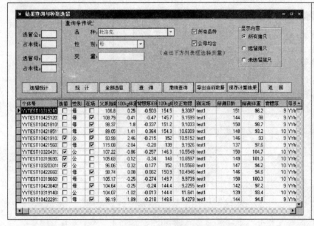

图 17-159　结果查询与种猪选留　　　　　图 17-160　统计结果

（2）功能说明

统计选留：按性别分别统计被选留中的猪只个数及占总体的比例。

统计：对焦点所在列进行分析，给出相关参数（总记录、缺失数据、有效数据、平均值、最大值、最小值、标准差，95％、90％、80％分位数）。

查询：可以对当前光标所在列数据项设置查询条件（大于等于，小于等于）进行查询。

导出计算结果：将本次的计算结果导出 EXCEL 文件。

保存计算结果：将本次的计算结果保存在系统的 EBV 保存表中。

（3）特别说明　本界面提供任意数据列升降自动排序功能，将光标置于数据列表头位置，点击即可实现按该列升降排序。

（4）导出 EBV 值

模块定义：本模块主要功能是将系统的 EBV 保存表导出 EXCEL 文件。

导出程序：点击"导出 EBV 值"→确定（图 17-161）→计算（处理）过程（图 17-162）→EBV 值表。

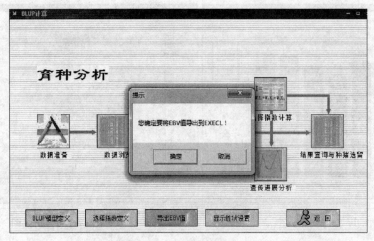

图 17-161　确定导出 EBV 值

图 17-162　计算（处理）过程

导出的部分 EBV 值见表 17-16。

表 17-16　部分 EBV 值表

制表日期：2014-10-31

猪只编号	性别	父系指数	母系指数	繁殖指数	自定指数	100kg 体重日龄 EBV	背膘厚 EBV
DDBJXM102120001	公	98.01				−0.36	0.205
DDBJXM102120002	母	102.74				0	−0.16
DDBJXM102120003	公	99.93				−0.63	0.159
DDBJXM102120004	母	99.32				0.99	−0.204
DDBJXM102120005	公	110.31				0.61	−0.753
DDBJXM102120006	母	114.92				−0.98	−0.631
DDBJXM102120007	公	114.15				−1.16	−0.542
DDBJXM102120008	母	109.92				−1.43	−0.228
DDBJXM102120009	公	132.78				−3.48	−1.06
DDBJXM102120010	母	130.98				−3.93	−0.844
DDNJFD100010001	公	108.57				−0.7	−0.329
DDNJFD101007301	母	111.32				−1.04	−0.406

（5）显示性状设置

模块定义：本模块主要功能是让用户对数据浏览和种猪选留界面中需要显示的性状内容进行选择（图 17-163，表 17-17）。

功能说明：

显示：选择框选择需要显示的性状，可以点击全选按钮选中或取消所有性状。

确定：按钮，保存当前设置并返回上层界面。

图 17-163　显示性状设置

表 17-17　猪只选留及其相关性状输出报表

个体号	选留	性别	在场	父系指数	100kg体重日龄EBV	背膘厚EBV	100kg体重日龄	校正背膘	测定场	结测日龄	结测体重	背膘厚	母亲号	父亲号	出生场	品种	品系	出生胎次	出生日期	现在场	生长场年季性别	窝组效应	出生年度	出生季节
DDBJXM102120009	是	公	是	132.78	-3.48	-1.06	149.2	13.6879	BJXM1	150	101	12	DDBJXM101007301	DDBJXM100010001	BJXM1	DD	DD02	1	########	BJXM1	BJXM120021T	1900-1-2	2002	1
DDBJXM102120010	是	母	是	130.98	-3.93	-0.844	150	13	BJXM1	150	100	13	DDBJXM101007301	DDBJXM100010001	BJXM1	DD	DD02	1	########	BJXM1	BJXM120021F	1900-1-2	2002	1
DDNJFDI01007301	是	母	是	111.32	-1.04	-0.406	159.7	16.4846	BJXM1	151	91	15	DDBJXM10005678	DDBJXM100001234	NJFDI	DD	DD02	1	2001-1-1	BJXM1	BJXM120021F	1900-1-2	2001	1
DDBJXM102120007	是	公	是	114.15	-1.16	-0.542	159.1	15.0473	BJXM1	150	90	12	DDBJXM101007301	DDBJXM100010001	BJXM1	DD	DD02		########	BJXM1	BJXM120021T	1900-1-2	2002	1
DDBJXM102120008	是	母	是	109.92	-1.43	-0.228	160.8	14.608	BJXM1	150	89	13	DDBJXM101007301	DDBJXM100010001	BJXM1	DD	DD02		########	BJXM1	BJXM120021F	1900-1-2	2002	1
DDBJXM102120006	是	母	是	114.92	-0.98	-0.631	161.9	13.6376	BJXM1	150	88	12	DDBJXM101007301	DDBJXM100010001	BJXM1	DD	DD02		########	BJXM1	BJXM120021F	1900-1-2	2002	1
DDBJXM102120003	是	公	是	99.93	-0.63	0.159	163.4	16.912	BJXM1	150	86	13	DDBJXM101007301	DDBJXM100010001	BJXM1	DD	DD02		########	BJXM1	BJXM120021T	1900-1-2	2002	1
DDBJXM102120001	是	公	是	98.01	-0.36	0.205	163.4	16.912	BJXM1	150	86	13	DDBJXM101007301	DDBJXM100010001	BJXM1	DD	DD02		########	BJXM1	BJXM120021T	1900-1-2	2002	1
DDBJXM102120002	是	母	是	102.74	0	-0.16	165.4	14.7076	BJXM1	150	85	12.5	DDBJXM101007301	DDBJXM100010001	BJXM1	DD	DD02		########	BJXM1	BJXM120021F	1900-1-2	2002	1
DDBJXM102120005	是	公	是	110.31	0.61	-0.753	166.8	14.7239	BJXM1	150	83	11	DDBJXM101007301	DDBJXM100010001	BJXM1	DD	DD02		########	BJXM1	BJXM120021T	1900-1-2	2002	1
DDBJXM102120004	是	母	是	99.32	0.99	-0.204	169.2	14.6363	BJXM1	150	82	12	DDBJXM101007301	DDBJXM100010001	BJXM1	DD	DD02	1	########	BJXM1	BJXM120021F	1900-1-2	2002	1

3. 近交系数计算

模块定义：本模块主要功能进行近交系数计算（图17-164）。

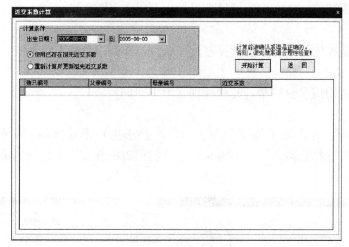

图17-164　近交系数计算

功能说明：

计算条件：通过设置"出生日期"范围选择参与计算的猪只范围。

使用已存在祖先近交系数：计算介于出生日期范围内猪只的近交系数，如果遇到某头猪只已经计算过近交系数，系统会直接使用其已经算好的数据，而不重新计算。

重新计算并更新祖先近交系数：计算介于出生日期范围内猪只的近交系数，如果遇到某头猪只已经计算过近交系数，系统仍然会重新计算。

开始计算：进行近交系数计算。

返回：返回主界面。

注意事项：计算近交系数前必须要确认系谱文件正确（尤其不能出现系谱循环！），建议在计算近交系数之前先运行"系谱合理性检验检查"模块，检查系谱的正确性。

参与计算的猪只如果数量较大时，计算的时间可能会比较长（平均10 000只猪全部重新计算一次近交系数约需要1h时间），请耐心等待。建议用户定期分批利用机器空余时间计算近交系数。

如果已存在猪只的祖先系谱没有变化，尽量选择"使用已存在祖先近交系数"计算近交系数。

4. 群体近交系数统计

模块定义：本模块主要功能是按照猪场或品种对猪只的近交系数进行均值统计（图17-165）。

功能说明：

在选择猪场中选择需要统计的猪场。

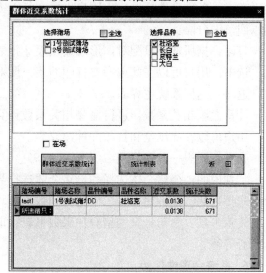

图17-165　群体近交系数统计

在选择品种中选择需要统计的品种。

单击群体近交系数统计按钮，进行均值统计，结果输出在下方的列表框中。

单击统计制表按钮，将本次的统计结果导出 Excel 文件。

注意事项：

如果在选择范围内的猪只没有计算过近交系数，那么该猪只不参与统计。

5. 配种计划

模块定义：帮助用户模拟制订配种计划（图 17-166）。

功能说明：

公猪个体选择：弹出如下界面（图 17-167）要求用户设置猪场，品种，状态，日龄，是否在群等条件来选择公猪，用户也可在其上方的列表中直接输入公猪的个体号，个体号之间以回车键分隔。

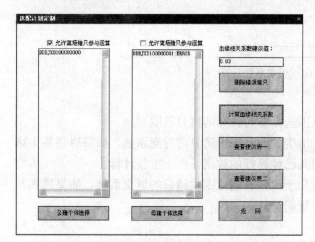

图 17-166　选配计划制定　　　　　　　　　　　　　　图 17-167

母猪个体选择：弹出如下界面（图 17-168）要求用户设置猪场，品种，状态，日龄，是否在群等条件来选择母猪。用户也可在其上方的列表中直接输入母猪的个体号，个体号之间以回车键分隔。

打印：据所选猪只配对，形成建议表 2 报表。

选中：用户可以在此选择要打印的猪只配对。

返回：返回系统主界面。

计算血缘相关系数：进行血缘相关系数计算。

用户可以在此浏览和打印配种建议表。

查看建议表一、建议表二（图 17-169）。

特别说明：公猪个体选择和母猪个体选择界面中日龄默认从 0 到 0，表示全部个体不对日龄选择过滤。配种建议表二中的每列数据项均可直接点击表头排序。

注意事项：参与计算的猪只如果数量较大时，计算血缘相关系数的时间可能会比较长，请耐心等待。

6. 系谱合理性检验

模块定义：本模块主要是校验系统数据库中猪只系谱的正确性，检验内容含性别和系谱

图 17-168　选择母猪

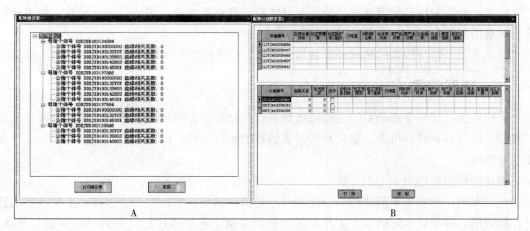

图 17-169　配种计划建议表
A. 建议表一　B. 建议表二

环路检验（图 17-170）。

性别检验：检查猪只的系谱，将母亲为公猪或父亲为母猪的猪只筛选出来。

系谱环路检验：检查猪只系谱，将本身作为本身的直系祖辈的猪只筛选出来。

功能说明：

本页面提供 2 种校验方式：单只校验和群体校验。

单只校验：选中指定猪只编号进行检查，单击系谱文件检验按钮。

群体检验：不选中指定猪只编号进行检查，在种猪出生日期中填写出生日期范围，单击

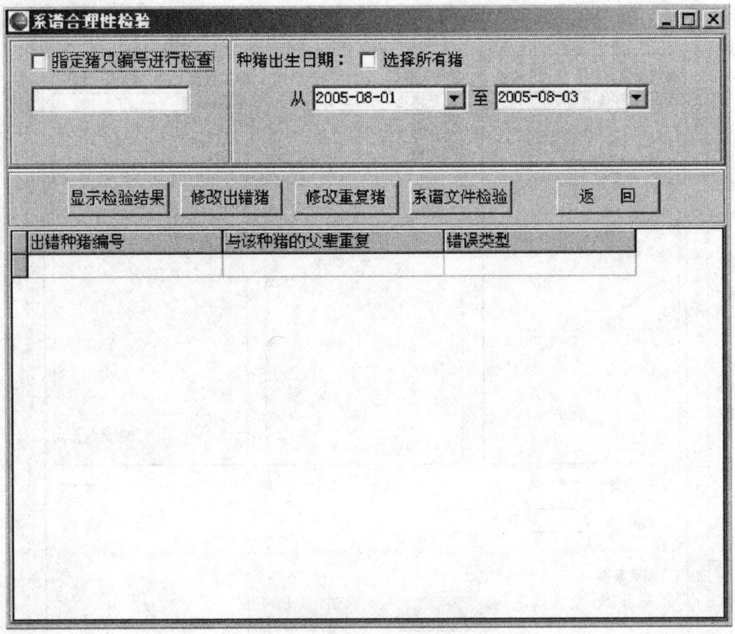

图 17-170　系谱合理性检验

系谱文件检验按钮。

特别说明：

性别检验不论用户指定单只检验还是群体检验都对系统的所用猪只进行检验，系谱环路检验只对用户指定的单只或群体进行检验。

注意事项：参与校验的猪只如果数量较大时，检验的时间可能会比较长，请耐心等待。

六、猪群管理

模块定义：猪群管理子系统主要完成猪只转群处理、存栏清点业务及其相关的业务基础信息定义以及各种转群报告、猪只存栏报表的查询统计工作。GBS v4.0 功能，GBS v3.4 无此功能模块。

模块操作流程见图 17-171。

注意事项：猪群管理模块核心职能和目标是为种猪场日常的生产管理提供适时动态的猪只存栏数据，并指导实际的生产工作安排和辅助决策。希望用户尽量做到单证日清、月结，即当天发生的业务尽量及时在系统中进行处理，至少要保证每个月作月末存栏结转前将当月发生的业务全部进入系统。以保证系统能适时、准确提供猪群存栏报表和月末结存报表。

1. 基础信息定义

模块定义：该模块主要完成猪群处理业务所涉及的各项基础信息定义工作。

（1）事务类型定义　本模块主要功能是在系统中定义猪只出入栏舍事务处理类型信息（图 17-172）。

增加一个新的事务处理类型定义信息。其中类型编码、类型名称、出入标记、事务类型（即类型类别）必须填写或选择。出入标记有三个选项值：出栏、入栏、内部调整，用来区分该事务类型将来所对应的栏舍出/入业务。事务类型（即类型类别）分两类：一类是系统

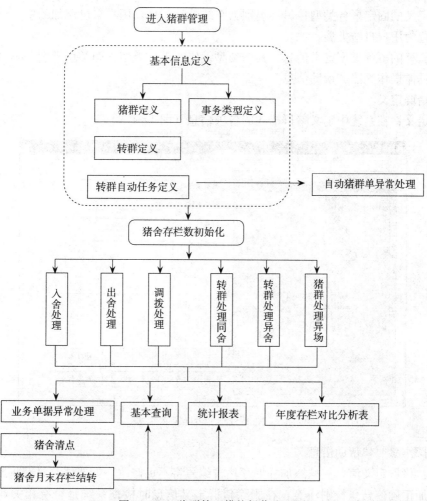

图 17-171 猪群管理模块操作流程图

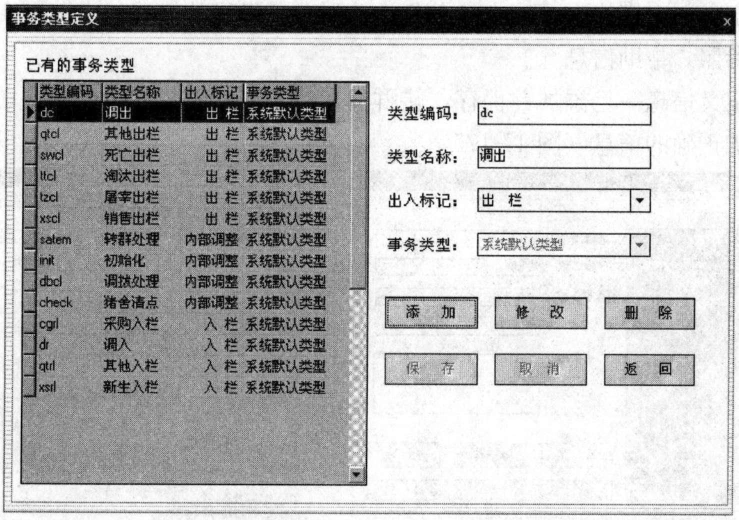

图 17-172 事务类型定义

安装后自定义的固定事务类型；另一类别为系统默认类型，用户自己添加的事务类型其类别会自动设置为用户自增类型。

修改已有的事务类型定义信息。其中类型编码、事务类型（即类型类别）不可修改。

其他具体操作参照"帮助信息"。

（2）猪群定义

模块定义：在系统中定义猪群描述的各项信息（图17-173）。

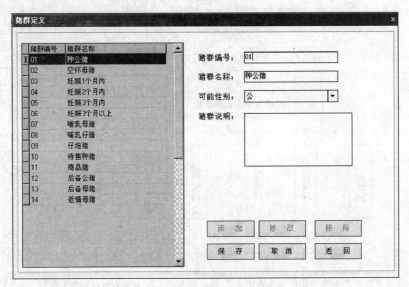

图 17-173　猪群定义

具体操作参照"帮助信息"。

注意：猪群定义信息一旦添加并保存猪群编号将不可修改，如要修改只有将此信息删除并重新添加正确信息。特别注意：在删除猪群定义信息时检查系统是否有相关业务已经引用，如已引用则不能删除，否则会造成系统信息混乱。

（3）转群定义　本模块在系统中定义各类转群业务过程的描述信息（图17-174）。

具体操作参照"帮助信息"。

注意转群定义信息一旦添加并保存，转群编号将不可修改，如果要修改，只有将此信息删除并重新添加正确的信息（图17-175）。

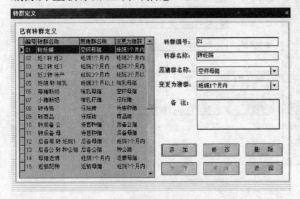

图 17-174　转群定义

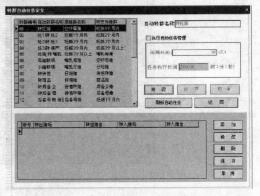

图 17-175　转群自动任务定义

特别注意：在删除转群定义信息时，检查系统是否有相关的业务已经引用该信息，如果已经引用，不能作删除操作，否则会造成系统信息混乱！

（4）转群自动任务定义

模块定义：某些猪只转群业务之间具有一定的时间约束规范（即间隔达到一定的时间必须从一个群体状态转入下一个群体状态），此类业务在种猪场猪群管理中很普遍。例如,妊娠1个月的猪只30天以后自动转为妊娠2个月的猪只。如果全部由系统操作人员手工来处理这些业务，效率很低，而且极其容易遗漏，系统为了解决这个烦恼，专门提供了一套基于用户自定义时间间隔的后台自动执行的转群业务处理方式。本模块主要用于定义自动转群任务执行的各项参数。

转群任务定义信息包含两部分内容：第一部分是转群自动任务基本参数定义，第二部分是转群自动任务允许的转出和转入猪舍定义。

功能说明：

添加：增加一个新的转群自动任务基本参数定义信息。其中自动转群名称必须填写。执行自动任务管理选项如果点击或按空格键选中，则必须填写间隔时间（天）、任务执行时间等信息，系统后台将根据任务执行时间（时：分：秒）设置每天到点准时自动进行该转群业务处理；如果不选，表示该转群业务暂不设置自动任务处理。

修改：修改已有的转群自动任务基本参数定义信息，其中自动转群名称不可修改。

删除：删除已有的转群自动任务基本参数定义信息。

保存：将添加或修改后的转群自动任务基本参数定义信息存入数据库。一旦保存，自动转群名称将不可修改。如果发现自动转群名称错误只有通过删除、添加来更正。

取消：取消添加或修改操作。

返回：返回系统主界面。

注意事项：转群自动任务基本参数定义信息一旦添加并保存，自动转群名称将不可修改，如要修改，只有将此信息删除并重新添加正确的信息。

特别注意：在删除转群自动任务基本参数定义信息时，检查系统是否有相关的业务已经引用该信息，如果已经引用，不能作删除操作，否则会造成系统信息混乱！

转出和转入猪舍定义：具体操作参照"帮助信息"。

2. 入舍处理

模块定义：在系统中完成猪群入栏业务处理（图17-176）。

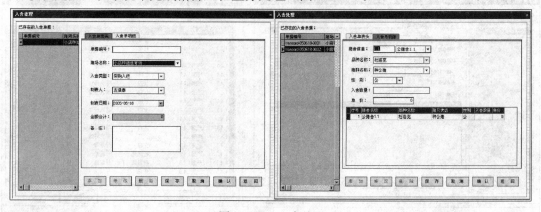

图 17-176 入舍处理

注意事项：用户录入的入舍单及其明细信息一旦确认即正式生效写入系统数据库，当前业务界面即不再显示此业务单据，无法维护。如果出现单据错误只能通过业务单据异常处理模块进行维护，故用户在进行确认操作时务必检查业务单据的正确性（图 17-177）。

图 17-177　错误提示

具体操作参照"帮助信息"。

3. 出舍处理　本模块主要功能是在系统中完成猪群出栏业务处理（图 17-178）。

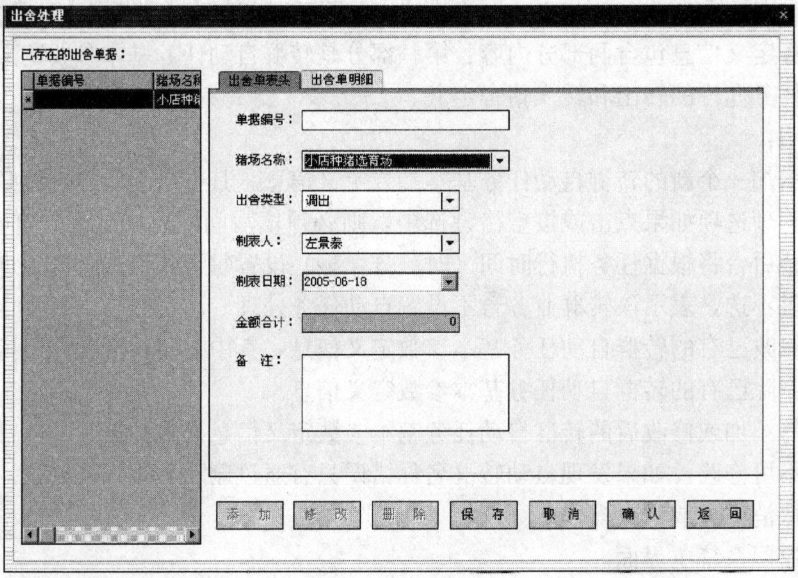

图 17-178　出舍处理

具体操作参照"帮助信息"。

注意：用户录入的出舍单及其明细信息一旦"确认"，即正式生效写入系统数据库，当前业务界面即不再显示此业务单据，无法维护（图 17-179）。如果出现单据错误只能通过业务单据异常处理模块进行维护。故用户在进行"确认"操作时，务必检查业务单据的正确性（图 17-180）。

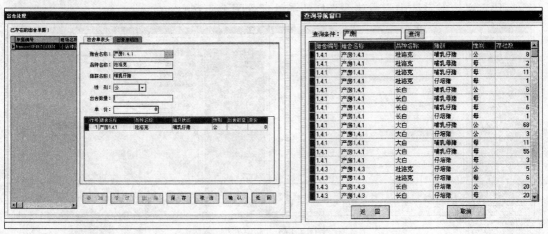

图 17-179　出舍处理单据查询

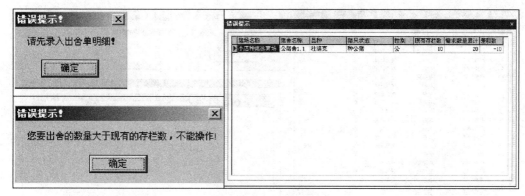

图 17-180　错误提示

返回：返回系统主界面。

4. 调拨处理　本模块主要功能是在系统中完成不同猪场、猪舍间猪群相互调拨业务处理（图 17-181）。

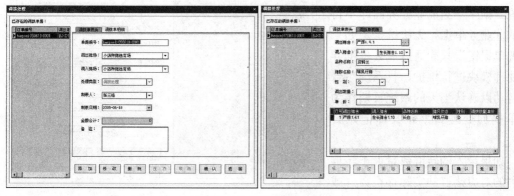

图 17-181　调拨业务处理

具体操作参照"帮助信息"。

正式将录入的调拨单及其明细信息写入系统数据库，当前业务界面即不再显示此业务单据，无法维护。如果出现单据错误只能通过业务单据异常处理模块进行维护，且系统后台会自动以确认当天的系统日期作为该单据的处理日期（又即记账日期）。如果未录入调拨单明细（即无效业务单据），系统会提示"请先录入调拨单明细"，等待用户录入明细后才能确认。如果录入的调拨数量大于调出栏舍的实际存栏数，系统会提示："您要调拨的数量大于现有存栏数，不能操作!"，"确定"后系统会自动弹出错误信息提示窗口，列出所有出错的调拨明细信息（图 17-182）。

返回：返回系统主界面。

用户录入的调拨单及其明细信息一旦"确认"，即正式生效写入系统数据库，当前业务界面即不再显示此业务单据，无法维护。

如果出现单据错误只能通过业务单据异常处理模块进行维护。故用户在进行"确认"操作时，务必检查业务单据的正确性。

5. 转群处理（同舍）　本模块主要功能是在系统完成同一个猪舍内的猪只转群业务处理（图 17-183）。

图 17-182　错误提示

具体操作参照"帮助信息"。

正式将录入的转群单信息写入系统数据库，当前业务界面即不再显示此业务单据，无法维护。如果出现单据错误只能通过业务单据异常处理模块进行维护，且系统后台会自动以确认当天的系统日期作为该单据的处理日期（又即记账日期）。

如果录入的转群数量大于转群猪舍的对应猪群的实际存栏数（或不存在该猪群），系统会提示："您要转群的猪只在猪舍不存在，不能操作！"（图 17-184），"确定"后系统会回到转群单编辑状态。

注意：转群信息一旦确认，即正式生效写入系统数据库，当前业务界面即不再显示此业务单据，无法维护。如果出现单据错误只能通过业务单据异常处理模块进行维护。故用户在进行"确认"操作时，务必检查业务单据的正确性。

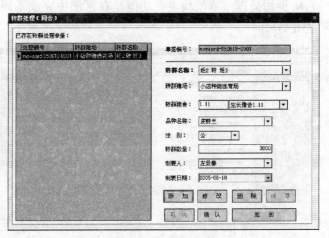

图 17-183　转群处理

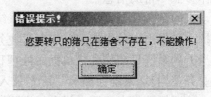

图 17-184　错误提示

6. 转群处理（异舍）　本模块主要是在系统完成两个不同猪舍间猪只转群业务处理（图 17-185）。

具体操作参照"帮助信息"。

正式将录入的异舍转群单信息写入系统数据库，当前业务界面即不再显示此业务单据，无法维护。如果出现单据错误只能通过业务单据异常处理模块进行维护，且系统后台会自动以确认当天的系统日期作为该单据的处理日期（又即记账日期）。

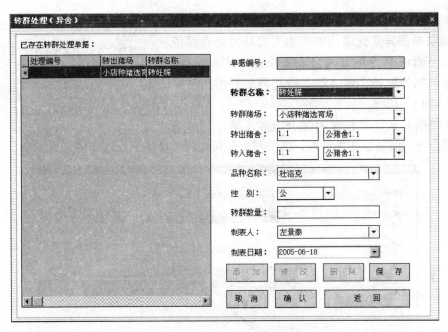

图 17-185　转群处理（异舍）

　　如果录入的转群数量大于转出猪舍的对应猪群的实际存栏数（或不存在该猪群），系统会提示：您要转群的猪只在猪舍不存在，不能操作！确定后系统会回到转群单编辑状态。

　　转群信息一旦确认即正式生效写入系统数据库，当前业务界面即不再显示此业务单据无法维护。如果出现单据错误只能通过业务单据异常处理模块进行维护。故用户在进行"确认"操作时，务必检查业务单据的正确性。

　　7. 转群处理（异场）　本模块主要功能是在系统完成两个不同猪场、猪舍间的猪只转群业务处理（图 17-186）。

　　具体操作参照"帮助信息"。

　　正式将录入的异场转群单信息写入系统数据库，此业务单据再也无法维护，且系统后台会自动以确认当天的系统日期作为该单据的处理日期（又即记账日期）。

　　如果录入的转群数量大于转出猪舍的对应猪群的实际存栏数（或不存在该猪群），系统会提示："您要转群的猪只在猪舍不存在，不能操作（图 17-187）！"确定后系统会回到转群单编辑状态。

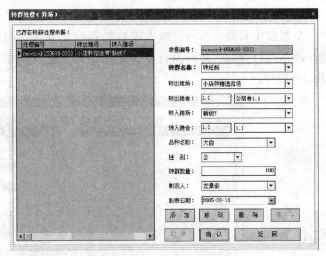

图 17-186　转群处理（异场）

　　转群信息一旦确认，即正式生效写入系统数据库，当前业务界面即不再显示此业务单据，无法维护。如果出现单据错误只能通过业务单据异常处理模块进行维护。故在进行"确认"操作时，务必检查业务单据的正确性。

8. 业务单据异常处理 本模块主要功能是在系统完成对已经确认的各种出入舍业务单据、调拨单据、转群处理单据的维护工作（即支持此类业务的出错回退工作）（图 17-188）。

图 17-187 错误提示

业务单据异常处理包含两部分内容：第一部分是查找到需要处理的异常业务单据，第二部分是异常业务单据的处理。

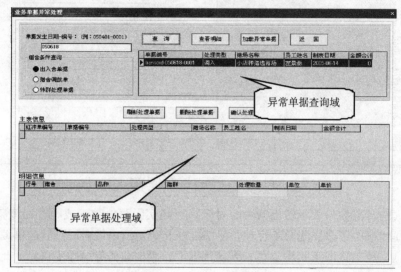

图 17-188 业务单据异常处理

（1）异常业务单据查找

功能说明：

单据发生日期—编号：录入需要处理的业务单据的编号，此查询条件支持模糊查询功能，即在执行查询功能时能将业务单据编号中包含该录入字符串的所有业务单据查询出来（图 17-189）。

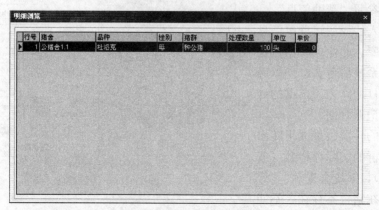

图 17-189 查询业务单据

组合查询条件：列出所有可进行异常处理业务单据类型，用户单选本次需要异常处理的单据类型。

查询：根据用户选择的单据编号和单据类型，查找出满足条件的业务单据并显示在单据列表框中。

查看明细：显示单据列表框中光标所在单据的明细信息。

加载异常数据：将单据列表框中当前光标所在的单据传输到异常业务单据处理域中等待处理，如果加载成功，选中的单据即显示在异常单据处理域中，系统同时给出提示信息异常单据已经成功生成（图17-190），确定后即可进行异常业务单据处理。

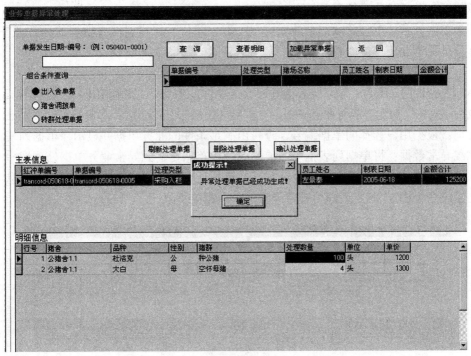

图 17-190　异常处理单据生成

返回：返回系统主界面。

（2）异常业务单据处理

功能说明：

刷新处理数据：异常单据处理域中只允许修改处理数量，并且每次修改完毕后必须执行"刷新处理数据"操作后才能修改生效。

修改：修改已定义的转群自动任务允许的转出和转入猪舍信息。

删除处理单据：将当前异常单据处理域中的单据删除并自动将该单据回到异常单据查询域的显示列表中。

确认处理单据：将修改后的业务单据保存入数据库。

如果处理数量变更后需要做回退出栏处理时，出栏数量如果大于当前存栏数量，系统将报错误信息"在处理异常单据做库存回退的时候发生错误，回退猪只数量不够!"（图17-191），"确定"后重新修改提交。

注意事项：希望用户尽量做到单证日清、月结，即当天发生的业务或发现的错误尽量及时在系统中进行处理，以免扰乱正常的存栏台账，至少要保证每个月作月末存栏结转前将当月发生的业务全部进入系统。以保证月末结存的准确性。

9. 自动转群异常处理

模块定义：本模块主要功能是在系统完成自动转群任务所产生的单据的维护工作（即支持此类业务的出错回退工作），比如在妊娠1月到妊娠2月定义为自动任务的情况下，妊娠1月的猪只又出现了返情情况，那么可以通过该界面做返情处理，以保证自动任务执行的正确性。

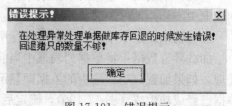

图 17-191　错误提示

业务单据异常处理包含两部分处理内容：第一部分是查找到需要处理的异常业务单据；第二部分是异常业务单据的处理。

（1）异常业务单据查找

单据发生日期—编号：录入需要处理的业务单据的编号，此查询条件支持模糊查询功能，即在执行"查询"功能时能将业务单据编号中包含该录入字符串的所有业务单据查询出来。

查询：根据用户选择的单据编号，查找出满足条件的业务单据并显示在单据列表框中。

加载异常数据：将单据列表框中当前光标所在单据传输到异常业务单据处理域中等待处理，如果加载成功，选中的单据即显示在异常单据处理域中，系统同时给出提示信息"异常单据已经成功生成"，确定后即可进行异常业务单据处理（图 17-192）。

图 17-192　自动转群单异常处理

具体操作参照"帮助信息"。

（2）异常业务单据处理

修改：用户可以修改异常单据的转群名称，如可以选择"母猪返情"等，用户还可以修改异常单据中的转入猪场、转入猪舍以及转群数量，其他信息不可修改。

删除：删除本条异常处理单据，也就是取消了本次异常处理。

保存：将当前的修改信息保存，如果当前的转群数量大于异常处理单据对应的原单据的处理数量，则系统拒绝接受当前信息，并弹出如图 17-193 提示框。

确认：系统根据异常单据的转群数量和原单据做异常处理，如"母猪返情"，则系统会将单据的处理数量减去本次的处理数量，同时将异常单据的转出猪场和转出猪舍对应的妊娠 1 月的猪只台账减去当前的转群数量，将异常单据的转入猪场和转入猪舍对应的返情猪只台账加上当前的转群数量。

图 17-193　错误提示

希望用户尽量做到单证日清、月结，即当天发生的业务或发现的错误尽量及时在系统中进行处理，以免扰乱正常的存栏台账，至少要保证每个月作月末存栏结转前将当月发生的业务全部进入系统。以保证月末结存的准确性。

具体操作参照"帮助信息"。

10. 猪舍清点

模块定义：该模块主要功能是在系统中完成猪舍各猪群实际存栏数量的盘点清理工作。

（1）生成清点单　本模块主要功能是根据用户的选择条件生成清点单，开始猪舍各猪群存栏清点工作（图 17-194）。

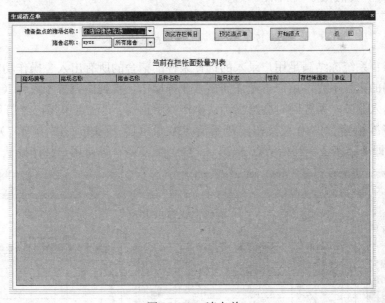

图 17-194　清点单

准备盘点的猪场名称：从猪场名称下拉框中选择一个将要做猪舍存栏清点的猪场。

猪舍名称：选择将要做猪舍存栏清点的猪舍，可以直接录入具体某个猪舍编号，也可从猪舍名称下拉框中选择一个将要做存栏清点的猪舍，如用户不选，默认所有猪舍。

浏览存栏账目：根据用户录入的选择条件显示满足条件的猪舍当前系统中各猪群存栏数量报表。

预览清点单：显示或打印满足用户录入的选择条件的猪舍的猪群存栏清点表（图

17-195）。

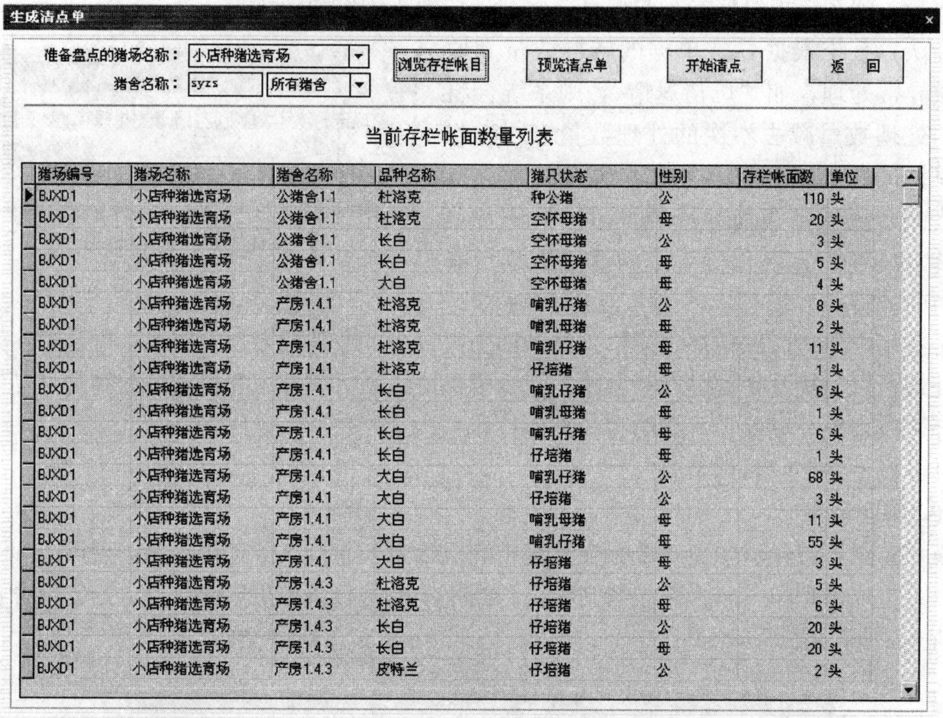

猪场编号	猪场名称	猪舍名称	品种名称	猪只状态	性别	存栏帐面数	单位
BJXD1	小店种猪选育场	公猪舍1.1	杜洛克	种公猪	公	110	头
BJXD1	小店种猪选育场	公猪舍1.1	杜洛克	空怀母猪	母	20	头
BJXD1	小店种猪选育场	公猪舍1.1	长白	空怀母猪	公	3	头
BJXD1	小店种猪选育场	公猪舍1.1	长白	空怀母猪	母	5	头
BJXD1	小店种猪选育场	公猪舍1.1	大白	空怀母猪	母	4	头
BJXD1	小店种猪选育场	产房1.4.1	杜洛克	哺乳仔猪	公	8	头
BJXD1	小店种猪选育场	产房1.4.1	杜洛克	哺乳母猪	母	2	头
BJXD1	小店种猪选育场	产房1.4.1	杜洛克	哺乳仔猪	母	11	头
BJXD1	小店种猪选育场	产房1.4.1	杜洛克	仔培猪	母	1	头
BJXD1	小店种猪选育场	产房1.4.1	长白	哺乳仔猪	公	6	头
BJXD1	小店种猪选育场	产房1.4.1	长白	哺乳母猪	母	1	头
BJXD1	小店种猪选育场	产房1.4.1	长白	哺乳仔猪	母	6	头
BJXD1	小店种猪选育场	产房1.4.1	长白	仔培猪	母	1	头
BJXD1	小店种猪选育场	产房1.4.1	大白	哺乳仔猪	公	68	头
BJXD1	小店种猪选育场	产房1.4.1	大白	仔培猪	公	3	头
BJXD1	小店种猪选育场	产房1.4.1	大白	哺乳母猪	母	11	头
BJXD1	小店种猪选育场	产房1.4.1	大白	哺乳仔猪	母	55	头
BJXD1	小店种猪选育场	产房1.4.1	大白	仔培猪	母	3	头
BJXD1	小店种猪选育场	产房1.4.3	杜洛克	仔培猪	公	5	头
BJXD1	小店种猪选育场	产房1.4.3	杜洛克	仔培猪	母	6	头
BJXD1	小店种猪选育场	产房1.4.3	长白	仔培猪	公	20	头
BJXD1	小店种猪选育场	产房1.4.3	长白	仔培猪	母	20	头
BJXD1	小店种猪选育场	产房1.4.3	皮特兰	仔培猪	公	2	头

图 17-195　生成清点单预览清点单

开始清点：系统冻结满足用户录入的选择条件的猪舍的所有出入舍操作功能，即正处于盘点工作期间的猪舍不允许用户再做任何出入业务操作，直到做完盈亏入舍（调整账本）后才开放所有出入业务。系统同时会给出确认操作提示信息：“清点单据已经打印了吗？如果确认，系统将冻结猪舍的出入操作，开始清点数量（图 17-196～图 17-197）！”用户回答“是（Y）”后即冻结猪舍，开始清点工作，回答“否（N）”等待用户打印确认。

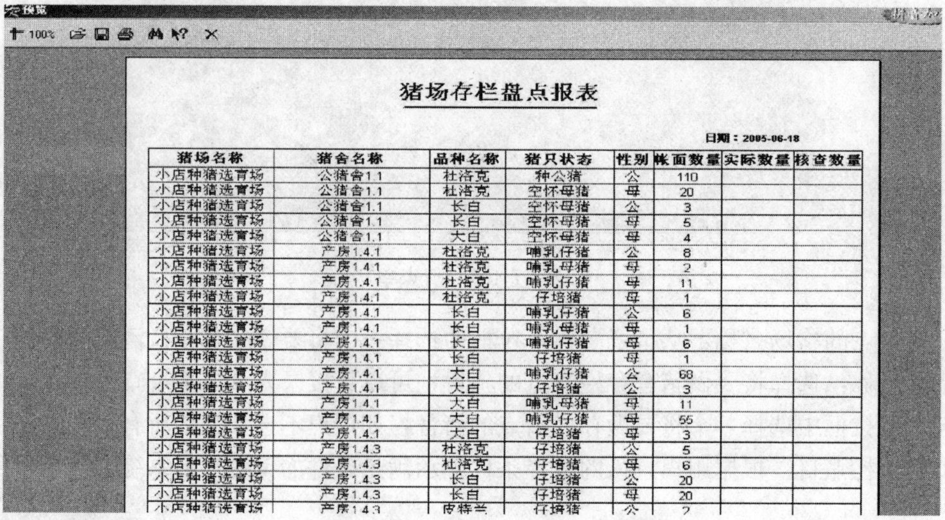

猪场名称	猪舍名称	品种名称	猪只状态	性别	帐面数量	实际数量	核查数量
小店种猪选育场	公猪舍1.1	杜洛克	种公猪	公	110		
小店种猪选育场	公猪舍1.1	杜洛克	空怀母猪	母	20		
小店种猪选育场	公猪舍1.1	长白	空怀母猪	公	3		
小店种猪选育场	公猪舍1.1	长白	空怀母猪	母	5		
小店种猪选育场	公猪舍1.1	大白	空怀母猪	母	4		
小店种猪选育场	产房1.4.1	杜洛克	哺乳仔猪	公	8		
小店种猪选育场	产房1.4.1	杜洛克	哺乳母猪	母	2		
小店种猪选育场	产房1.4.1	杜洛克	哺乳仔猪	母	11		
小店种猪选育场	产房1.4.1	杜洛克	仔培猪	母	1		
小店种猪选育场	产房1.4.1	长白	哺乳仔猪	公	6		
小店种猪选育场	产房1.4.1	长白	哺乳母猪	母	1		
小店种猪选育场	产房1.4.1	长白	哺乳仔猪	母	6		
小店种猪选育场	产房1.4.1	长白	仔培猪	母	1		
小店种猪选育场	产房1.4.1	大白	哺乳仔猪	公	68		
小店种猪选育场	产房1.4.1	大白	仔培猪	公	3		
小店种猪选育场	产房1.4.1	大白	哺乳母猪	母	11		
小店种猪选育场	产房1.4.1	大白	哺乳仔猪	母	55		
小店种猪选育场	产房1.4.1	大白	仔培猪	母	3		
小店种猪选育场	产房1.4.3	杜洛克	仔培猪	公	5		
小店种猪选育场	产房1.4.3	杜洛克	仔培猪	母	6		
小店种猪选育场	产房1.4.3	长白	仔培猪	公	20		
小店种猪选育场	产房1.4.3	长白	仔培猪	母	20		
小店种猪选育场	产房1.4.3	皮特兰	仔培猪	公	2		

图 17-196　猪场存栏盘点报表

图 17-197　系统操作提示

注意在开始清点工作前一定要将相关猪舍的所有出入库单据录入系统，以保证盘点工作的合理性和有效性。

执行"开始清点"操作前必须先"浏览存栏账目"操作否则系统会提示（图 17-198）。

（2）清点录入　本模块主要功能是在系统中录入实际清点后的各猪舍猪群存栏数（图 17-199）。

具体操作参照"帮助信息"。

一旦录入完成后，系统将不允许用户再修改实际数量。故进行录入完成操作时要仔细检查实际数量录入是否正确。

图 17-198　错误提示

图 17-199　清点录入

（3）盈亏入库

模块定义：在系统中完成盘点核查并进行最终的盈亏下台账处理。

具体操作参照"帮助信息"。

存在的清点单列表：选择一个已经完成实际数量录入的清点单，一旦选择，立即在屏幕上显示"账物相符的列表信息"（即账面数量与实际数量相等的清点单信息，图 17-200）。

核查数量栏全部给出默认值等于实际数量，用户可以根据实际核查情况修改核查数量和备注栏（图 17-201）。

有出入的列表信息：点击该栏目，屏幕上立即显示账面数量与实际数量不相符的清点单信息。核查数量栏全部给出默认值等于实际数量，用户可据实际核查情况修改核查数量和备注栏。

调整账本：确定核查数量录入准确后执行该操作，系统后台自动做盈亏下账处理。同时

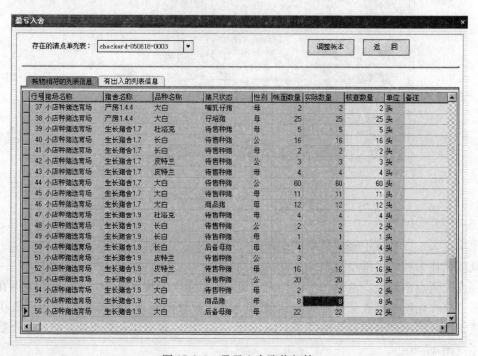

图 17-200　盈亏入舍账物相符的列表信息

图 17-201　盈亏入舍账物相符

　　会给提示信息：系统已经按照核查数量更新了系统的账面数量！（图 17-202）。

　　　至此，猪舍清点工作全部结束，系统自动将开始清点时冻结的猪舍解冻，其又可以进行正常的出入栏操作。

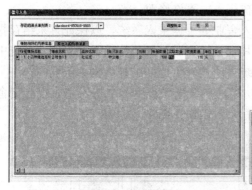

图 17-202　调整账本

注意调整账面操作一旦执行，系统后台将自动按核查数量更新各猪舍存栏台账和流水账，故进行该操作前一定要仔细检查数量录入是否正确，以免造成猪舍存栏数量混乱。

11. 猪舍月末存栏结转　本模块主要功能是在系统中完成每个月的猪舍月末存栏报表统计和结转工作的自动任务设置。提供两种处理模式：一是自动任务处理，设定自动任务执行参数，系统每月定期自动进行月末结转处理；二是手工处理，由用户自己手工执行月末结转处理。

结存信息浏览：查询浏览所有的月末猪舍存栏报表。"处理人"为"一般用户"的是用户手工作结转处理生成的月末猪舍存栏表（图 17-203），"处理人"为"系统用户"的是系统执行自动结转任务生成的月末猪舍存栏报表。

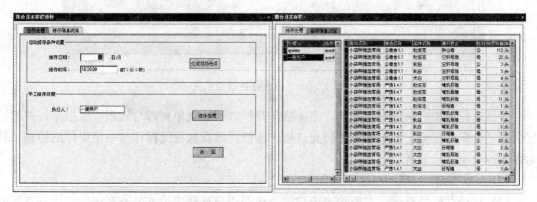

图 17-203　猪舍月末存档结转

（1）自动任务处理　功能说明如下。

结存日期：设定自动任务执行的具体日期。

结存时间：设定自动任务执行的具体时间。

生成自动任务：让修改后的自动任务执行参数生效。

自动任务一旦生成，系统每月定期（根据设定的日期、时间）自动执行当月猪舍存栏报表结转工作，生成相应的月末结存报表，在自动任务设定时间、日期前必须将当月所有出入舍业务单据录入系统，以保证月末结存报表的准确性。系统中所有月末存栏结存有关的猪群管理报表都是以系统自动任务生成的结存数据为依据。

（2）手工处理　结存处理：用户每月需要做结存时执行该操作，系统立即生成当月月末猪舍存栏报表。执行人：全部默认为一般执行人，不许修改。

在执行结存处理前必须将当月所有出入舍业务单据录入系统，以保证月末结存报表的准确性。该功能只是辅助提供给用户人工做月末结转测试或其他特殊需要服务，系统中所有月月末存栏结存有关的猪群管理报表都以系统自动任务生成的结存数据为依据。

12. 猪舍存栏数初始化　本模块主要功能是在系统开始使用之初，完成现有猪舍实际存栏数的初始化工作（即现有存栏数的一次行录入工作，图 17-204）。

具体操作参照"帮助信息"。

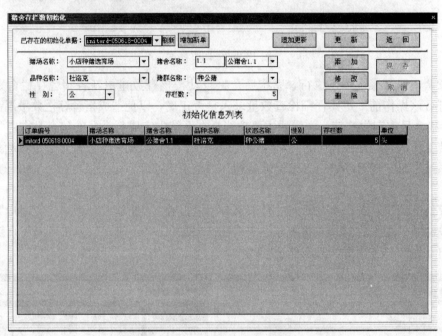

图 17-204　猪舍存栏数初始化

一旦执行追加更新或更新操作，当前猪舍存栏数初始化单据即写入系统数据库，并进行猪舍存栏台账的变更，该单据将不再允许用户维护。故在执行此操作前一定要仔细检查、核对录入的单据信息是否正确。

13. 基本查询

（1）猪场存栏数查询　本模块主要功能是根据用户选择或录入的查询条件统计各猪场的各品种的猪只存栏数（图 17-205）。

具体操作参照"帮助信息"。

（2）猪舍存栏数查询　本模块主要功能是根据用户选择或录入的查询条件统计各猪舍的各品种的猪只存栏数（图 17-206～图 17-207）。

猪场存栏数查询报表

日期：2005-06-18

猪场编号	猪场名称	品种编号	品种名称	存栏数量	单位
BJXD1	小店种猪选育场	DD	杜洛克	331	头
BJXD1	小店种猪选育场	YY	大白	200	头

图 17-205　猪场存栏数查询报表

具体操作参照"帮助信息"。

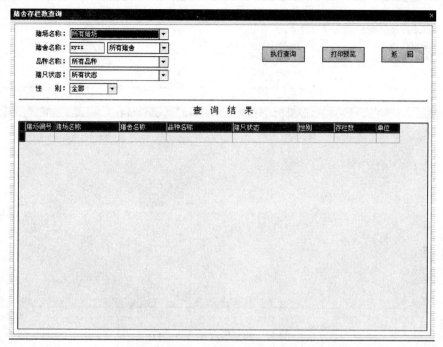

图 17-206　猪舍存栏数查询

猪舍存栏数查询报表

日期：2005-06-19

猪场名称	猪舍名称	品种名称	猪只状态	性别	存栏数量
小店种猪选育场	公猪舍1.1	杜洛克	种公猪	公	131
小店种猪选育场	公猪舍1.1	杜洛克	空怀母猪	公	200
小店种猪选育场	公猪舍1.1	大白	空怀母猪	母	200

图 17-207　猪舍存栏数查询报表

（3）处理流水账查询　本模块主要功能是根据用户选择或录入的条件查询栏舍出入流水账（图 17-208～图 17-209）。

具体操作参照"帮助信息"。

14. 统计报表

（1）生长猪舍清点表　本模块主要功能是根据用户选择的查询条件，统计当前各生长猪舍按品种、性别分组小计的存栏数量报表。根据用户的选择进行报表统计并以 Excel 文件格式输出（图 17-210）。

生成的 Excel 报表的小计或合计栏中如果出现"♯div/0！"数据项，表示该列数据全部为空，均值计算时出现除数为 0 的情况，删除即可；生成的 Excel 报表中如果出现"♯♯♯♯♯♯♯"数据项，表示该列的显示宽度不够，拉宽该列即可显示完整的数据项值。

（2）母猪存栏情况年度汇总表　本模块主要功能是据用户选择的查询条件统计各生长猪舍按品种/性别分组小计的存栏数量表。根据用户的选择进行报表统计并以 Excel 文件格式输出（图 17-211）。

图 17-208　处理流水账查询

猪舍处理流水账查询报表

日期：2005-06-19

处理时间	处理类型	出入类型	猪场名称	猪舍名称	品种名称	猪只状态	性别	处理数量	单位	单价	处理
2005-06-03 23:44:22	初始化	入舍	小店种猪选育场	生长猪舍1.7	大白	待售种猪	公	60	头	0	
2005-06-03 23:44:22	初始化	入舍	小店种猪选育场	生长猪舍1.7	大白	待售种猪	母	11	头	0	
2005-06-03 23:44:22	初始化	入舍	小店种猪选育场	生长猪舍1.7	长白	待售种猪	公	16	头	0	
2005-06-03 23:44:22	初始化	入舍	小店种猪选育场	生长猪舍1.7	长白	待售种猪	母	2	头	0	
2005-06-03 23:44:22	初始化	入舍	小店种猪选育场	生长猪舍1.7	皮特兰	待售种猪	公	3	头	0	
2005-06-03 23:44:22	初始化	入舍	小店种猪选育场	生长猪舍1.7	皮特兰	待售种猪	母	4	头	0	
2005-06-03 23:44:22	初始化	入舍	小店种猪选育场	生长猪舍1.7	杜洛克	待售种猪	母	5	头	0	
2005-06-03 23:44:22	初始化	入舍	小店种猪选育场	生长猪舍1.7	大白	商品猪	母	12	头	0	
2005-06-03 23:44:22	初始化	入舍	小店种猪选育场	生长猪舍1.9	大白	待售种猪	公	20	头	0	
2005-06-03 23:44:22	初始化	入舍	小店种猪选育场	生长猪舍1.9	大白	待售种猪	母	2	头	0	
2005-06-03 23:44:22	初始化	入舍	小店种猪选育场	生长猪舍1.9	长白	待售种猪	公	2	头	0	
2005-06-03 23:44:22	初始化	入舍	小店种猪选育场	生长猪舍1.9	长白	待售种猪	母	1	头	0	
2005-06-03 23:44:22	初始化	入舍	小店种猪选育场	生长猪舍1.9	皮特兰	待售种猪	公	3	头	0	
2005-06-03 23:44:22	初始化	入舍	小店种猪选育场	生长猪舍1.9	皮特兰	待售种猪	母	16	头	0	
2005-06-03 23:44:22	初始化	入舍	小店种猪选育场	生长猪舍1.9	杜洛克	待售种猪	母	4	头	0	
2005-06-03 23:44:22	初始化	入舍	小店种猪选育场	生长猪舍1.9	大白	商品猪	母	8	头	0	
2005-06-03 23:44:22	初始化	入舍	小店种猪选育场	生长猪舍1.9	大白	后备母猪	母	22	头	0	
2005-06-03 23:44:22	初始化	入舍	小店种猪选育场	生长猪舍1.9	长白	后备母猪	母	4	头	0	
2005-06-03 23:44:26	初始化	入舍	小店种猪选育场	产房1.4.1	大白	哺乳仔猪	公	68	头	0	
2005-06-03 23:44:26	初始化	入舍	小店种猪选育场	产房1.4.1	大白	哺乳仔猪	母	55	头	0	
2005-06-03 23:44:26	初始化	入舍	小店种猪选育场	产房1.4.1	长白	哺乳仔猪	公	6	头	0	
2005-06-03 23:44:26	初始化	入舍	小店种猪选育场	产房1.4.1	长白	哺乳仔猪	母	6	头	0	
2005-06-03 23:44:26	初始化	入舍	小店种猪选育场	产房1.4.1	杜洛克	哺乳仔猪	公	8	头	0	
2005-06-03 23:44:26	初始化	入舍	小店种猪选育场	产房1.4.1	杜洛克	哺乳仔猪	母	11	头	0	
2005-06-03 23:44:26	初始化	入舍	小店种猪选育场	产房1.4.1	大白	哺乳母猪	母	11	头	0	
2005-06-03 23:44:26	初始化	入舍	小店种猪选育场	产房1.4.1	长白	哺乳母猪	母	1	头	0	
2005-06-03 23:44:26	初始化	入舍	小店种猪选育场	产房1.4.1	杜洛克	哺乳母猪	母	2	头	0	
2005-06-03 23:44:26	初始化	入舍	小店种猪选育场	产房1.4.1	大白	仔培猪	公	3	头	0	
2005-06-03 23:44:26	初始化	入舍	小店种猪选育场	产房1.4.1	大白	仔培猪	母	3	头	0	
2005-06-03 23:44:26	初始化	入舍	小店种猪选育场	产房1.4.1	长白	仔培猪	母	1	头	0	

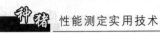

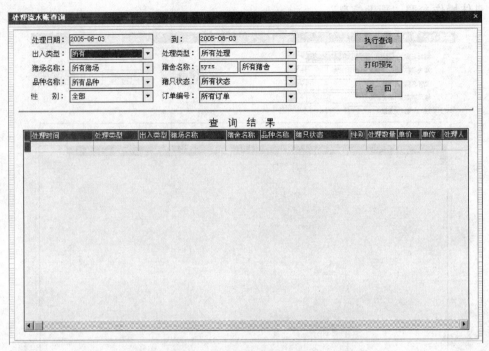

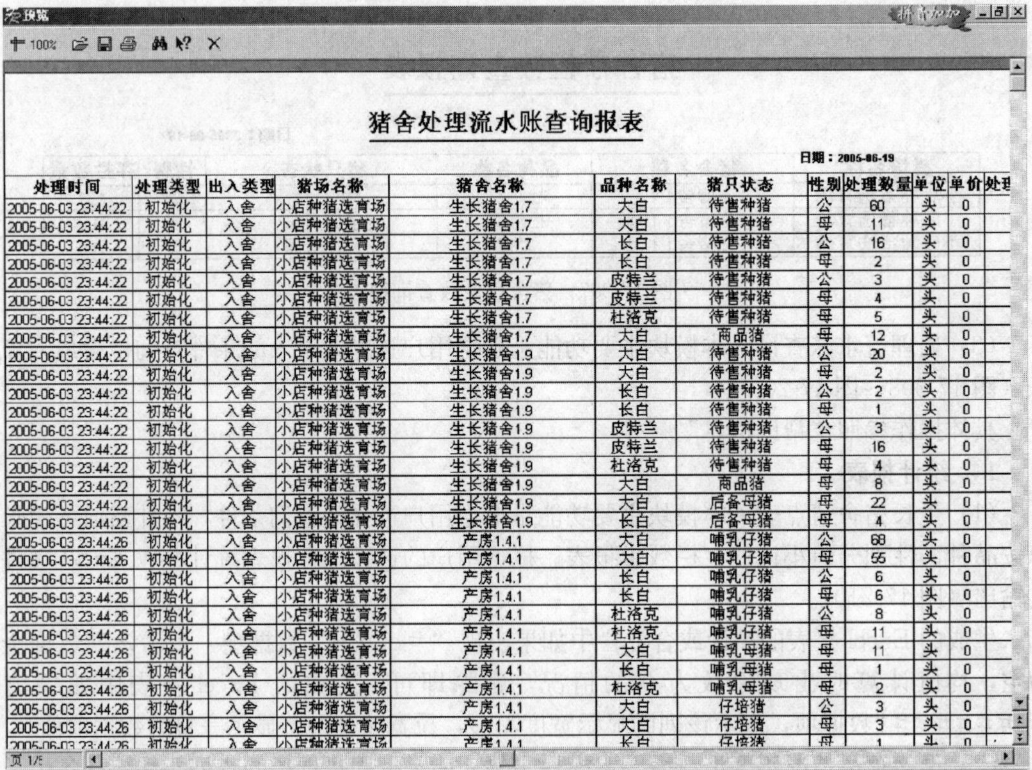

图 17-209　猪舍处理流水账查询报表

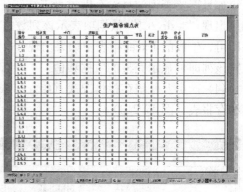

图 17-210　生长猪舍清点表

图 17-211　母猪存栏情况年度汇总表

生成的 Excel 报表的小计或合计栏中如果出现"＃div/0！"数据项，表示该列数据全部为空，均值计算时出现除数为 0 的情况，删除即可；生成的 Excel 报表中如果出现"＃＃＃＃＃＃＃"数据项，表示该列的显示宽度不够，拉宽该列即可显示完整的数据项值。

本模块中所涉及的月末存栏结存数据均依据系统自动任务生成的月末存栏结存报表。

（3）产房及仔培存栏情况表（月）　本模块主要功能是根据用户选择的查询条件，查询产房及仔培舍某个月末结存报表（图 17-212）。

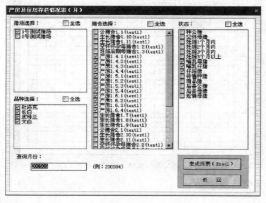

图 17-212　产房及仔培存栏情况表

根据用户选择进行报表统计并以 Excel 文件格式输出。

本模块中所涉及的月末存栏结存数据均依据于系统自动任务生成的月末存栏结存报表。

如果需要查询的月没有做过月末结转将没有数据。生成的 Excel 报表的小计或合计栏中如果出现"＃div/0!"数据项表示该列数据全部为空，均值计算时出现除数为 0 的情况，删除即可；生成的 Excel 报表中如果出现"＃＃＃＃＃＃＃"数据项，表示该列的显示宽度不够，拉宽该列即可显示完整的数据项值。

（4）产房及仔培存栏情况表（年）　根据用户选择的查询条件，查询产房及仔培舍某年度结存报表（图 17-213）。

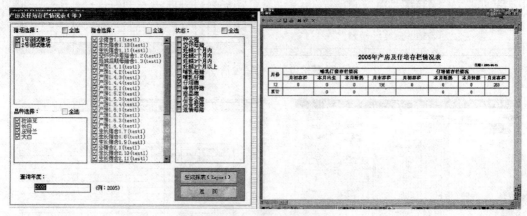

图 17-213　产房及仔培存栏情况表

根据用户的选择进行报表统计并屏幕显示、打印等。

如果需要查询的月份没有做过月末结转，将没有数据。

本模块中所涉及的月末存栏结存数据均依据于系统自动任务生成的月末存栏结存报表。

（5）猪舍清点表　本模块主要功能是根据用户选择的查询条件，统计当前各猪舍按品种、性别分组小计的存栏数量报表。根据用户的选择进行报表统计并以 Excel 文件格式输出（图 17-214）。

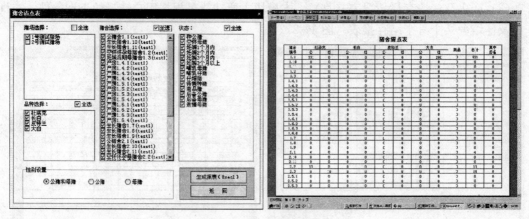

图 17-214　猪舍清点表

生成的 Excel 报表的小计或合计栏中如果出现"＃div/0!"数据项，表示该列数据全部为空，均值计算时出现除数为 0 的情况，删除即可；生成的 Excel 报表中如果出现"＃＃＃＃＃＃"数据项，表示该列的显示宽度不够，拉宽该列即可显示完整的数据项值。

（6）猪舍存栏情况表（月） 本模块主要功能是根据用户选择的查询条件查询各猪舍某个月月末结存报表。

根据用户的选择进行报表统计并以 Excel 文件格式输出。

如果需要查询的月份没有做过月末结转，将没有数据。

生成的 Excel 报表的小计或合计栏中出现“＃div/0!”数据项，表示该列数据全部为空，均值计算时出现除数为 0 的情况，删除即可；生成的 Excel 报表中出现“＃＃＃＃＃＃＃＃”数据项，表示该列的显示宽度不够，拉宽该列即可显示完整的数据项值（图17-215～图 17-216）。

图 17-215 猪舍存栏情况表（月）

猪舍2005年06月存栏情况月报

猪舍编号	种公猪				小计	空怀母猪				小计	妊娠1个月内				小计
	杜洛克	长白	皮特兰	大白		杜洛克	长白	皮特兰	大白		杜洛克	长白	皮特兰	大白	
1.1	12	0	3	0	15	0	0	0	0	0	0	0	0	0	0
1.10	0	0	0	0	0	0	0	0	0	0	0	0	0	0	0
1.11	16	0	0	0	16	0	0	0	0	0	0	0	0	0	0
1.2	0	0	0	0	0	0	0	0	0	0	0	0	0	0	0
1.3	0	0	0	0	0	0	0	0	0	0	0	0	0	0	0
1.4.1	0	0	0	0	0	0	0	0	0	0	0	0	0	0	0
1.4.2	0	0	0	0	0	0	0	0	0	0	0	0	0	0	0
1.4.3	20	2	0	2	24	0	0	0	0	0	0	0	0	0	0
1.4.4	0	0	0	0	0	0	0	0	0	0	0	0	0	0	0
1.5.1	0	0	0	0	0	0	0	0	0	0	0	0	0	0	0
1.5.2	0	0	0	0	0	0	0	0	0	0	0	0	0	0	0
1.5.3	0	0	0	0	0	0	0	0	0	0	0	0	0	0	0
1.5.4	0	0	0	0	0	0	0	0	0	0	0	0	0	0	0
1.6.1	0	0	0	0	0	0	0	0	0	0	0	0	0	0	0
1.6.2	0	0	0	0	0	0	0	0	0	0	0	0	0	0	0
1.6.3	0	0	0	0	0	0	0	0	0	0	0	0	0	0	0
1.6.4	0	0	0	0	0	0	0	0	0	0	0	0	0	0	0
1.7	0	0	0	0	0	0	0	0	0	0	0	0	0	0	0
1.8	0	0	0	0	0	0	0	0	0	0	0	0	0	0	0
1.9	0	0	0	0	0	0	0	0	0	0	0	0	0	0	0
2.1	0	0	0	0	0	0	0	0	0	0	0	0	0	0	0
2.10	0	0	0	0	0	0	0	0	0	0	0	0	0	0	0

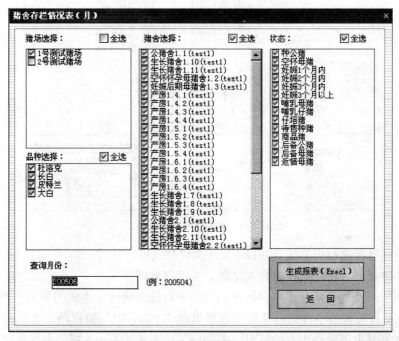

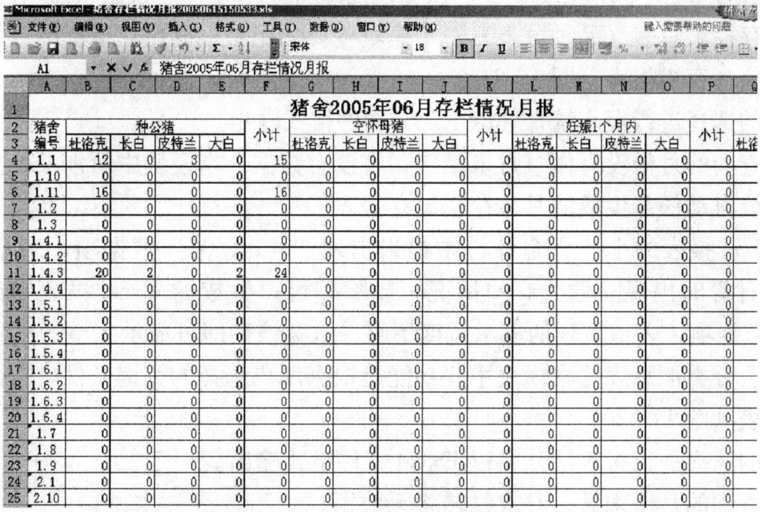

图 17-216 某月存栏情况月报

本模块中所涉及的月末存栏结存数据均依据于系统自动任务生成的月末存栏结存报表。

（7）猪舍存栏汇总表（猪群分类）　本模块主要是据用户选择的查询条件，按猪群状态分类统计某年度各月份存栏报表（图17-217）。

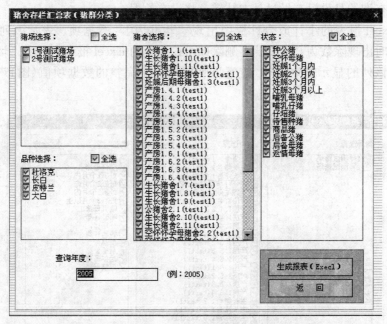

图17-217　猪群分类存栏汇总表

根据用户的选择进行报表统计并以Excel文件格式输出。

如果需要查询的月份没有做过月末结转，将没有数据。

本模块中所涉及的月末存栏结存数据均依据于系统自动任务生成的月末存栏结存报表。

生成的Excel报表的小计或合计栏中如果出现"＃div/0！"数据项，表示该列数据全部为空，均值计算时出现除数为0的情况，删除即可；生成的Excel报表中如果出现"＃＃＃＃＃＃"项，表示该列的显示宽度不够，拉宽该列即可显示完整的数据项值（图17-218）。

（8）年度存栏汇总表（品种分类）　本模块主要功能是根据用户选择的查询条件，按品种统计某年度猪舍存栏报表（图17-219）。

根据用户的选择进行报表统计并以Excel文件格式输出。

如果需要查询的月份没有做过月末结转，将没有数据。本模块中所涉及的月末存栏结数据均依据于系统自动任务生成的月末存栏结存报表。

生成的Excel报表的小计或合计栏中如果出现"＃div/0！"数据项，表示该列数据全部为空，均值计算时出现除数为0的情况，删除即可；生成的Excel报表中如果出现"＃＃＃＃＃＃"数据项，表示该列的显示宽度不够，拉宽该列即可显示完整的数据项值。

（9）出入舍分类汇总表　本模块主要功能是根据用户选择的查询条件，按品种统计某年度猪舍存栏报表（图17-220）。

根据用户的选择进行报表统计并以Excel文件格式输出。

如果需要查询的月份未做过月末结转将无数据。

本模块中所涉及的月末存栏结存数据均依据于系统自动任务生成的月末存栏结存报表。

图 17-218　年度猪舍存栏情况表

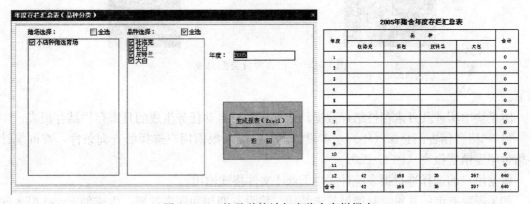

图 17-219　按品种统计年度猪舍存栏报表

　　生成的 Excel 报表的小计或合计栏中如果出现"#div/0!"数据项，表示该列数据全部为空，均值计算时出现除数为 0 的情况，删除即可；生成的 Excel 报表中如果出现"########"数据项，表示该列的显示宽度不够，拉宽该列即可显示完整的数据项值。

　　(10) 猪舍销售明细表（月）　　本模块主要功能是根据用户选择的查询条件，查询统计各猪舍月度销售报表（图 17-221）。

　　根据用户的选择进行报表统计并以 Excel 文件格式输出。

　　如果需要查询的月份未做月末结转，将没有期初和期末数据。显示报表的猪舍编号栏中实际显示了猪舍编号和管理员姓名。生成的 Excel 表的小计或合计栏中如出现"#div/0!"项表示该列数据全部为空，均值计算时出现除数为 0 的情况，删除即可；生成的 Excel 表中如果出现"#######"项表示该列的显示宽度不够，拉宽该列即可显示完整的数据

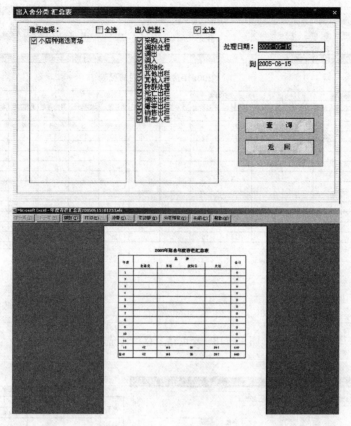

图 17-220　出入舍分类汇总表

项值。

本模块中所涉及月末存栏结存数据均依据于系统自动任务生成的月末存栏结存报表。

（11）猪舍销售汇总账（年）　　本模块主要功能是根据用户选择的查询条件，查询统计各猪舍年度销售报表（图 17-222）。

根据用户的选择进行报表统计并以 Excel 文件格式输出。

如果需要查询的月份没有做过月末结转，将没有期初和期末数据。生成的 Excel 报表的小计或合计栏中如果出现"＃div/0！"数据项，表示该列数据全部为空，均值计算时出现除数为 0 的情况，删除即可；生成的 Excel 报表中如果出现"＃＃＃＃＃＃"数据项，表示该列的显示宽度不够，拉宽该列即可显示完整的数据项值。本模块中所涉及的月末存栏结存数据均依据系统自动任务生成的月末存栏结存报表。

15. 年度存栏对比分析表　本模块主要功能是根据用户录入的查询条件生成年度存栏对比分析表。

根据用户的选择进行报表统计并以 Excel 文件格式输出。

生成的 Excel 报表的小计或合计栏中如果出现"＃div/0！"数据项，表示该列数据全部为空，均值计算时出现除数为 0 的情况，删除即可；生成的 Excel 报表中如果出现"＃＃＃＃＃＃"数据项，表示该列的显示宽度不够，拉宽该列即可显示完整的数据项值（图 17-223）。

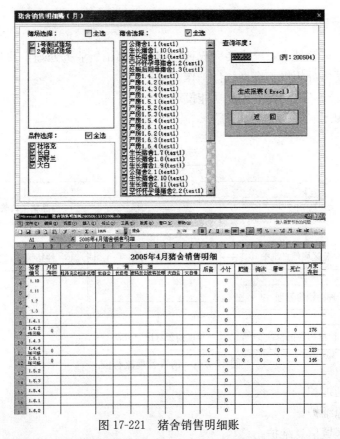

图 17-221　猪舍销售明细账

图 17-222　猪舍销售汇总账

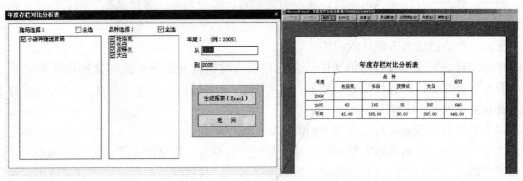

图 17-223　年度存栏对比分析表

七、销售管理

模块定义：销售管理子系统主要完成种猪及商品猪销售业务处理，及其相关的业务基础信息定义，各种销售分析报表查询统计工作。

GBS v4.0 功能，GBS v3.4 无此功能模块。

模块操作流程图（图 17-224）：

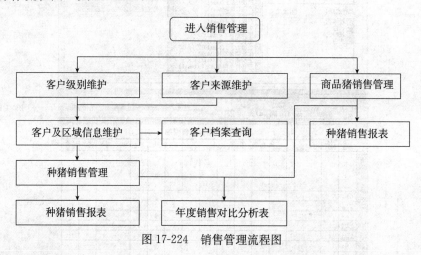

图 17-224　销售管理流程图

（1）客户级别维护。

（2）客户来源维护。

（3）客户及区域信息维护。

以上具体功能和操作参照"帮助信息"。

（4）种猪销售管理　本模块主要是完成种猪销售业务，即完成销售单及其销售明细的录入和种猪销售制卡工作（图 17-225）。

功能说明：

在该界面左边的区域树上选择一个客户，进入销售单信息维护。

添加：增加一个新的销售单信息。其中销售单号、客户编号、客户名称、销售头数、销售总价等数据项不允许用户编辑。销售单号由系统在保存时自动生成；销售日期默认为当前系统日期，允许修改；销售头数、销售价格根据销售单明细信息系统自动累计显示。

修改：修改已有的销售单信息，其中销售单号、客户编号、客户名称、销售头数、销售总价等数据项不允许用户修改。

删除：删除已录入未确认的销售单信息。

保存：将添加或修改后的销售单信息保存到临时销售业务库。此时该单据并未正式生效，只有进行"确认"操作后，该单据（包括销售单明细信息）才正式生效写入系统数据库，此业务单据再也无法维护了。

销售单信息保存成功后立即进入销售单明细维护界面。

添加：增加一个新的销售单明细信息。其中销售单号、种猪状态不允许用户编辑。个体编号必须填写，用户可点击右边的导航窗口选择录入；种猪状态根据个体号直接带出；销售类别从右边的数据字典下拉框中选择。明细中出现的个体必须是在场/在群个体，且没有用

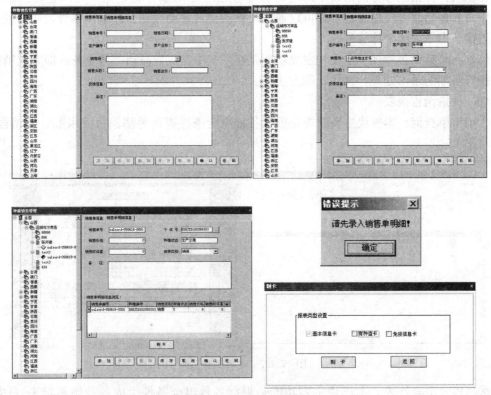

图 17-225　种猪销售管理

在其他单销售明细中。

修改：修改已有的销售单明细信息，其中销售单号、种猪状态不允许用户修改。

删除：删除销售单明细信息。

保存：将添加或修改后的销售单明细信息保存到临时销售业务库。

取消：取消添加或修改操作。

确认：正式将录入的销售单及其明细信息写入系统数据库，此业务单据再也无法维护了。如果未录入销售单明细（即无效业务单据），系统会提示请先录入销售单明细，等待用户录入明细后才能确认。

制卡：用户可以根据需要选择制多种类型的种猪卡，系统根据用户选择的要求分别提供浏览/打印多种类型的种猪卡，以支持销售业务需要。

返回：返回系统主界面。

注意事项：用户录入的销售单及其明细信息一旦确认，即正式生效写入系统数据库，此业务单据再也无法维护了，故用户在进行确认操作时，务必检查业务单据的正确性。

个体编号录入导航窗口（种猪编号查询，见图 17-226）

图 17-226　种猪编号查询

的操作说明：种猪编号查询窗口中出现的个体均是在场/在群个体。用户可以在种猪编号录入框中录入种猪编号模糊查询，亦可以通过鼠标或键盘移动找到目标个体编号，回车或点击确认直接选中录入该个体编号。

（5）商品猪销售管理　本模块主要功能是在系统中完成商品猪销售业务，即完成销售单及其销售明细的录入处理。具体功能方法略。

（6）种猪销售报表

①销售单查询　本模块主要功能是根据各种组合条件查询种猪销售流水账（即销售单）信息（图17-227）。

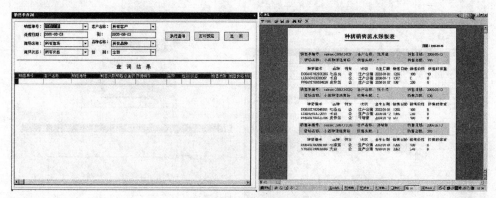

图17-227　销售单查询

②销售分类合计表　本模块主要功能是根据各种组合条件生成各种销售报表（图17-228）。

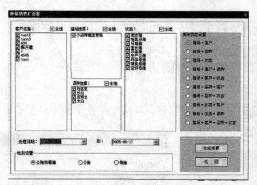

图17-228　销售分类合计表

报表类型设置中不同的选择项的区别是：输出的结果报表排序、分类小计的条件以及报表样式不同。

月龄统计查询、各类月销售、年销售汇总内容等略。

（7）商品猪销售报表　略。

（8）客户档案查询　本模块主要是根据用户选择的查询条件生成满足条件的客户档案明细报表（图17-229）。

（9）年度销售对比分析表　本模块主要功能是根据用户录入的查询条件生成年度销售对比分析表（图17-230）。

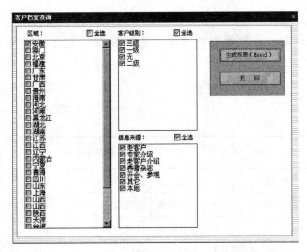

客户基本档案

序号	客户名称	区域	企业性质	地址	联系人	电话	饲养规模	饲养品种	建场日期	来源	购买日期
1	孙瑞珈	贵州	国有	贵阳						本地	
2	张小明	青海	私营	青海						本地	

图 17-229　客户档案查询

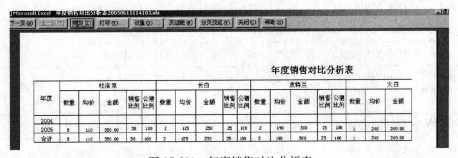

图 17-230　年度销售对比分析表

八、疫病防治

本模块主要功能是记录猪只疾病和检疫信息，并提供相关信息的查询功能。GBS v4.0 有此功能，GBS v3.4 无此功能模块（图 17-231）。

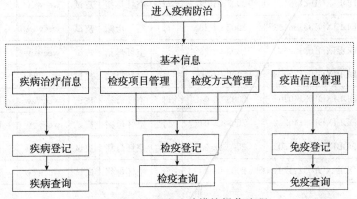

图 17-231　疫病防治模块操作流程

疫病防治信息记录过程略。

模块可根据用户的选择进行查询，并显示查询结果，生成检疫、免疫等报表（图17-232与图17-233）。

检疫信息报表

打印日期：2005-06-15

检疫名称：

检疫日期	种猪编号	出生日期	性别	状态	方法	试剂名称	结果	检疫员
2005-06-15	DDBJXD100021909	2000-05-11	母	怀孕母猪	皮试	weewew	阳性	左景泰
2005-06-15	DDBJXD101000701	2001-06-22	母	空怀母猪	皮试	weewew	阳性	左景泰
2005-06-15	DDBJXD101001205	2001-07-14	母	空怀母猪	皮试	weewew	阳性	左景泰
2005-06-15	DDBJXD102011405	2002-07-26	母	空怀母猪	皮试	weewew	阳性	左景泰
2005-06-15	DDBJXD102011701	2002-08-27	母	空怀母猪	皮试	weewew	阳性	左景泰
2005-06-15	DDBJXD102011705	2002-08-27	母	空怀母猪	皮试	weewew	阳性	左景泰
2005-06-15	DDBJXD102012003	2002-09-12	母	空怀母猪	皮试	weewew	阳性	左景泰
2005-06-15	DDBJXD102012105	2002-09-16	母	空怀母猪	皮试	weewew	阳性	左景泰
2005-06-15	DDBJXD102012201	2001-09-22	母	空怀母猪	皮试	weewew	阳性	左景泰
2005-06-15	DDBJXD102012301	2002-09-28	母	空怀母猪	皮试	weewew	阳性	左景泰
2005-06-15	DDBJXD102035808	2002-01-01	母	空怀母猪	皮试	weewew	阳性	左景泰
2005-06-15	DDBJXD103012905	2003-02-08	母	空怀母猪	皮试	weewew	阳性	左景泰
2005-06-15	DDBJXD103013903	2003-09-05	母	空怀母猪	皮试	weewew	阳性	左景泰
2005-06-15	DDBJXD103013909	2003-09-05	母	空怀母猪	皮试	weewew	阳性	左景泰
2005-06-15	DDBJXD103014313	2003-10-23	母	空怀母猪	皮试	weewew	阳性	左景泰
2005-06-15	DDBJXD103136308	2003-04-16	母	空怀母猪	皮试	weewew	阳性	左景泰
2005-06-15	DDBJXD103136808	2003-04-20	母	空怀母猪	皮试	weewew	阳性	左景泰
2005-06-15	DDBJXD103137502	2003-04-22	母	空怀母猪	皮试	weewew	阳性	左景泰
2005-06-15	DDBJXD103138104	2003-04-24	母	空怀母猪	皮试	weewew	阳性	左景泰
2005-06-15	DDBJXD103138412	2003-04-26	母	空怀母猪	皮试	weewew	阳性	左景泰
2005-06-15	DDBJXD103138502	2003-04-28	母	空怀母猪	皮试	weewew	阳性	左景泰
2005-06-15	DDBJXD103138604	2003-04-30	母	空怀母猪	皮试	weewew	阳性	左景泰
2005-06-15	DDBJXD103140102	2003-05-04	母	空怀母猪	皮试	weewew	阳性	左景泰
2005-06-15	DDBJXD103140202	2003-05-04	母	空怀母猪	皮试	weewew	阳性	左景泰
2005-06-15	DDBJXD103141702	2003-06-08	母	空怀母猪	皮试	weewew	阳性	左景泰
2005-06-15	DDBJXD103141704	2003-06-08	母	空怀母猪	皮试	weewew	阳性	左景泰

图 17-232　检疫信息报表一

检疫信息报表

种猪编号：DDBJXD100021909　　出生日期：2000-05-11

检疫名称：　　　　　　　　　　检疫日期：2005-06-15　　　检疫方法：皮试

实际名称：weewew　　　　　　　检疫员：左景泰　　　　　　检疫结果：阳性

备注：

种猪编号：DDBJXD101000701　　出生日期：2001-06-22

检疫名称：　　　　　　　　　　检疫日期：2005-06-15　　　检疫方法：皮试

实际名称：weewew　　　　　　　检疫员：左景泰　　　　　　检疫结果：阳性

备注：

种猪编号：DDBJXD101001205　　出生日期：2001-07-14

检疫名称：　　　　　　　　　　检疫日期：2005-06-15　　　检疫方法：皮试

实际名称：weewew　　　　　　　检疫员：左景泰　　　　　　检疫结果：阳性

备注：

图 17-233　检疫信息报表二

九、帮助信息

该子系统的主要功能是介绍本产品的开发背景，并提供联机帮助文件《GBS 用户操作指南》。

1. 模块定义　本模块主要功能是介绍本软件产品的开发背景、版权限制及开发商的服务交流方式。软件应用过程中遇到问题需要帮助，可以通过电话、传真、网站等多种途径联系开发商。

2. 帮助主题　本模块主要功能是为用户提供在线《用户操作指南》的检索、浏览服务。

3. 帮助界面　见图 17-234。

十、切换用户

1. 模块定义　该模块的主要功能是在不退出系统的情况下进行操作用户变更。

2. 功能说明　进入该模块系统首先提示"您真的要切换当前用户吗？"选"确定"即进入系统登录界面；"取消"回到系统主界面（图 17-235）。

图 17-234　帮助界面

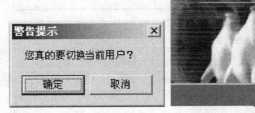

图 17-235　切换用户

十一、退出系统

1. 模块定义　该模块的主要功能是退出 GBS 系统。

2. 功能说明　进入该模块系统首先提示"您真的要退出系统吗?"选"确定",即完全退出 GBS 系统;"取消"回到系统主界面(图 17-236)。

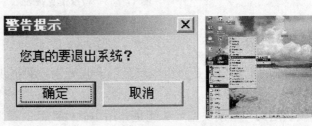

图 17-236　退出系统

本讲实习

1. SQL Server 版 GBS 软件的安装与卸载。

2. SQL Server 版 GBS 软件的数据录入与检测。

3. SQL Server 版 GBS 软件的数据分析与导出。

4. SQL Server 版 GBS 软件的数据保存与邮件发送。

备注:本讲内容主要参考《GBS 用户操作指南》。

第十八讲　网络联合育种

自 2004 年北京率先创建种畜遗传评估信息支持系统以来，陆续建成全国种猪遗传评估信息网（2005 年）、华中区域种猪遗传评估信息网（2005 年）和华南种猪遗传评估网（2006 年）联合育种平台。2010 年 5 月，黑龙江省种猪遗传评估中心网络管理信息系统建成。

截至 2015 年，互联网可以搜索到的国内遗传评估网站及域名包含：全国种猪遗传评估信息网 http：//www.cnsge.org.cn/、华中区域种猪遗传评估信息网 http：//www.ccsge.org.cn/与华南种猪遗传评估网 http：//www.breeding.cn/等。

种猪遗传评估网络体系模式及相关网络用户登录界面见图 18-1～图 18-6。

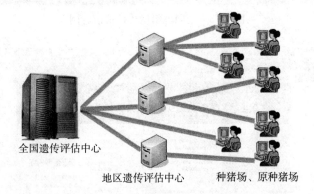

图 18-1　种猪遗传评估网络体系模式

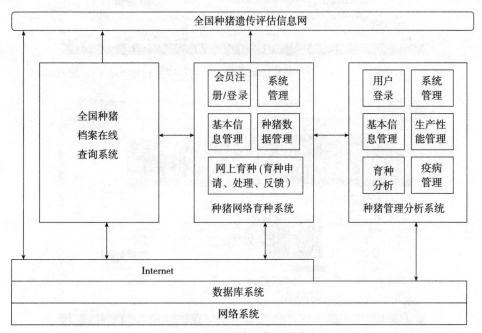

图 18-2　全国种猪遗传评估信息网

图 18-3　全国种猪遗传评估信息网

图 18-4　北京市畜禽种质资源管理中心

图 18-5　华中区域种猪遗传评估信息网

图 18-6　华南种猪遗传评估网

本讲以北京市种畜遗传评估中心网站（北京市畜禽种质资源管理中心）为例，介绍种猪遗传评估网站功能及网络注册、登录、工具下载、育种数据上传等方法。

第一节　北京种畜遗传评估中心(北京市种质资源管理中心)

北京种畜遗传评估中心前身为北京种畜遗传评估信息支持系统（www.bcage.com 或 www.bcage.org.cn）；2009 年，域名更新为遗传评估中心（http://www.bcage.org.cn）；2015 年 8 月，域名更新为北京市畜禽种质资源管理中心（http://www.bcage.cn），进入网络育种时代。

北京市畜禽种质资源管理中心首页包含通知公告、种畜禽场、奶牛 DHI、生产监测、种猪育种、良种补贴、综合资讯、品种资源、繁育技术、网上答疑、资料下载 11 个板块。

第二节　用户注册和登录

一、用户注册

首次使用北京市畜禽种质资源管理中心的用户，须先访问北京市畜禽种质资源管理中心（http://www.bcage.cn）进行注册。

1. 注册方法　首先点击网址首页右上角"注册"按钮，出现图 18-7 所示界面。依次填写注册账号、密码、确认密码、用户名称、所属单位（图 18-8）。

其中，填写所属单位时分为以下两种情况。

（1）若种猪场在所属单位下拉列表中有对应场名，则点击注册按钮完成注册，提示"注册成功，等待管理员审核"表示操作成功。

（2）若所属单位下拉列表中没有所属单位，则继续点击"注册新单位"按钮，需要继续填写相关信息，见图 18-9。其中"单位编号"由北京市统一规定，请在填写前与北京种猪遗传评估中心联系。标红色星号的内容必填项，猪场联系人为必填项，北京种猪遗传评估中心会与填写的联系人联系，对有问题的数据进行及时反馈。

图 18-7　网站首页左侧注册

图 18-8　填写注册信息

2. 注册注意事项

（1）带有红色星号部分为必填项目。

（2）用户登录信息　①登录编码具有唯一性，一旦注册成功，不可修改，建议使用公司名的字母缩写；②登录密码由 4～20 个英文字母或数字及下划线组成，建议采用易记、难猜的英文数字组合。

（3）用户猪场信息　猪场编号，为"猪场的身份证"，是猪场的唯一标识，是由相关部门审核确定的，不可随便填写。

（4）养殖类型。

（5）用户申请信息提交成功后，等待管理员审核　注册信息填写完整后点击"注册"，提交信息后需等待管理员审核。系统管理员将通过电子邮件或者电话告知审核结果。请务必认真填写固定电话、移动电话和邮箱等联系方式，便于网络管理员与申请人员联系。

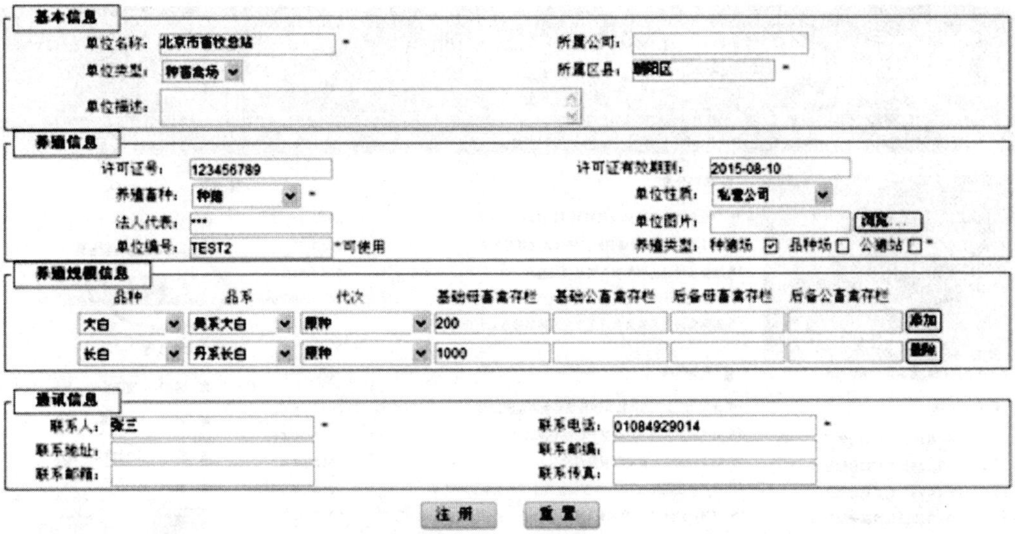

图 18-9　注册新单位

二、用户登录

已注册的用户，访问北京市畜禽种质资源管理中心（http：//www. bcage. cn），在网站首页的右侧输入"用户名"和"密码"后，点击"登录"，见图 18-10。然后出现以下界面，点击"进入系统"，见图 18-11（2015 年 8 月底前已在北京种畜遗传评估中心网站注册的用户无需重新注册，可继续使用以前的用户名和密码登录）。

图 18-10　用户登录

图 18-11　进入系统

三、用户信息维护

进入系统后，点击"种畜禽场管理"，再点击"维护本单位资料"可进入维护界面，见图 18-12，可对用户信息进行维护。完成相应信息修改后，点击"保存"，即完成信息维护更新操作，旧的信息将被覆盖。为了便于联系沟通，已注册用户如有信息变动，请及时维护用户信息。

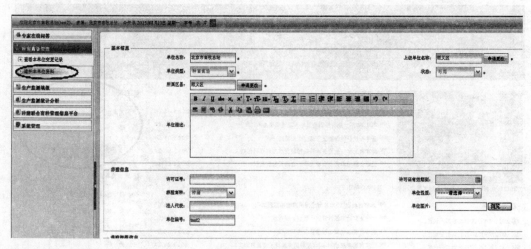

图 18-12　信息维护

第三节　通知公告

点击"通知公告"栏，便可看到本中心相关重要事项的通知公告，详见图 18-13。

图 18-13　通知公告

第四节　综合查询

　　点击"种畜禽场"栏，便可进入"种畜禽场"页面，详见图 18-14。综合查询主要提供种畜禽场信息查询、搜索等功能。

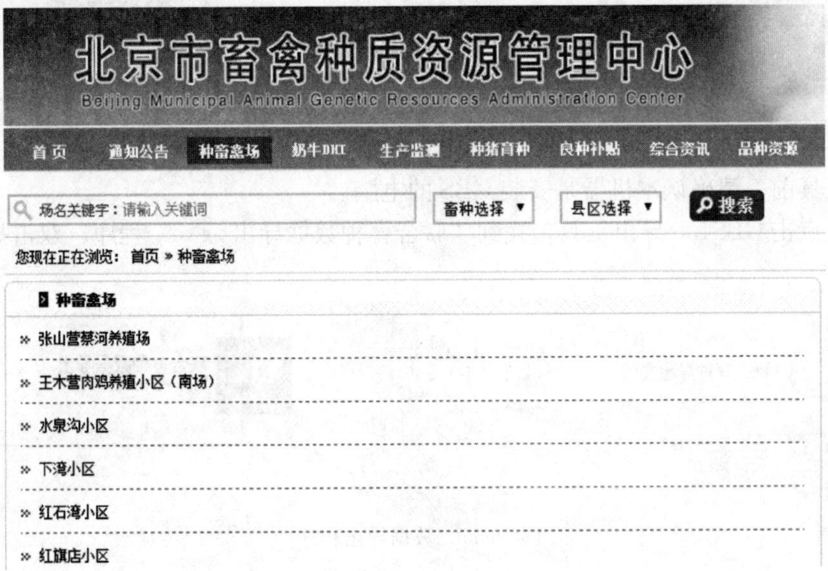

图 18-14　种畜禽场综合查询

第五节　种猪育种

一、数据导出

数据导出工具与旧网站导出工具有所不同，所有用户（包括旧用户）都需要在新网站上重新下载，下载位置在网站右下角"资料下载"模块，见图18-15。

点击后出现 GBS5.0 数据导出工具（XML）和 GBS4.0 数据导出工具。使用 GBS5.0 的用户下载 GBS5.0 数据导出工具（XML），使用 GBS4.0 的用户下载 GBS4.0 数据导出工具。点击下载并安装后使用。

（1）GBS 4.0 用户的数据导出　使用 GBS4.0

> **▶资料下载**
> · GBS联合育种导出工具
> · 北京市种猪遗传评估技术培训班合影…
> · 北京种猪遗传评估体系建设情况
> · 种猪场兽医卫生管理制度
> · 北京市种猪遗传评估数据管理暂行办…
> · 北京市种猪遗传评估方案
> · 种猪营养及饲养标准
> · 北京市种猪性能测定规程

图 18-15　资料下载

图 18-16　数据导出工具

数据导出工具前，请确认本机器是安装 GBS 的电脑。

解压后点击 GBS4.0 导出工具，找到"联合育种数据导出.exe"程序，双击打开，见图18-17。

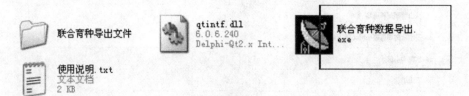

图 18-17　数据导出程序

打开程序后出现以下界面，见图18-18。流程如下。

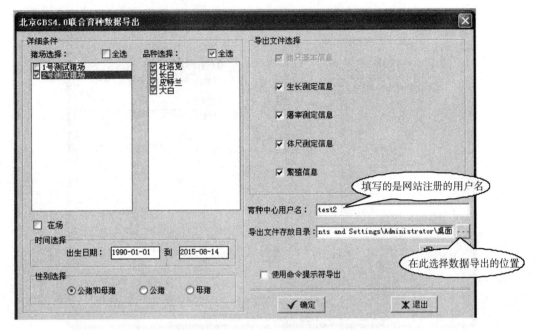

图 18-18　GBS 4.0 数据导出界面

①在"猪场选择"模块勾选需要导出的场；②在"品种选择"模块勾选"全选"（默认全选）；③出生日期默认从 1990 年 1 月 1 日至当前日期（建议不要改动）；④在"育种中心用户名"模块处填写网站注册的用户名（用户名与猪场编号不同的用户注意不要填成猪场编号）；⑤在"导出文件存放目录"模块处点击右侧"…"按钮选择数据导出文件存放位置；⑥全部填写完毕后，点击确认按钮，成功导出三个数据压缩包（图 18-19）。

图 18-19　导出的数据包

（2）GBS 5.0 用户的数据导出　使用 GBS5.0 数据导出工具前，请确认本机器是安装 GBS 的电脑。

解压后点击 GBS5.0 导出工具，找到"mysql2ora.exe"程序，双击打开。打开程序后出现以下界面，见图 18-20。

GBS5.0 导出工具需要对猪只基本信息、繁殖信息和生长测定信息数据包进行依次导出。以导出猪只基本信息数据包为例，流程如下。

①在"猪场选择"模块勾选需要导出的场；②在"品种选择"模块勾选要导出的品种；③在"中心用户名"模块处填写网站注册的用户名（用户名与猪场编号不同的用户注意不要填成猪场编号）；④点击"设置目录"按钮，选择数据导出文件存放位置；⑤在"猪只基本信息"处选择需要导出猪只的出生日期范围，建议填写时适当扩大时间范围，避免漏报；⑥全部填写完毕后，点击"导出"按钮，导出猪只基本信息数据包。

在导出基本信息后，需要导出繁殖信息时，只需在"数据选择"模块选中"繁殖信息"，并填写导出数据的日期，然后点击导出即可，见图 18-21。

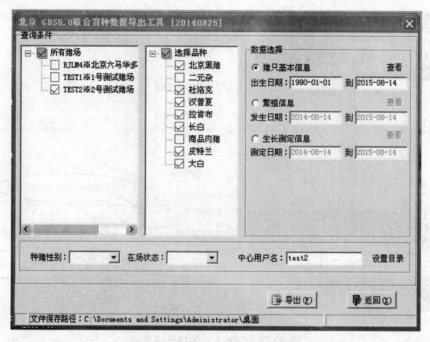

图 18-20　GBS 5.0 数据导出界面

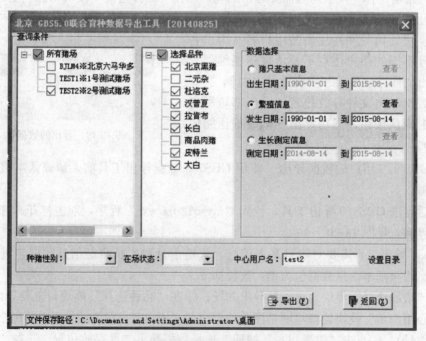

图 18-21　基本信息及繁殖信息数据导出（GBS 5.0）

　　在导出基本信息后，需要导出生长测定信息时，只需在"数据选择"模块选中"生长测定信息"，并填写导出数据的日期，然后点击导出即可，见图 18-22。

　　操作完毕后，在设置的路径下能够找到导出的三个数据压缩包（图 18-23）。

图 18-22　生长测定信息数据导出（GBS 5.0）

图 18-23　数据导出的数据包（GBS 5.0）

二、数据上传

登录网站后，点击左侧下方"种猪联合育种管理信息平台"出现下拉菜单"进入种猪联合育种管理信息平台"，点击后进入种猪联合育种管理信息平台。

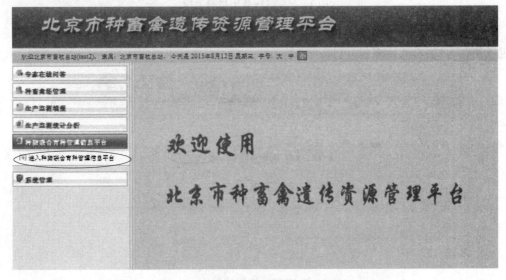

图 18-24　联合育种管理信息平台界面

继续点击后进入信息平台，出现以下界面，见图 18-25。

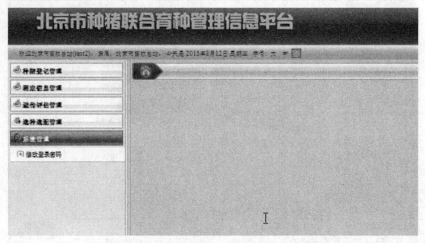

图 18-25　点击联合育种管理信息之系统管理

与旧系统不同，新系统中对基本数据、生长数据和繁殖数据采用分别上报方式上报。具体操作如下。

（1）上报种猪基本信息　点击"种猪登记管理"下拉菜单中的"离线登记猪只上报"，出现以下界面（图 18-26）。

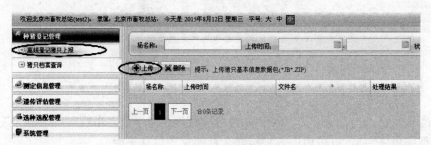

图 18-26　离线登记猪只上报

左键点击"上传"按钮后，弹出数据上传对话框，点击"浏览"，选择猪只基本信息数据包（含有 JB 字母的压缩包）（图 18-27）。

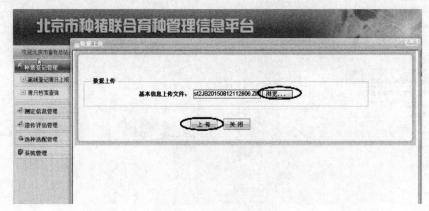

图 18-27　选择信息包

再点击"上传"按钮,提示"上传成功,等待校验"即表示上传成功(图 18-28)。

图 18-28　数据上传成功

点击对话框的"关闭"按钮,再次点击左侧"离线登记上报",会出现上传数据的状态(图 18-29)。

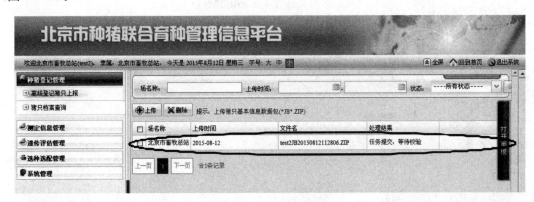

图 18-29　上传数据状态

(2)上报生长性能测定数据　点击"测定信息管理"下拉菜单中的"测定数据上报",出现以下界面(图 18-30)。

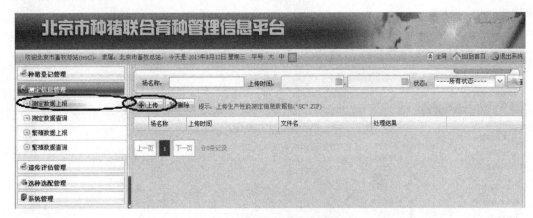

图 18-30　测定数据上报

左键点击"上传"按钮后，弹出数据上传对话框，点击"浏览"，选择生长测定数据包（含有 SC 字母的压缩包）（图 18-31）。

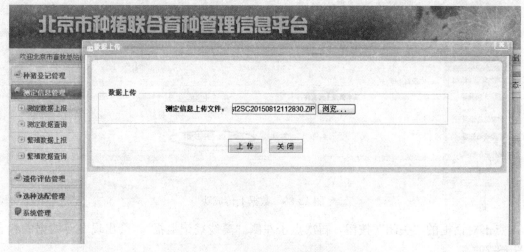

图 18-31　选择生长测定数据包

再点击"上传"按钮，提示"上传成功，等待校验"即表示上传成功（图 18-32）。

图 18-32　上传成功

点击对话框的"关闭"按钮，再次点击左侧"离线登记上报"，会出现上传数据的状态（图 18-33）。

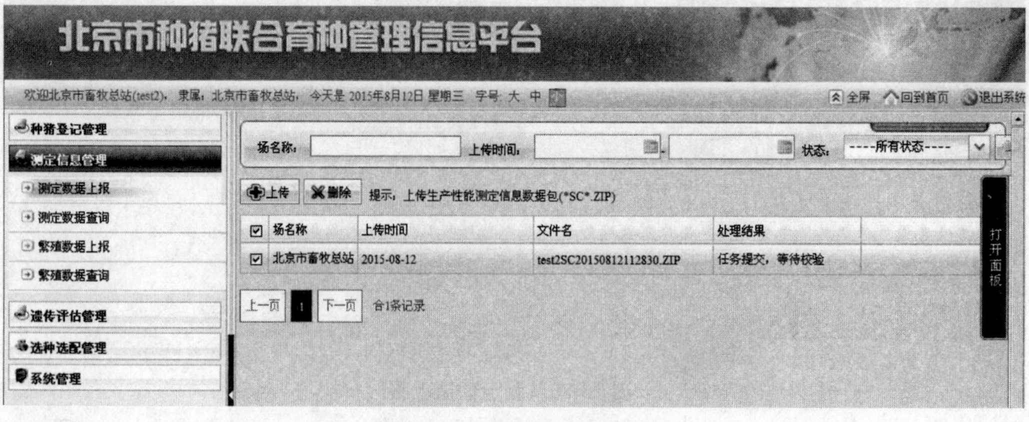

图 18-33　上传数据的状态

（3）上报繁殖数据　点击"测定信息管理"下拉菜单中的"繁殖数据上报"，出现以下界面（图 18-34）。

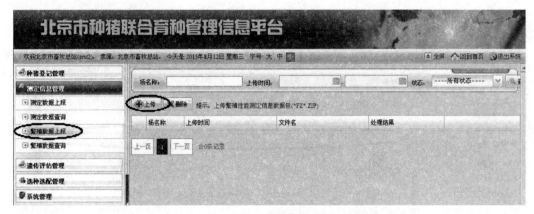

图 18-34　繁殖数据上报

点击"上传"，点击"浏览"，选择繁殖数据包（图 18-35）。

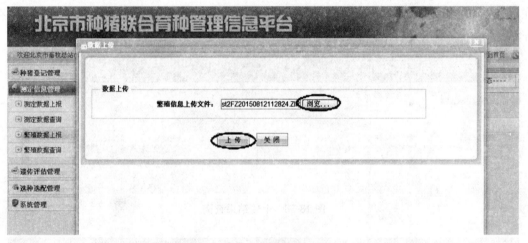

图 18-35　选择繁殖数据包

再点击"上传"按钮，提示"上传成功，等待校验"即表示上传成功（图 18-36）。

图 18-36　上传成功

点击对话框的"关闭"按钮，再次点击左侧"离线登记上报"，会出现上传数据的状态（图 18-37）。

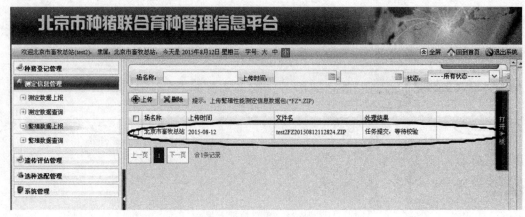

图 18-37 上传数据状态

（4）上传结果查询 等待 3～5 个工作日，由种猪遗传评估中心完成数据库导入后，可在以下界面查看处理结果，结果显示"任务完成"，表示上传完成。若提示"任务完成，存在错误"，可以点击查看错误日志和错误数据原因（图 18-38～图 18-39）。

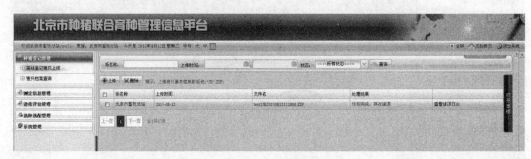

图 18-38 上传结果查询

图 18-39 错误日志和错误数据

>>> 附　录

附录一　全国畜牧总站关于印发《全国种猪遗传评估方案（试行）》的通知

牧站（种）〔2000〕60 号

各有关单位：

　　根据我国目前种猪生产发展的实际情况，组织区域性乃至全国性的种猪联合育种工作势在必行。而统一的种猪遗传评估是联合育种工作的基础。为此，我站在实际调研的基础上，组织全国有关种猪遗传育种专家制订了《全国种猪遗传评估方案（试行）》，该方案经过三年多广泛征求国内外有关专家的意见，几经讨论修改，已基本成熟，现印发你们试行。

　　附件：全国种猪遗传评估方案（试行）

二〇〇〇年五月三十一日

全国种猪遗传评估方案
（试行）

一、目的和意义

　　改革开放以来，由于政策得当和科技投入不断提高，使我国养猪业得到了高速发展，成为世界猪肉生产第一大国。猪肉是我国人民动物蛋白的主要来源，在肉食品消费中占 67% 左右。猪肉生产直接影响到我国人民的生活水平，同时随着农业结构调整，养猪业已成为增加农民收入和广大农民致富的重要手段，逐步成为农村经济的支柱产业。随着社会与经济的发展，我国养猪业发展面临着良好的机遇和严峻的挑战，在相当长的时期内主要表现为"三个不可逆转"，即人口增长的不可逆转；耕地减少的不可逆转；人民生活水平提高，对畜产品的需求日益增多的不可逆转。国家农业发展纲要提出，到 2010 年肉类产量达到 7 000 万吨（其中猪肉占 70% 左右）。要在我国人均粮食产量不可能有明显增加,即精饲料资源不充足的条件下,达到这一目标十分艰巨。出路只有一条,即大幅度提高畜牧生产的科技水平,向科技要效率,向科技要产量。

在影响养猪业生产效率的诸多因素中,猪种的遗传素质起主导作用,只有充分利用现有的猪种资源,培育出具有高生产性能的品种、品系或种群,才能在同样饲养条件和投入下,获得养猪生产最大的产出和效益。因此,猪品种的遗传改良非常重要。新中国成立以来,特别是改革开放以来,我国猪的育种技术水平有了很大的提高,并为养猪业发展做出了重要贡献。但从总体上看,仍落后于发达国家,主要表现在:育种技术水平低、良种繁育体系不够完善、种猪质量不高和良种率低等。目前所普遍应用的传统和常规育种技术历史上曾对我国猪的遗传改良起了重要作用,但若再继续下去,要实现 21 世纪初养猪业的飞跃,将十分困难。为了增强我国养猪业可持续发展的能力,大力开展猪育种新技术的研究与推广工作很有必要。

对我国养猪行业调查表明,我国的外种猪场大多数都在不同程度地进行育种工作,但是选择方法比较落后且不统一,种猪质量参差不齐,以选育技术为中心的各项配套技术不规范等。各场为了保持种猪的质量,以满足市场的需要,每年不得不引入相当数量的种猪,特别是从国外引进种猪,这样不但要花费很多引种经费,而且还带来了一些问题,如猪群的健康问题等。为了提高我国种猪的整体质量,逐步减少引种数量,组织全国范围内的种猪遗传评估和联合育种工作势在必行。

为此,将制订统一的性能测定、测定体系和遗传评估方法,定期交换种猪遗传材料,不断扩大群体,通过计算机联网共享信息资源,运用育种新技术,即采用动物模型 BLUP 法(最佳线性无偏估计)进行种猪的遗传评估。以不断提高我国外种猪的育种技术水平和猪种质量,进而培育出市场需要的优良种猪,加速我国种猪产业化进程,并使我国优良种猪逐步进入国际市场,力争在 21 世纪初,实现新的突破。

二、国内外发展概况及国内需求

目前世界上养猪发展趋势是专门化品系选育和配套系生产,养猪业发达国家都在大力选育专门化品系,如日本仅大白猪一个品种,就有各具特点的品系二十多个,而且还在不断选育提高。欧美的大型跨国公司 PIC、DEKALB、HYPOR、COSTWOLD 和 SEGHER 等,均采用多系配套组合,生产性能和经济效益都很高,尤其适合于规模化饲养,并且随着生产和市场的变化,不断推出新的配套组合。在猪的遗传改良方面,采用先进的育种技术,加速遗传进展,不断为最优的杂交组合和高效的配套体系提供素材,从而实现对资源利用的最佳配置。

选种是育种工作中的关键环节,正确的选种要基于对畜禽遗传素质的准确评定。畜禽遗传评估的理论和方法在过去的 30 多年中不断发展,在牛的育种中表现尤为突出。在猪的育种中,进展缓慢。长期以来,人们使用的主要方法一直是基于个体性能记录或后裔均值的选择指数,这种方法虽然简单易行,但有两个缺陷,一是没有对环境因子或一些非遗传因子进行有效的校正,二是不能充分利用所有亲属的信息。

50 年代初,美国学者 Charles R Henderson 提出了 BLUP 法,即最佳线性无偏估计(Best Linear Unbiased Prediction)法,1973 年又对该法的理论和应用进行了系统阐述。70 年代以来这一方法在牛的遗传改良中得到了广泛的应用,成为多数国家牛育种值估计的常规方法。80 年代中后期,随着人工授精技术的广泛使用,一些国家开始把这一方法应用于猪的遗传评估中,大大提高了遗传改良的速度,如加拿大自从 1985 年开始应用 BLUP 法以来,背膘厚的改良速度提高了 50%,达 100kg 体重日龄的改良速度提高 100%~200%。目前，这一方法在国际猪育种界已成为标准的遗传评估方法。

BLUP 育种值估计方法之所以能够提高选种的准确性是由于具有以下主要优点：①充分利用了所有亲属的信息；②可校正固定环境效应，更有效地消除由环境造成的偏差；③能考虑不同群体、不同世代的遗传差异；④可校正选配造成的偏差；⑤当利用个体的多项记录时，可将由于淘汰造成的偏差降低到最低。近年来由于计算机技术发展以及在猪育种中的应用，使 BLUP 方法又有所发展，如从公猪模型发展为动物模型，单性状育种值估计发展为多性状育种值估计；开发出一些优秀软件，如 PEST、GENESIS，PIGBLUP 等。

在国内，多数场对种猪的选择采用外型评定，一些猪场利用表型综合指数。近年来通过各种宣传和技术培训，有 20 多个场已开始应用先进的多性状动物模型 BLUP 法以及相应的软件 MTEBV 和 GBS 进行场内种猪的遗传评估，四川省为此建立了全省的猪场电脑网络，各场按统一方法进行场内测定，即称重和测活体背膘，测定结果按标准数据库格式输入计算机并通过猪场电脑网络传送到网络中心，中心采用两性状（达 100kg 日龄和背膘厚）动物模型 BLUP 法进行全省种猪的遗传评估。部分猪场使用 BLUP 法后已取得明显效果，种猪性能显著提高，并要求将该方法应用于繁殖性能的选择。

制约我国养猪业持续发展的首要因素是良种化程度低，表现在优秀种猪数量少，种猪整体生产水平和良种覆盖率与发达国家相比还有较大的差距；同时，随着我国养猪产业化的兴起，对优良猪种的需求逐年增加，而且也提出了更高的要求。近十年来，引进的外种猪对我国养猪业的发展起到了积极的作用，但由于我国外种猪的群体较小、选择方法落后，猪种质量难以满足市场需求，还需每年从国外引进，耗费了不少外汇。因此，必须集中财力、物力和人力，在全国范围内组织种猪的遗传评估和联合育种，即在原有的基础上，应用育种新技术（包括生物技术、计算机技术、信息技术和系统工程技术等）进行外种猪的遗传改良，加快育种进展，提高选择效率，以不断满足我国猪种产业化的需求。

三、现有基础和条件

据 1996 年统计，全国存栏种猪 1 000 头以上的种猪场 13 个，存栏 500～1 000 头的种猪场 50 个，存栏 200～500 头的种猪场 127 个。这些种猪场都具有较强的技术力量和较高的管理水平，并具有多年育种的经验，基本具备了种猪遗传评估和联合育种的条件。

1. 90 年代初，各场在有关部门支持下，为确保本场完成国家和省市科研项目任务，先后装备了超声波活体测膘仪、妊娠诊断仪和电脑等仪器设备，能有效地开展场内测定和信息网络的建设。

2. 各地不同程度地建立了种猪选育和繁育基地，拥有一定数量的繁殖母猪，不少场间有种猪的交换，能有效地承担联合育种任务。

3. 各场的种猪不同程度的经过选育提高，主要经济性能已达到较高的水平，新近又从丹麦、英国、加拿大及美国等国家引进了大量优良的长白、约克夏和杜洛克种猪，已有丰富且较好的遗传基础。

四、主要技术内容

准确可靠的个体性能测定是遗传评估的基础，参与全国遗传评估的个体性能测定分两种形式：一是以省级种猪测定中心指定专人负责对所属猪场进行定期的巡回抽测；二是参与遗传评估的各猪场指定专业技术人员对全场所有测定猪进行测定。这两类测定数据都必须每月按期传送给遗传评估中心，及时进行个体育种值估计。

（一）遗传评估测定性状

根据国内目前猪育种的实际情况，并参照国外先进经验，从简单、实用、容易操作出发，将遗传评估性状分为以下两类，共计 15 个性状，具体测定方法参见附件一。

1. 遗传评估的基本性状

参与全国种猪遗传评估的基本性状有三个：（1）达 100kg 体重的日龄；（2）达 100kg 体重的活体背膘厚；（3）总产仔数。

2. 遗传评估的辅助性状

考虑到目前国内种猪市场的实际情况，以及未来猪育种的发展趋势，提出以下性状作为遗传评估的辅助性状：

在生长发育方面增加两个性状：

（4）达 50kg 体重的日龄，是场内测定和遗传评估的选择性状；（5）饲料转化率。

在繁殖性能方面增加四个性状：

（6）产活仔数；（7）21 日龄窝重；（8）产仔间隔；（9）初产日龄。这些指标可根据各场实际育种目标有选择地用于场内遗传评估。

在胴体性能和肉质方面增加六个性状：

（10）眼肌面积；（11）后腿比例；（12）肌肉 pH；（13）肉色；（14）滴水损失；（15）大理石纹。各场可根据条件进行测定，并按各场实际育种目标有选择地用于场内遗传评估。

（二）种猪测定数量要求

参与全国遗传评估的测定种猪数量，在 50kg 以前必须保证每窝有 2 ♂ 和 3 ♀，100kg 测定结束时必须保证每窝有 1 ♂ 和 1 ♀。

（三）统一遗传评估方法

用于种猪遗传评估方法较多，动物模型 BLUP 法是发达国家普遍采用的先进科学的评估方法，为此，国内外已开发出相应的计算机软件，如 PEST、MTEBV、GENESIS、GBS 等，可用于场内和地区性的遗传评估。根据我国目前猪育种的具体情况，首先统一场内测定性状、测定方法及数据库结构，目前建议使用 GBS 软件进行遗传评估。

（四）实现计算机联网与信息共享

根据全国种猪遗传评估的需要，建立统一的育种信息资源数据库，通过计算机网络，如 Internet，实现信息共享，定期将各场育种数据进行分析处理，采用动物模型 BLUP 法估计个体育种值，评定个体的种用价值和各场的生产管理水平，评定结果将通过计算机网络传送到各场，逐步建立以场内测定为主的遗传评估体系和良种登记簿，为全国性外种猪联合育种奠定基础。

五、技术路线及实施方案

本方案的技术路线是以产肉性能和繁殖性能的个体育种值评估为核心，采用先进的遗传评估系统，提高选择的准确性。通过采用人工授精等技术，逐步实现场间遗传材料的交换，建立起场间良好的遗传联系，实现全国种猪遗传评估，开展联合育种，提高种猪质量。

此项工作首先在全国具有一定规模和技术条件且积极性较高的种猪场实施，逐步扩大范围，实现地区性及全国种猪的遗传评估。遗传评估中心设在全国畜牧总站。

为了保证此项工作的顺利实施，各参加单位需在统一领导下，从各个方面密切配合协作，对各场主要技术人员进行不同层次的技术培训，学习遗传评估的方法和软件应用，了解国内外养猪动态和最新科研成果，提高技术人员的专业水平。

六、与有关方面的合作

国际间育种素材与信息、资料的交流十分必要，发达国家猪遗传评估体系日趋成熟，种猪测定技术先进，尤其在测定设备、测定技术、选育技术等方面有不少成功的经验。对国外著名育种公司、生产场进行调研、考察。可与外国著名公司及大专院校和科研单位在育种技术、性能测定技术及先进设备等方面进行合作。

同时也可与国家、部、省重点研究项目和攻关项目、国家"种子工程""菜篮子"工程、瘦肉猪基地建设以及"丰收""星火"等计划相结合，可与外国政府及组织援助或支持中国养猪项目结合，为我国的种猪产业化服务。

七、工作进度计划

1998—1999 年：制订统一选育方案、选育方法及操作规程等。制订总体工作计划，分解任务，明确参与全国性种猪遗传评估的猪场，在有关场展开测定工作。

1999—2000 年：促进场间遗传联系的建立，在各场测定的基础上，完成数据库和遗传评估系统的构建以及区域性计算机联网。

2000—2001 年：组建外种猪联合育种的基础群体，建立区域性场间遗传联系，实现区域性种猪联合遗传评估，并初步实现全国性的种猪联合遗传评估，为开展全国联合选育工作奠定基础。

2002 年：充实完善全国种猪遗传评估系统，选择条件具备的猪场进入评估系统，不断扩大遗传评估范围。

八、承担单位

该项工作由全国畜牧总站主持，该单位一直负责全国种畜禽的管理和技术推广工作，具有组织、协作联合育种的能力和经验。以中国农业大学、四川农业大学、浙江大学、华南农业大学、华中农业大学等单位为技术依托，全国部分大型种猪场共同承担。

附件：1. 遗传评估性状测定规程
　　　2. 遗传评估数据记录系统标准
　　　3. 遗传评估模型

附件1：遗传评估性状测定规程

本规程适用于参与全国种猪遗传评估以及采用该评估系统进行场内测定的种猪测定站、核心育种场、原种猪场和繁殖场的种猪、后备种猪的性能测定，测定的性状和方法限于与遗传评估有关的部分，不作为全面的种猪测定规程使用。

1 测定条件和要求

1.1 参与全国性种猪遗传评估的各猪场的种公猪、种母猪和繁殖群公猪、母猪、后备种猪都必须按本规程进行性能测定。

1.2 饲养管理条件

1.2.1 测定猪的营养水平和饲料种类应相对稳定，并注意饲料卫生条件。

1.2.2 同一猪场内测定猪的圈舍、运动场、光照、饮水和卫生等管理条件应基本一致。

1.2.3 测定单位应具备相应的测定设备和用具，并指定经过省级以上主管部门培训并达到合格条件的技术人员专门负责测定和数据记录。

1.2.4 测定猪必须由技术熟练的工人进行饲养，并有具备基本育种知识和饲养管理经验的技术人员进行指导。

1.3 严格按照有关规程的要求，建立严格的测定制度和完整的记录资料档案。

2 测定猪的条件

2.1 测定猪的个体号（ID）和父、母亲个体号必须正确无误。

2.2 测定猪必须是健康、生长发育正常、无外形缺陷和遗传疾患。

2.3 测定前应接受负责测定工作的专职人员检查。

3 性状测定方法

推荐参与全国性种猪遗传评估测定的性状共计 15 个，其中前 3 个（3.1～3.3）是必须测定的基本性状，其余性状可根据各场的实际情况尽量考虑进行测定。

3.1 达 100kg 体重的日龄：控制测定的后备种公、母猪的体重在 80～105kg 的范围，经称重（建议采用电子秤），记录日龄，并按如下校正公式转换成达 100kg 体重的日龄（借用加拿大的校正公式）：

$$校正日龄＝测定日龄－［（实测体重－100）／CF］$$

其中：

$$CF＝（实测体重/测定日龄）×1.826\ 040（公猪）$$
$$＝（实测体重/测定日龄）×1.714\ 615（母猪）$$

3.2 100kg 体重活体背膘厚：在测定 100kg 体重日龄时，同时测定 100kg 体重活体背膘厚。采用 B 超扫描测定倒数第 3～4 肋间处的背膘厚，以毫米为单位。不具备 B 超的单位，目前暂时可以采用 A 超测定胸腰结合部、腰荐结合部沿背中线左侧 5cm 处的二点膘厚平均值。最后按如下校正公式转换成达 100kg 体重的活体背膘厚：

$$校正背膘厚＝实测背膘厚×CF$$

其中：

$$CF＝A÷\{A＋［B×（实测体重－100）］\}$$

A 和 B 由表 1 给出：

3.3 总产仔数：出生时同窝的仔猪总数，包括死胎、木乃伊和畸形猪在内。

3.4 达 50kg 体重的日龄：控制测定的后备种公、母猪的体重在 40～60kg 的范围，经称重（建议采用电子秤），记录日龄，并校正成达 50kg 体重的日龄。目前国内外尚无此校正

表 1　A、B 值表

	公猪		母猪	
	A	B	A	B
约克夏	12.402	0.106 530	13.706	0.119 624
长白猪	12.826	0.114 379	13.983	0.126 014
汉普夏	13.113	0.117 620	14.288	0.124 425
杜洛克	13.468	0.111 528	15.654	0.156 646

公式的参考资料,将由遗传评估小组进行试验确定。

3.5　产活仔数:出生 24h 内同窝存活的仔猪数,包括衰弱即将死亡的仔猪在内。

3.6　21 天窝重:同窝存活仔猪到 21 日龄时的全窝重量,包括寄养进来的仔猪在内,但寄出仔猪的体重不计在内。寄养必须在 3 天内完成,必须注明寄养情况。

3.7　产仔间隔:母猪前、后两胎产仔日期间隔的天数。

3.8　初产日龄:母猪头胎产仔时的日龄数。

3.9　饲料转化率:从 30~100kg 期间每单位增重所消耗的饲料量,计算公式为:

$$饲料转化率 = \frac{饲料总消耗量}{总增重}$$

3.10　眼肌面积:在测定活体背膘厚(3.2)的同时,利用 B 超扫描测定同一部位的眼肌面积,用平方厘米表示。在屠宰测定时,将左侧胴体(以下须屠宰测定的都是指左侧胴体)倒数第 3~4 肋间处的眼肌垂直切断,用硫酸纸描绘出横断面的轮廓,用求积仪计算面积。

3.11　后腿比例:在屠宰测定时,将后肢向后成行状态下,沿腰椎与荐椎结合处的垂直切线切下的后腿重量占整个胴体重的比例,计算公式为:

$$后腿比例 = \frac{后腿重量}{胴体重量} \times 100\%$$

3.12　肌肉 pH:在屠宰后 45~60 分钟内测定。采用 pH 计,将探头插入倒数第 3~4 肋间处的眼肌内,待读数稳定 5 秒以上,记录 pH。

3.13　肉色:肉色是肌肉颜色的简称。在屠宰后 45~60 分钟内测定,以倒数第 3~4 肋间处眼肌横切面用五分制目测对比法评定。

3.14　滴水损失:在屠宰后 45~60 分钟内取样,切取倒数第 3~4 肋间处眼肌,将肉样切成 2 厘米厚的肉片,修成长 5 厘米、宽 3 厘米的长条,称重,用细铁丝钩住肉条的一端,使肌纤维垂直向下,悬挂于塑料袋中(肉样不得与塑料袋壁接触),扎紧袋口后吊挂于冰箱内,在 4℃条件下保持 24h,取出肉条称重,按下式计算结果:

$$滴水损失 = \frac{吊挂前肉条重 - 吊挂后肉条重}{吊挂前肉条重} \times 100\%$$

3.15　大理石纹:大理石纹是指一块肌肉范围内,肌肉脂肪即可见脂肪的分布情况,以倒数第 3~4 肋间处眼肌为代表,用五分制目测对比法评定。

附件 2:遗传评估数据记录系统标准

本标准适用于参与全国种猪遗传评估以及采用该评估系统进行场内测定的种猪测定站、

核心育种场、原种猪场和繁殖场的种猪、后备种猪的性能测定记录系统。不包含全部的种猪生产记录数据。

1. **个体号**（ID）：实行全国统一的种猪编号系统，是保证全国性种猪遗传评估工作开展的必要前提条件。本编号系统由15位字母和数字构成，编号原则为：

前2位用英文字母表示品种：DD表示杜洛克，LL表示长白，YY表示大白，HH表示汉普夏，二元杂交母猪用父系＋母系的第一个字母表示，例如长大杂交母猪用LY表示；

第3位至第6位用英文字母表示场号（由农业部统一认定）；

第7位用数字或英文字母表示分场号（先用1至9，然后用A至Z，无分场的种猪场用1）；

第8位至第9位用数字表示个体出生时的年度；

第10位至第13位用数字表示场内窝序号；

第14位至第15位用数字表示窝内个体号；

建议个体编号用耳标＋刺标或耳缺作双重标记，耳标编号为个体号第3位至第6位字母，即场号，加个体号的最后6位。

例如，DD××××299000101表示××××场第2分场1999年第一窝出生的第一头杜洛克纯种猪。

2. **遗传评估的数据库格式：**

①个体记录（表2）。

表2 个体记录表

字段	个体号	品种	性别*	出生日期	父亲号	母亲号	备注
名称	ID	BREED	SEX	BDATE	SIRE	DAM	NOTE
类型	字符	字符	字符	日期	字符	字符	备注
长度	15	2	1	8	15	15	—
小数位	—	—	—	—	—	—	—

*公猪用M、母猪用F表示。

②生长性能测定记录（表3）。

表3 生长性能测定记录表

字段	个体号	达50kg		达100kg					30~100kg饲料转化率	备注
		称重日期	体重	测定日期	体重	膘厚	眼肌厚度/面积	仪器*		
名称	ID	DATE50	WT50	DATE100	WT100	FAT	LMA	EQ	FCR	NOTE
类型	字符	日期	数字	日期	数字	数字	数字	字符	数字	备注
长度	15	8	5	8	6	5	5	1	4	
小数位	—	—	2	—	2	2	2	—	2	

*A表示A超系列、B表示B超系列。

③屠宰测定记录（表4）。

表4　屠宰测定记录表

字段	个体号	屠宰日期	宰前重	胴体组成性状				肉质性状				备注
				胴体重	后腿比例	膘厚*	眼肌面积	pH	肉色	滴水损失	大理石纹	
名称	ID	SDATE	SWT	CWT	HAM	CFAT	CLMA	PH	COLOR	DRIP	MARBL	NOTE
类型	字符	日期	数字	数字	数字	数字	数字	数字	数字	数字	数字	备注
长度	15	8	5	5	5	5	5	4	3	5	3	—
小数位	—	—	2	2	2	2	2	2	1	2	1	—

＊膘厚为三点平均膘厚，按国标执行。

④母猪繁殖性能记录（表5）。

表5　母猪繁殖性能记录表

字段	个体号	配种日期*	公猪号*	配种方式**	胎次	产仔记录						寄养情况		21日龄		备注
						日期	总仔数	活仔数	死胎	畸形	木乃伊	寄出	寄入	头数	窝重	
名称	ID	MDATE	BOAR	TYPE	PARITY	FDATE	TNB	NBA	SBN	ABN	MUM	OUT	IN	LN21	LWT21	NOTE
类型	字符	日期	字符	字符	数字	日期	数字	数字	数字	数字	数字	数字	数字	数字	数字	备注
长度	15	8	16	1	2	8	2	2	2	2	2	2	2	2	5	—
小数位	—	—	—	—	—	—	—	—	—	—	—	—	—	—	2	—

＊以最终配上的日期和公猪为准。

＊＊A为人工授精，N为自然交配，B为同一情期同时使用人工授精和自然交配。

附件3：遗传评估模型

全国种猪遗传评估和场内评估要求采用多性状动物模型最佳线性无偏估计法（MTBLUP）估计个体育种值。

生长性能育种值估计模型如下：

$$y_{ijklm}=\mu_i+hyss_{ij}+l_{ik}+g_{il}+a_{ijklm}+e_{ijklm}$$

其中：

i：第 i 个性状（1＝达100kg体重日龄，2＝达100kg体重活体膘厚）

y_{ijklm}：个体生长性能的观察值

μ_i：总平均数

$hyss_{ij}$：出生时场年季性别固定效应

l_{ik}：窝随机效应

g_{il}：虚拟遗传组固定效应

a_{ijklm}：个体的随机遗传效应，服从（0，$A\sigma_a^2$）分布，A 指个体间亲缘关系矩阵

e_{ijklm}：随机剩余效应，服从（0，$I\sigma_e^2$）分布

达50kg日龄的场内遗传评估可以参照该模型进行。

母猪繁殖性能育种值估计模型如下：

$$y_{ijk}=\mu+hys_i+l_j+a_{ijk}+p_{ijk}+e_{ijk}$$

其中：

y_{ijk}：总产仔数的观察值

μ：总平均数

hys_i：母猪产仔时场年季固定效应

l_j：母猪出生的窝效应，服从（0，$I\sigma_l^2$）分布

a_{ijk}：个体的随机遗传效应，服从（0，$A\sigma_a^2$）分布，A 指个体间亲缘关系矩阵

p_{ijk}：母猪永久环境效应，服从（0，$I\sigma_p^2$）分布

e_{ijk}：随机剩余效应，服从（0，$I\sigma_e^2$）分布

其他繁殖性状的场内遗传评估可以参照该模型进行。

上述估计模型所需的各种遗传参数，目前先参考国外已有的参数，当全国遗传评估中心的资料积累到一定程度后，可考虑采用 DFREML 等方法估计适合国内情况的遗传参数。

附录二　农业部办公厅关于印发《全国生猪遗传改良计划（2009—2020）》的通知

各省、自治区、直辖市畜牧兽医（农牧、农业、农林）厅（局、委、办），新疆生产建设兵团畜牧兽医局：

养猪业是畜牧业的支柱产业，良种是生猪生产发展的基础。为推进生猪品种改良进程，提高生猪生产水平，促进生猪产业持续健康发展，我部组织制订了《全国生猪遗传改良计划（2009—2020）》，现印发给你们，请参照执行。

附件：《全国生猪遗传改良计划（2009—2020）》

二〇〇九年八月四日

附件

全国生猪遗传改良计划

（2009—2020）

良种是生猪生产发展的物质基础。为进一步完善生猪良种繁育体系，加快生猪遗传改良进程，提高生猪生产水平，增加养猪效益，制定本计划。

一、我国生猪遗传改良现状

20 世纪 80 年代以来，我国生猪遗传改良工作稳步推进，种猪质量明显改善，瘦肉型猪生产水平不断提高，养殖效益明显增加，养猪业得到持续稳定发展，为加快农业和农村经济结构调整、满足城乡居民猪肉产品消费和增加农民收入做出了重要贡献。

（一）积累了丰富的品种资源

我国是世界上地方猪种资源最多的国家，具备发展生猪生产得天独厚的优势，长期以来

在丰富国内品种资源方面做了大量的工作。一是有效保护地方品种。农业部先后两次公布了国家级畜禽品种资源保护名录，包涵了八眉猪等 34 个地方猪种；确立了第一批国家级畜禽遗传资源基因库、保护区和保种场，包括宁乡猪、荣昌猪和藏猪 3 个保护区，以及太湖猪、民猪、黄淮海黑猪等 35 个猪遗传资源保种场。各地为保护地方猪种开展了大量工作，促进了地方猪种资源的保护和开发利用。二是培育一批新品种、配套系。自 1998 年以来，苏太猪等 15 个新品种、配套系通过了国家畜禽遗传资源委员会的审定。这些新品种、配套系普遍具有适应性强、生长速度快、饲料转化率高、肉质优良等特点，在提高我国生猪生产水平和猪肉产品质量上发挥了积极作用。三是成功利用引进品种。先后从丹麦、美国、英国、瑞典、法国等国家引进了大白、长白、杜洛克、皮特兰等世界著名瘦肉型猪品种，以及 PIC、斯格等猪配套系。这些品种、配套系已基本适应我国不同地区的生态条件，为开展我国生猪遗传改良工作奠定了良好的基础。

（二）生猪良种繁育体系初步建立

改革开放以来，我国先后建设了 4 478 个原种猪场、扩繁场，在武汉、广州、重庆建立了农业部种猪质量监督检验测试中心，承担全国种猪与种公猪精液质量等监测任务。成立全国猪育种协作组，积极推进种猪测定、选育与区域性猪联合育种工作。目前，以原种场、扩繁场、种公猪站、性能测定中心（站）、遗传评估中心和质量检测中心等为主体的良种猪繁育体系初步建立。2007 年以来，国家在全国 200 个生猪主产县实施了生猪良种补贴项目，人工授精普及率明显提高，生猪品种改良工作稳步推进。

（三）生猪生产水平逐年提高

随着良种普及率的提高以及饲养管理水平的不断改善，我国生猪生产水平逐年提高。一是生猪生产稳步发展。2008 年，全国生猪存栏 4.63 亿头，出栏 6.1 亿头，猪肉产量 4 620.5 万吨，分别比 1978 年增长 53.8%、278.9% 和 361.4%。二是生产水平明显改善。生猪存栏率从 1978 年的 53.5% 提高到 2008 年的 131.7%，胴体重从 1980 年的 57.1kg，提高到 76.5kg；育肥猪出栏周期从 1978 年的 300 天左右缩短到 180 天左右；生猪配合饲料转化率与"八五"时期相比提高了 20% 以上。

二、存在的主要问题

我国生猪遗传改良工作与发达国家相比仍有较大差距，对国外优良种猪依赖程度高，存在引进—退化—再引进—再退化的现象。具体表现在：

（一）育种基础工作薄弱

种猪场育种积极性不高，"重引进、轻选育"，育种基础设施设备落后，性能测定工作不规范、测定种猪数量少，品种登记没有有效开展，育种群间缺乏遗传联系。原种猪场、科研院校和技术推广部门相互协作的育种体系不完善，尚未形成系统规范的育种管理体制。

（二）种猪市场不规范

"原种场—扩繁场—商品场"繁育结构层次不清晰，没有形成纯种选育、良种扩繁和商品猪生产三者有机结合的良种繁育体系。种猪质量参差不齐，多数种猪场销售的种猪没有性能测定与遗传评估信息，无证经营和超范围经营的问题依然存在。

（三）地方猪种选育重视程度不够

由于地方猪种普遍缺乏持续选育，选育方向不能适应市场消费需求，产业化生产格局尚未形成，加之缺乏长效的资金投入机制，导致地方猪种在种猪和商品猪市场缺乏竞争力，地方猪种数量不断减少，个别甚至处于濒危状态。

三、实施全国生猪遗传改良计划的必要性

针对我国猪遗传改良方面存在的问题，为推进我国猪育种工作健康规范开展，参考发达国家猪遗传改良的成功经验，制订和实施全国生猪遗传改良计划十分必要。

（一）有利于保障我国种猪产业安全

实施生猪遗传改良计划，开展种猪自主选育与新品种配套系培育，可以逐步改变瘦肉型种猪长期依赖国外进口的格局，提高种猪自给率，确保生猪生产平稳发展所需的种源基础，保障13亿多人口的猪肉消费需求；也可以减少种猪进口带来的生猪疫病传播隐患，降低动物疫病对生猪产业持续平稳发展造成的危害。

（二）有利于提高生产水平和效益

发达国家猪育种的实践表明，实施以加速重要经济性状遗传改进为目标的猪遗传改良计划是推动生猪改良最有效的手段。对生猪繁育体系的育种群进行有效改良，通过扩繁群将优秀的遗传品质迅速传递到商品猪生产中，必将使我国生猪生产水平在现有基础上有一个新的突破，从而进一步增加农民养殖收益。

（三）有利于增强我国养猪业可持续发展能力

随着生猪产业化、商品化进程的加快，养殖者对生长速度、瘦肉率、猪肉品质、饲料转化率等经济性状的关注度不断提高，对种猪质量、生产潜能的要求也越发突出，持续的遗传改良成为养猪业持续发展的重要保障。

（四）有利于满足多元化种猪和猪肉市场需求

以我国独特的地方猪遗传资源为母本的杂交利用以及用地方猪种培育的猪新品种（配套系），对于满足特定市场对优质猪肉的需求，满足不同地区和不同消费群体的消费习惯，形成多样化、优质化和特色化的猪肉产品市场将起到重要作用。

四、目标

（一）总体目标

立足现有品种资源，着力推进种猪生产性能测定，建立稳定的场间遗传联系，初步形成以联合育种为主要形式的生猪育种体系；加强种猪持续选育，提高种猪生产性能，逐步缩小与发达国家差距，改变我国优良种猪长期依赖国外的格局；猪人工授精技术加快普及，优良种猪精液全面推广应用，全国生猪生产水平明显提高；开展地方猪种保护、选育和杂交利用，满足国内日益增长的优质猪肉市场需求。

（二）主要任务

（1）制订遴选标准，严格筛选国家生猪核心育种场，作为开展生猪联合育种的主体力量。

（2）在国家生猪核心育种场开展种猪登记，建立健全种猪系谱档案。

（3）规范开展种猪生产性能测定，获得完整、准确的生产性能记录，作为品种选育的依据。

（4）有计划地在核心育种场间开展遗传交流与集中遗传评估，通过纯种猪的持续选育，

不断提高种猪生产性能。

（5）推广普及猪人工授精技术，将优良种猪精液迅速应用到生产一线，改善生猪生产水平。

（6）充分利用优质地方猪种资源，在有效保护的基础上开展有针对性的杂交利用和新品种（配套系）培育。

（三）技术指标

在组建核心育种群基础上，通过对种猪性能的持续改良，核心育种群主要性能指标达到：

（1）目标体重日龄年保持 2% 的育种进展，达到 100kg 日龄提前 2 天；

（2）瘦肉率每年提高 0.5 个百分点，达 68% 保持相对稳定；

（3）总产仔数年均提高 0.15 头；

（4）饲料转化率年均提高 2%。

五、主要内容

（一）遴选国家生猪核心育种场

1. 实施内容

制订国家生猪核心育种场遴选标准，结合全国生猪优势区域布局规划，采用企业自愿、省级畜牧行政主管部门审核推荐的方式，选择 100 家种猪场组建国家生猪核心育种场。

2. 任务指标

2016 年前分批完成 100 家国家生猪核心育种场的评估遴选。其中，2009—2012 年：开展国家生猪核心育种场的认证，筛选出高生产力水平的核心育种群 5 万头，配套相关育种设施设备。2013—2016 年：形成纯种基础母猪总存栏达 10 万头的国家生猪核心育种群，形成相对稳定的育种基础群体。

（二）组织开展种猪登记

1. 实施内容

全国畜牧总站建立国家种猪数据库并组织开展种猪登记，省级畜牧主管部门按照《种猪登记技术规范》（NY/T 820—2004）的要求，组织技术推广部门对本辖区内国家生猪核心育种群纯种猪进行登记，及时传送国家种猪数据库。

2. 任务指标

2016 年前完成 100 家国家生猪核心育种场在群纯种猪登记，逐步形成连续完整的种猪系谱档案，并动态跟踪种群变化情况。

（三）建立种猪性能测定体系

1. 实施内容

（1）制订种猪性能测定与遗传评估方案，测定和评估的主要性状，包括目标体重日龄、目标体重背膘厚、总产仔数，结合选育效果适时调整测定指标，有条件的种猪场可进行目标体重眼肌面积、21 日龄窝重、出生窝重、饲料转化率、利用年限、产仔间隔、体型以及胴体性能与肉质等辅助性状的测定和评估。

（2）种猪生产性能测定坚持场内测定和生产性能测定中心测定相结合，以场内测定为主要形式。

（3）逐步完善主产省种猪生产性能测定中心，加强基础设施建设与改造；种猪生产性能测定中心主要负责对本省区核心育种场种猪生产性能进行抽测、执行国家种猪质量安全监测计划，以及受核心育种场委托开展性能测定工作。

（4）全国种猪遗传评估中心负责全国种猪遗传评估工作，省级畜牧主管部门根据需要建立区域遗传评估中心，负责本区域种猪遗传评估工作，并按要求将数据上报全国种猪遗传评估中心。全国遗传评估中心依据种猪生产性能测定中心报送的抽样测定数据，进行场间性能比较，评价场内测定数据的准确性，增强场间关联度。

2. 任务指标

生猪核心育种场按照全国种猪场场内性能测定规程实施全群测定，每周将上周测定数据报全国或区域遗传评估中心。

（四）开展遗传交流与遗传评估

1. 实施内容

（1）全国遗传评估中心根据核心育种场上报的性能测定数据，会同全国猪育种协作组专家组制订场间遗传交流计划，经全国畜牧总站审核批准后组织实施。遗传交流以种猪精液交流为主。

（2）国家生猪核心育种场应严格执行场间遗传交流计划，按要求选用其他核心育种场测定优秀的种公猪精液，开展持续性能测定和群体选育工作，建立持续的遗传联系。

（3）遗传评估中心采用多性状动物模型 BLUP 方法（模型参见《全国种猪遗传评估方案（牧站（种）〔2000〕60 号）》），对各地上报的性能测定数据，进行评估并将结果反馈至育种场，核心育种场以评估结果为依据选留优良种猪，在此基础上开展持续的选育改良。

（4）全国猪育种协作组专家组会同核心场育种技术人员共同制订遗传交流配种计划，配种公、母猪系谱由交流场、育种技术员和专家组同时备案。

2. 任务指标

全国遗传评估中心每季度公布一次全国遗传评估结果。

（五）种公猪站和人工授精体系

1. 实施内容

（1）根据全国生猪优势区域布局规划和国家生猪核心育种场的分布情况，完善区域性种公猪站建设；种公猪站的公猪来源于经性能测定、遗传评估优秀的公猪。鼓励核心育种场和种猪生产性能测定中心将测定评估优秀的公猪提供给种公猪站。

（2）依托国家生猪良种补贴项目，加快普及猪人工授精技术，将优良种猪精液迅速推广应用到生产中；核心育种场优良母猪通过扩繁不断地将良种母猪推广至生产中，从而带动商品猪生产水平的提升。

2. 任务指标

2020 年前，建设完善 400 个种公猪站。2015 年起，种公猪站饲养的种公猪必须经过性能测定，猪人工授精技术服务点布局合理、服务到位。

（六）地方猪种的保护、选育与利用

支持列入国家级和省级畜禽遗传资源保护名录地方猪种的保护和选育工作。充分利用和发挥我国地方猪种资源肉质、繁殖性能与适应能力等优良特性，采用杂交选育与本品种选育相结合的方法，逐步培育遗传性能相对稳定的专门化品系，鼓励有计划进行地方品种的杂交

利用和参与配套系培育，满足多样化的市场消费需求。

六、保障措施

（一）建立科学完善的组织管理体系

农业部畜牧业司负总责，全国畜牧总站负责本计划的具体组织实施。省级畜牧主管部门承担本辖区内生猪遗传改良工作，具体负责区域内核心育种场的资格审查、遗传交流计划执行情况的督查和生产性能测定中心的管理，落实国家种猪质量监测任务，组织地方优良猪种资源保护、选育与开发。依托国家生猪产业技术体系，重新组建全国猪育种协作组专家组（以下简称"专家组"）作为生猪遗传改良计划的主要技术力量，负责全国生猪遗传改良计划方案和场间遗传交流计划的制订、参与种猪生产性能抽测、重大技术问题的研究以及实施效果的评估等。

（二）加强国家生猪核心育种场管理

公开发布"国家生猪核心育种场"名单，接受行业监督。国家核心育种场原则上在一定时期保持相对稳定，但必须严格按规定淘汰计划实施中不合格企业。国家支持生猪核心育种场建设，生猪产业政策适当向生猪核心育种场倾斜。指定对口专家作为生猪核心育种场实施改良计划的技术支撑，在育种方案制订实施、饲养管理、疫病防控、环境治理、国内外技术交流和培训等方面提供技术指导。必要时，委托国家级种畜质检中心对场间遗传交流后代进行 DNA 亲子鉴定，对遗传交流的真实性实施有效监督。

国家核心育种场须按照改良计划的要求，履行好职责，确保测定数据和场间遗传联系真实性。确定专职育种技术员，具体负责种猪配种、性能测定等育种工作，及时提交育种数据。按要求定期向辖区内种猪性能测定中心送测种猪，抽样数量不少于当年该场测定总量的 5%。

（三）健全种猪质量监督体系

完善农业部种猪质量监督检验测试中心，加强部级种猪质检中心软、硬件设施建设，建立部级种猪质检中心和省级种猪性能测定中心相结合的种猪质量监督体系。充分发挥种猪质检中心的作用，加强对种猪场和种公猪站种猪质量的监督检测，推进种猪场和种公猪站的规范化生产。

（四）加大生猪遗传改良计划支持力度

积极争取中央和地方财政对《全国生猪遗传改良计划》的投入，充分发挥公共财政资金的引导作用，吸引社会资本投入，建立猪育种行业多元化的投融资机制。整合生猪育种科研和技术推广等项目，推进生猪遗传改良计划的实施。

（五）加强宣传和培训

加强对全国生猪遗传改良计划的宣传，增强对改良计划实施重要性和必要性的认识。组织开展技术培训，提高我国猪育种技术人员的业务素质。建立全国生猪遗传改良网站，促进信息交流和共享。

国家生猪核心选育场现场数据采集表（略）

附录三　农业部关于印发《关于加强种畜禽生产经营管理的意见》的通知

农牧发〔2010〕2号

各省（自治区、直辖市）及计划单列市畜牧兽医（农业、农牧）厅（局、委、办），新疆生产建设兵团畜牧兽医局：

为进一步规范种畜禽生产经营市场秩序，推进种畜禽产业持续健康发展，维护广大养殖场户的合法权益，我部制订了《关于加强种畜禽生产经营管理的指导意见》（以下简称《意见》）。现将《意见》印发给你们，请结合各地实际认真贯彻执行。

附件：关于加强种畜禽生产经营管理的指导意见

二〇一〇年二月十日

附件

关于加强种畜禽生产经营管理的意见

种畜禽是畜牧业发展的重要物质基础。推进种畜禽产业持续健康发展，对于加快建设现代畜牧业、保障畜产品有效供给和促进农民增收具有十分重要的意义。近年来，我国种畜禽产业蓬勃发展，法律法规不断完善，政策支持力度不断加大，良种繁育体系进一步完善，良种供种能力显著增强，为现代畜牧业发展奠定了坚实的基础。但是，当前我国种畜禽生产经营管理现状与新时期现代畜牧业发展的需要相比，仍有不少差距，种畜禽场量多、面广，与之相配套的监管机制还不健全，个别地区配套法规不健全，执法力量薄弱、缺乏有效执法手段，种畜禽生产经营秩序不规范，假劣种畜禽坑农害农事件时有发生。加强种畜禽生产经营管理，对于规范市场经营秩序，维护生产者和经营者的合法权益，提高种畜禽质量安全水平十分必要，非常迫切。因此，必须采取切实有效措施，强化监管手段，加快种畜禽产业由鼓励发展向规范发展的转变，全面推进种畜禽产业平稳健康发展。

加强种畜禽生产经营管理的指导思想是：全面贯彻科学发展观，认真落实畜牧法，按照合理布局、强化投入、依法监管、规范发展的总体思路，建立健全良种繁育、良种推广和质量监测体系，切实规范种畜禽市场经营行为，提高种畜禽质量安全水平，维护生产者、经营者和使用者的合法权益，为现代畜牧业发展提供种源保障。

一、强化种畜禽生产的规划布局

各地要根据现代畜牧业发展的实际需求，结合区域优势、资源条件和产业基础，科学规划本区域今后一个时期畜禽良繁体系建设重点，既要满足地区发展的实际需要，又要防止重复建设造成资源的浪费。为加快生猪、奶牛品种改良进程，农业部已发布实施了生猪、奶牛遗传改良计划，各地要按照要求细化改良方案，组织实施好本区域生猪、奶牛遗传改良工作，有条件的地区要抓紧制订其他畜种的改良计划。各级畜牧技术推广部门要根据畜牧法的规定，组织开展种畜优良个体登记工作，制订细化登记方案，建立健全优良种畜登记数据库管理平台，向社会推荐优良种畜。

二、规范种畜禽生产经营许可

《家畜遗传材料生产许可办法》（农业部 2010 年第 5 号令）已经发布，将于 2010 年 3 月 1 日起施行。各地要抓紧做好宣传贯彻工作，省级畜牧兽医主管部门要按照规定做好申报材料的审核工作，县级畜牧兽医主管部门要组织好家畜遗传材料生产经营活动的监督检查。各地要按照畜牧法的规定，抓紧制订或修订种畜禽生产经营许可证审核发放办法。制订出台种畜禽场建设标准，适当提高准入门槛。要规范种畜禽生产经营许可证发放，不同级别层次的种畜禽场严格区别生产经营范围，种禽场按不同代次分曾祖代场（含原种场）、祖代场和父母代场；种畜场分原种场、一级扩繁场和二级扩繁场，种畜场属于配套系范畴的，可参照种禽场发放。生产经营许可证所列种畜禽，应与即将出版的《中国畜禽遗传资源志》中的品种名称相一致。农业部已建立种畜禽场生产经营许可证网络管理平台，各地要协助做好种畜禽场数据信息报送工作，加快完善全国种畜禽生产信息数据库。

三、加大种畜禽市场监管力度

种畜禽执法是畜牧法执法工作的关键环节。各级畜牧兽医主管部门要按照《农业部办公厅关于扎实推进基层畜牧兽医综合执法的意见》要求，开展基层畜牧兽医综合执法，健全执法机构，完善执法队伍，保障执法经费，配备执法装备，强化执法培训，提高种畜禽执法能力。今年，我部已经启动种畜禽质量安全监测计划，有条件的地区也要组织开展种畜禽质量安全监测工作；种畜禽质量监测中心要加强自身能力建设，提高对假冒伪劣种畜禽的鉴别能力，为种畜禽执法提供技术支撑。加大种畜禽执法检查力度，建立种畜禽执法互查互促机制。我部将定期、不定期组织开展种畜禽生产经营专项执法检查，各地要经常性开展自查自纠，加大对伪造种畜禽生产经营许可证、无证经营、超范围经营、违法广告宣传、销售假劣种畜禽等违法行为的查处力度，同时要严防各类"炒种"现象的发生，避免给行业发展造成冲击，给养殖场户造成不必要的损失。各地要加强培育新品种、配套系的中间试验管理，未经国家畜禽遗传资源委员会审定通过的新品种、配套系不得推广。各地要实行种畜禽场常态化监管，注重对种畜禽场资质的复检，加强对种畜禽场销售种畜禽出具的种畜禽合格证明、检疫合格证明和家畜系谱"三证"的查验。行业协会要倡导种畜禽行业自律，坚持依法经营，共同维护健康有序的种畜禽市场秩序。

四、稳步推进种畜禽生产性能测定

生产性能测定是种畜禽选育的基础，是提升种畜禽质量的重要手段。鼓励和支持种畜禽场根据选育计划的要求，制订生产性能测定方案，系统地测定与记录种畜禽生产性能指标，确保测定数据的准确性和完整性。省级以上畜牧兽医主管部门要逐步将生产性能测定结果作为种畜原种场和种禽祖代（曾祖代）场生产经营许可证核发的重要参照依据，中央和地方扶持种畜禽场发展的政策或资金要向生产性能测定工作开展较好的种畜禽场倾斜。国家或省级生产性能测定中心要发挥集中测定的优势，根据国家或地区畜禽遗传改良方案的要求，有计划地开展集中测定，确保测定结果的准确性、公正性和科学性。各地要积极引导奶牛养殖场（区）参与奶牛生产性能测定，强化数据分析，为种公牛后裔测定提供评估依据，同时根据测定结果指导养殖场（区）改善饲养管理，做好选种选配，提高奶牛生产水平。种猪生产性能测定中心应围绕全国生猪遗传改良计划的实施，积极推动场间遗传联系的建立。2012年起没有后裔测定成绩的奶用种公牛，以及2015年起没有性能测定成绩的种公猪、肉用种公牛、种公羊不得参加畜牧良种补贴项目。

五、加强种畜禽进出口审批

引进种畜禽有助于提高我国畜禽生产水平，丰富育种素材、加快育种进程，提升优良种畜禽的市场竞争力。但是，种畜禽引进应与畜牧业发展实际需要相适应，既要保证种畜禽质量，又要避免盲目引进。种畜禽进口坚持"谁饲养，谁申请"的原则。省级畜牧兽医行政主管部门每年12月10日前应向农业部畜牧业司申报下一年种畜禽进口计划，申报数量应与本省区种畜禽场实际生产能力相适应。省级畜牧兽医主管部门要认真审查申请进口种畜禽企业的资质，对相关申报材料的完整性和填报数据的准确性严格把关，跟踪评价引进种畜禽的生产性能，防止低水平重复引进种畜禽。各地要严格按照《畜禽遗传资源进出境和对外合作研究利用审批办法》的规定，加强地方畜禽遗传资源监管和出口审核，逐步完善畜禽遗传保护名录，防止资源流失；要密切关注本区域内畜禽遗传资源合作研究利用的情况，严格开展年度审核，并及时将审核意见报送农业部畜牧业司。

六、加强种畜禽场疫病净化工作

动物疫病是影响我国现代畜牧业发展的重要制约因素之一。种畜禽疫病净化工作是动物防疫的重要基础性工作，对全国重大动物疫情防控和公共卫生安全具有十分重要的意义。各地要从本地区实际出发，认真研究提出本地区种畜禽疫病净化工作方案。各级畜牧兽医行政主管部门要按照国家种畜禽健康标准和国家动物疫情监测计划要求，抓紧制订本省区种畜禽场监测计划，加强对种畜禽场猪瘟、禽白血病等主要动物疫病的监测。种畜禽场要结合本地情况，着手开展主要动物疫病净化工作，从生产源头提高畜禽生产健康安全水平。

七、加快畜禽品种改良步伐

畜牧良种补贴政策是加快畜禽品种改良的重要抓手。各级畜牧兽医主管部门要强化监督管理，进一步完善项目实施方案和资金管理办法，建立健全畜禽良种推广网络体系，加快普及人工授精配种技术，确保广大养殖场户受益。要继续组织开展家畜繁殖员、家禽繁殖员等的培训与职业技能鉴定，提高专业技术人员的生产操作技能。各级畜牧技术推广部门和国家产业技术体系要充分发挥技术支撑作用，协助种畜禽场和企业制订实施畜禽品种改良方案，积极推进产学研相结合的畜禽品种改良机制。种畜禽场要强化售后服务工作，加强对畜禽养殖场（小区）和散养农户在畜禽品种改良方面的技术支持和服务，帮助解决生产中遇到的技术难题。

八、加大对种畜禽场建设的扶持力度

种畜禽场是种畜禽供应的主体，稳定种畜禽生产是畜牧业持续平稳发展的基础。各地畜牧兽医主管部门要积极争取地方人民政府对畜禽良种繁育体系建设的投入。支持企业、院校、科研机构和推广单位开展畜禽联合育种，鼓励和扶持畜禽新品种、配套系的培育，加快培育一批生产性能优越、具备一定市场竞争力和生命力的畜禽新品种、配套系，逐步改变主要畜禽良种依赖国外进口的局面。要认真落实畜牧法和《国土资源部、农业部关于促进规模化畜禽养殖用地政策的通知》精神，有规划的保障种畜禽场用地。加大对种畜禽生产的投入力度，重点加强区域内良种供应辐射力强的原种场、祖代场、种公牛站和种公猪站等建设，增强种畜禽场育种水平和供种能力。加大畜禽遗传资源保护与开发支持力度，重点加强列入国家畜禽遗传资源保护名录的品种和国家级畜禽遗传资源保护场、保护区以及基因库建设。通过政策扶持引导，进一步做大做强我国种畜禽产业，不断提升优良种畜禽国产化水平，为现代畜牧业持续健康发展奠定坚实的种源基础。

附录四　北京市遗传评估技术规范（试行）
（2003 年合订本）

北京市种猪遗传评估方案（试行）
（修改稿）

根据《北京市种猪遗传评估体系及产业化工程》项目和全市种猪联合选育工作的实际需要，参考全国畜牧总站《全国种猪遗传评估方案（试行）》和北京种猪生产者联合会制订的"北京市种猪联合育种方案"及国内外联合育种经验，制订了本方案。

一、主要技术内容

（一）育种目标

1. 总体目标

采用先进育种技术，加速遗传进展，使主要品种生产性能接近或达到国际先进水平。根据市场和生产需要、利用现有配合力测定成果，筛选最优的杂交组合和高效的配套系素材，实现对优秀种猪资源利用的最佳配置。

2. 性状选育目标

①种猪群体平均背膘厚根据不同品种品系之实际，在保证肉质的基础上，保持适当的背膘厚；

②达 100kg 体重日龄：通过选育，使 100kg 体重日龄高于品种平均水平的种猪群，平均每年缩短 2 天；

③总产仔数：5 年内提高 0.2～0.3 头。

（二）遗传评估测定性状

准确可靠的个体性能测定是遗传评估的基础，参与北京市遗传评估的个体性能测定分两种形式：一是以市种猪遗传评估中心指定专人负责对所属猪场进行定期的巡回抽测；二是参与遗传评估的各猪场指定专业技术人员对全场所有测定猪进行测定。这两类测定数据都必须每月按期传送给遗传评估中心，及时进行个体育种值估计。

根据国内目前猪育种的实际情况，并参照国外先进经验，从简单、实用、便于操作出发，将遗传评估性状分为以下两类，共计 17 个性状。

1. 遗传评估的基本性状

参与北京市遗传评估的基本性状有三个：

（1）达 100kg 体重的日龄；

（2）达 100kg 体重的活体背膘厚；

（3）总产仔数。

2. 遗传评估的辅助性状

考虑到目前国内种猪市场的实际情况，以及未来猪育种的发展趋势，提出以下性状作为遗传评估的辅助性状，各场可根据条件进行测定，并按各场实际育种目标有选择地用于场内遗传评估。

A. 在生长发育方面增加三个性状：

（4）达 50kg 体重的日龄；

（5）饲料转化率；

（6）平均日增重。

B. 在繁殖性能方面增加五个性状：

（7）产活仔数；

（8）21 日龄窝重；

（9）产仔间隔；

（10）初产日龄；

（11）断奶窝重。

C. 在胴体性能和肉质方面增加六个性状：

（12）眼肌面积；

（13）后腿比例；

（14）肌肉 pH；

（15）肉色；

（16）滴水损失；

（17）大理石纹。

（三）种猪测定数量要求

参与北京市遗传评估的测定种猪数量，在 50kg 以前必须保证每窝有 2♂和 3♀，100kg 测定结束时必须保证每窝有 1♂和 1♀。

（四）统一遗传评估方法

用于种猪遗传评估方法较多，动物模型 BLUP 法是发达国家普遍采用的先进科学的评估方法，为此，国内外已开发出相应的计算机软件，如 PEST、MTEBV、mNESIS、GBS

等，可用于场内和地区性的遗传评估。根据我国目前猪育种的具体情况，统一场内测定性状、测定方法及数据库结构，使用 GBS 软件进行遗传评估。

（五）选择指数

1. 父系指数（SLI）：$SLI = 100 + 25.0 \times (0.45EBV_{age} + 1.83EBV_{fat}) / SD$

其中：EBV_{age} 为达 100kg 体重日龄的估计育种值

EBV_{fat} 为达 100kg 体重背膘厚的育种值

SD 为品种特异的标准差（表1）。

表1　父系指数的 **SD** 值

品种	SD	品种	SD
约克夏猪	3.22	杜洛克猪	3.00
长白猪	3.43	其他	3.22

2. 母系指数（**DLI**）：$DLI = 100 + 25.0 \times (6.18EBV_{born} + 0.45EBV_{age} + 1.83EBV_{fat}) / SD$

其中：EBV_{born} 为总产仔数的估计育种值

EBV_{age} 为达 100kg 体重日龄的估计育种值

EBV_{fat} 为达 100kg 体重背膘厚的育种值

SD 为品种特异的标准差（表2）。

表2　母系指数的 **SD** 值

品种	SD	品种	SD
约克夏猪	4.43	杜洛克猪	3.56
长白猪	4.50	其他	4.43

（六）实现计算机联网与信息共享

根据北京市种猪遗传评估的需要，建立统一的育种信息资源数据库，通过专业计算机网络和 Internet，实现信息共享，定期将各场育种数据进行分析处理，采用动物模型 BLUP 法估计个体育种值，评定个体的种用价值和各场的生产管理水平，评定结果将通过计算机网络传送到各场，逐步建立以场内测定为主的遗传评估体系和良种登记簿，为北京市种猪联合育种奠定基础。

二、技术路线及实施方案

本方案的技术路线是以产肉性能和繁殖性能的个体育种值评估为核心，采用先进的遗传评估系统，提高选择的准确性。通过采用人工授精等技术，逐步实现场间遗传材料的交换；建立起场间良好的遗传联系，实现北京市种猪遗传评估，开展联合育种，提高种猪质量。

此项工作首先在本市具有一定规模和技术条件，且积极性较高的种猪场实施，逐步扩大范围，实现全市种猪的遗传评估。遗传评估中心设在北京市畜牧兽医总站。

为了保证此项工作的顺利实施，各参加单位需在统一领导下，从各个方面密切配合协作，对各场主要技术人员进行不同层次的技术培训，学习遗传评估的方法和软件应用，了解国内外养猪动态和最新科研成果，提高技术人员的专业水平。

（一）品种范围

对北京市目前应用最广泛的大白、长白、杜洛克及皮特兰等几个品种的种猪进行联合性能测定和遗传评估。

（二）联合育种核心群的建立

在现有种猪群的基础上，经过系谱分析和生产性能初步测定后，各场每个品种选择四个以上血缘，至少 60 头以上（四胎以内）基础母猪和 8 头以上基础公猪组成联合育种核心群，其生产性能应与扩繁群有较大的差别。

（三）核心群种猪更新

为加快遗传进展和缩短世代间隔，核心群母猪的选择根据个体测定成绩优胜劣汰，公猪利用 6～12 个月更新，更新母猪来自各育种场经场内测定的优秀母猪或中心测定站测定的优良种猪的同胞或半同胞；更新公猪主要来源于经过中心测定站测定性能十分优秀的公猪，部分来自于各育种场经场内测定的优秀公猪。

（四）基因交换

为使参与联合育种场种猪在一定时期达到一定关联，由专家组根据遗传评估结果统一制订优良精液流向，各参与联合育种场不允许拒绝提供或使用，各参与联合育种场每年必须使用经过测定站测定的本品种优秀公猪的精液进行人工授精，使用场至少提前一周提出需要精液的时间和份数。

三、各年度工作进度计划

2002 年，遗传评估中心进入正常运行，发布并实施遗传评估方案、操作规程、数据管理办法等；对有关人员进行选育技术培训；育种场进行技术改造，增设种猪性能测定舍，引进仪器设备，重点场开展性能测定；组建猪人工授精中心，开展猪人工授精技术研究，引进仪器设备和技术，开展人工授精技术试验示范。

2003 年，组成各品种（系）选育核心种猪群，依据各场遗传评估结果，引进优良遗传素材，开展选种选配；对核心群种猪繁殖后代种猪进行各项性能测定，对测定技术进行研究应用；开展人工授精技术研究，筛选出猪人工授精稀释液配方，在种猪场和商品猪场推广应用人工授精技术。推广优良遗传素材，建立场间遗传联系，联合育种测定场扩大到 20 个；根据测定评估实际，对评估方案、操作规程、数据管理办法等进行修改、完善。

2004 年，在北京建立起种猪遗传评估体系，种猪场自留种猪开展性能测定，全市种猪场由现在的 47 个发展到 60 个，年产种猪规模由 20 万头发展到 40 万头；种猪生产性能达到总体目标提出的要求，良种推广普及面达到 90% 以上；人工授精体系基本建成，人工授精普及率达到 30% 以上；形成大约克夏、长白母系猪，大约克夏、杜洛克、皮特兰父系猪，杜长大、皮杜长大商品猪饲养技术规范。

2005 年，进行项目总结，完成各专题科研报告和项目验收。

2006 及以后，将种猪联合选育作为常规育种技术在全市实施，并根据实际育种工作和市场需要，对本方案进行不断修改和完善。

四、承担单位

该项工作由北京市农业局畜牧兽医处主持，北京市遗传评估中心统一组织，郊区县有关种猪场、种猪性能测定站、人工授精站参加，中国农业大学、中国农业科学院等单位为技术依托，共同开展北京市种猪遗传评估和联合育种。

北京种畜遗传评估中心

北京市畜牧兽医总站

二〇〇三年四月三十日

根据 2003 年 4 月 19～21 日遗传评估数据交流技术规范研讨会意见修改

北京市种猪性能测定规程（试行）
修改稿

本规程适用于参与北京市种猪遗传评估以及采用该评估系统进行测定的种猪测定站、核心育种场、原种猪场和繁殖场的种猪、后备种猪的性能测定，测定的性状和方法限于与遗传评估有关的部分，不作为全面的种猪测定规程使用。

一、测定条件和要求

1. 参与北京市种猪遗传评估的各猪场的种公猪、种母猪和繁殖群猪、母猪、后备种猪都必须按本规程进行性能测定。

2. 饲养管理条件

（1）测定猪的营养水平和饲料种类应相对稳定，并注意饲料卫生条件。采用全价配合饲料，充分发挥测定猪的生产潜力。自配料场，对原料要经常化验分析，防止出现伪劣品；注意微量元素和维生素的添加。

（2）同一猪场内测定猪的圈舍、运动场、光照、饮水和卫生等管理条件应基本一致。

（3）测定单位应具备相应的测定设备和用具：如背膘测定仪（基本统一为阿洛卡 B 超系列）、电子秤、自动计料系统等，并指定经过省级以上主管部门培训并达到合格条件的技术人员专门负责测定和数据记录。

（4）测定猪必须由技术熟练的工人进行饲养，并有具备基本育种知识和饲养管理经验的技术人员进行指导。

3. 卫生防疫

测定场要有健全的卫生防疫体系，使猪保持在健康的情况下，特别是无传染病的条件下，进行测定选育。引猪应从健康无病的场内引种，并严格进行隔离饲养。

测定场根据本场的具体情况，建立健全的消毒制度、免疫程序和疫病的检测制度，选择注射疫苗的种类，并注意产地与质量。

工作人员应有统一的工作服、统一的清洗消毒制度，猪场的一切用具严禁出场，谢绝参观，切断传染途径。

4. 环境条件

保证充足的饮水，适宜的温度、湿度。并注意有害气体的含量。

二、测定猪的条件

1. 测定猪的个体号（ID）和父、母亲个体号必须正确无误。

2. 测定猪必须是健康、生长发育正常、无外形缺陷和遗传疾患。

3. 测定前应接受负责测定工作的专职人员检查。

三、性状测定方法

推荐参与北京市种猪遗传评估测定的性状共计 17 个，其中前 3 个是必须测定的基本性状，其余性状可根据各场的实际情况尽量考虑进行测定。

1. 达 100kg 体重的日龄：控制测定的后备种公、母猪的体重在 80～105kg 的范围，经称重（建议采用电子秤）记录日龄，并按如下校正公式转换成达 100kg 体重的日龄（借用加拿大的校正公式）：

$$校正日龄＝测定日龄－［（实测体重－100）/CF］$$

其中：

$$CF＝（实测体重/测定日龄）×1.826040（公猪）$$
$$＝（实测体重/测定日龄）×1.714615（母猪）$$

2. 100kg 体重活体背膘厚：在测定 100kg 体重日龄时，同时测定 100kg 体重活体背膘厚。采用 B 超扫描测定倒数第 3～4 肋间处的背膘厚，以毫米为单位。

校正背膘厚＝实测背膘厚×CF

其中：CF＝A÷｛A＋［B×（实测体重－100）］｝

A 和 B 由表 3 给出：

表 3　A、B 值表

	公猪		母猪	
	A	B	A	B
约克夏	12.402	0.106 530	13.706	0.119 624
长白猪	12.826	0.114 379	13.983	0.126 014
汉普夏	13.113	0.117 620	14.288	0.124 425
杜洛克	13.468	0.111 528	15.654	0.156 646

3. 总产仔数：出生时同窝的仔猪总数，包括死胎、木乃伊和畸形猪在内。

4. 达 50kg 体重的日龄：控制测定的后备种公、母猪的体重在 40～60kg 的范围，经称重（建议采用电子秤），记录日龄；并校正成达 50kg 体重的日龄。目前国内外尚无此校正公式的参考资料，将由遗传评估小组进行试验确定。

5. 产活仔数：出生 24h 内同窝存活的仔猪数，包括衰弱即将死亡的仔猪在内。

6. 断奶窝重：在断奶时存活的同窝仔猪的总重量，包括寄养进来的仔猪在内，但寄出仔猪的体重不计在内。寄养必须在 3 天内完成，必须注明寄养情况。

7. 校正 21 天窝重：根据实际断奶窝重和断奶日龄计算的校正窝重，计算公式为：

$$校正 21 日龄窝重＝实际断奶窝重×CF$$

其中的 CF 取决于断奶日龄，见表 4：

表 4　CF 值

日龄	14	15	16	17	18	19	20	21	22	23	24	25	26
CF	1.29	1.24	1.19	1.15	1.11	1.07	1.03	1.00	0.97	0.94	0.91	0.88	0.86
日龄	27	28	29	30	31	32	33	34	35	36	37	38	
CF	0.84	0.82	0.80	0.78	0.76	0.74	0.72	0.70	0.68	0.66	0.64	0.62	

备注：断奶日龄小于 14 天或大于 38 天时不能应用此公式。

8. 产仔间隔：母猪前、后两胎产仔日期间隔的天数。

9. 初产日龄：母猪头胎产仔时的日龄数。

10. 平均日增重：受测猪在测定期中（通常为 30～100kg）的日增重，计算公式为：

$$平均日增重＝（结测体重－始测体重）/测定天数$$

11. 饲料转化率：从 30kg～100kg 期间每单位增重所消耗的饲料量，计算公式为：

$$饲料转化率＝饲料总消耗量/总增重$$

12. 眼肌厚度：在测定活体背膘厚的同时，利用 B 超扫描测定同一部位的眼肌厚度。也可在屠宰测定时计算眼肌面积：将左侧胴体（以下须屠宰测定的都是指左侧胴体）倒数第 3～4 肋间处的眼肌垂直切断，用硫酸纸描绘出横断面的轮廓，用求积仪计算面积。

13. 后腿比例：在屠宰测定时，将后肢向后成行状态下，沿腰椎与荐椎结合处的垂直切线切下的后腿重量占整个胴体重的比例，计算公式为：

$$后腿比例＝后腿重量/体重量×100\%$$

14. 肌肉 pH：在屠宰后 45～60 分钟内测定。采用 pH 计；将探头插入倒数第 3～4 肋间处的眼肌内，待读数稳定 5 秒以上，记录 pH。

15. 肉色：肉色是肌肉颜色的简称。在屠宰后 45～60 分钟内测定，以倒数第 3～4 肋间处眼肌横切面用五分制目测对比法评定。

16. 滴水损失：在屠宰后 45～60 分钟内取样，切取倒数第 3～4 肋间处眼肌，将肉样切成 2cm 厚的肉片，修成长 5cm、宽 3cm 的长条，称重，用细铁丝钩住肉条的一端，使肌纤维垂直向下，悬挂于塑料袋中（肉样不得与塑料袋壁接触），扎紧袋口后吊挂于冰箱内，在 4℃条件下保持 24h，取出肉条称重，按下式计算结果：

$$滴水损失（100\%）＝（吊挂前肉条重－吊挂后肉条重）/吊挂前肉条重×100\%$$

17. 大理石纹：大理石纹是指一块肌肉范围内，肌肉脂肪可见脂肪的分布情况，以倒数第 3～4 肋间处眼肌为代表，用五分制目测对比法评定。

北京种畜遗传评估中心

北京市畜牧兽医总站

二〇〇三年四月三十日

根据 2003 年 4 月 19～21 日遗传评估数据交流技术规范研讨会意见修改

表 5：种猪繁殖性能记录表

表 6：种猪生长性能记录表

表5 种猪繁殖性能记录表

场别:						填表人:	
配种情况						配种员	
母猪号				品　种		品　系	
与配公猪				品　种		品　系	
交配方式				配种日期		预产期	
产仔情况				记录员:			
分娩日期		分娩状况		胎次			
活公数		活母数		活总仔数		窝重	
畸形		死　胎		木乃伊		总产仔数	
个体记录							
耳缺号	性别	左乳头数	右乳头数	出生重	21日龄重	断奶重	氟烷基因
断奶情况						记录员:	
断奶日期		寄入数		寄出数		断奶数	
断奶窝重							

表6 种猪性能测定记录表

场别									填表人:							
个体号	始测		二测			终测			总耗料	日增重	饲料转化率	背膘厚	眼肌厚	100kg体重日龄	100kg活体背膘厚	离群日期	去向
	始测日期	体重	二测日期	体重	耗料	终测日期	体重	耗料									

北京市种猪遗传评估数据管理暂行办法（修改稿）

种猪测定和评估数据集中管理是种猪联合育种工作有序进行的重要保证之一，也是北京市种猪遗传评估体系建设的重要内容。测定和评估数据的集中管理和应用，可为种猪选育建立宝贵的资料库，有助于推出适合北京乃至全国的技术参数，有助于联合育种高效运作，也有助于评估结果公正性、权威性和中立性的树立。为此，制订北京市种猪遗传评估数据管理暂行办法。

一、数据管理体系

在北京市农业局直接领导下，由北京市种猪遗传评估中心承担北京市种猪数据管理工作。负责种猪测定数据的收集、整理和分析，为各种猪场进行服务性评估，在建立场间遗传联系的基础上进行全市种猪联合评估，为社会提供种猪数据服务，向社会即时公布种猪评估结果，在专家组指导下应用数据资料修正种猪技术参数。

北京市遗传评估中心设专人组织收集全市种猪生产性能测定数据，对种猪性能测定数据进行统一处理与分析并发布联合育种信息。

参加种猪遗传评估项目的种猪场、人工授精站和种猪性能测定站，指定（推荐）专职或兼职育种信息员，按北京市种猪遗传评估中心要求，完成本场（站）种猪性能测定数据的采集、记录、上报，并向有关部门提供种猪选育动态信息。

根据育种工作实际需要，育种信息员应具备如下条件：

1. 有一定育种基础理论和实际育种工作经验；

2. 熟练掌握种猪测定技术和使用育种软件；

3. 具有一定语言、文字表达能力；

4. 热爱本职工作，责任心强，对种猪遗传评估有独到的见解，既是本企业的技术骨干又能为全市的遗传评估工作提供参考意见。

对选育场（站）推荐或指定的育种信息员统一在北京市种猪遗传评估中心备案。

遗传评估中心将通过对相关技术的培训、实习、交流、研讨等方法，不断提高育种信息员的素质，提高测定录入数据的有效性。

通过计算机网络技术及数据库管理，保持育种信息员与遗传评估中心的联系与沟通，保证数据传输链路的通畅。

二、种猪测定与记录标准

凡参加种猪遗传评估体系的种猪场必须严格按照《遗传评估性状测定规程》要求，对优秀种猪及其后代进行测定并记录。

北京市种猪遗传评估必测性状 3 个：（1）达 100kg 体重日龄、（2）达 100kg 体重的活体背膘厚、（3）总产仔数；备选测定性状 14 个：（4）达 50kg 体重日龄、（5）产活仔数、（6）断奶窝重、（7）21 日龄窝重、（8）产仔间隔、（9）初产日龄、（10）平均日增重、（11）饲料转化率、（12）眼肌厚度、（13）后腿比例、（14）肌肉 pH、（15）肌肉颜色、（16）肌肉滴水损失、（17）肌间脂肪大理石纹分布等。

种猪性能测定记录系统标准如下：

1. 建立统一种猪编号系统（ID）。

服从全国统一的种猪编号系统，个体编号由 15 位字母和数字构成，编号原则为：

前 2 位用英文字母表示品种：DD 表示杜洛克猪，LL 表示长白猪，YY 表示约克夏猪，PP 表示皮特兰猪。二元杂交母猪用父系＋母系的第一个字母表示，例如长大杂交母猪用 LY 表示；

第 3 位至第 6 位用英文字母表示场号（由农业部统一认定）；

第 7 位用数字或英文字母表示分场号（先用 1 至 9，然后用 A 至 Z，无分场的种猪场用 1）；

第 8 位至第 9 位用数字表示个体出生时的年度；

第 10 位至第 13 位用数字表示场内窝序号；

第 14 位至第 15 位用数字表示窝内个体号；

建议个体编号用耳标＋刺标或耳缺作双重标记，耳标编号为个体号第 3 位至第 6 位字母，即场号，加个体号的最后 6 位。

例如，DD××××299000101 表示××××场第 2 分场 1999 年第一窝出生的第一头杜洛克纯种猪。

2. 统一数据库格式。

①个体记录（表 7）。

表 7　个体记录表

字段	个体号	品种	性别※	出生日期	父亲号	母亲号	备注
名称	ID	BREED	SEX	BDATE	SIRE	DAM	NOTE
类型	字符	字符	字符	字符	字符	字符	备注
长度	15	2	1	8	15	15	—
小数位	—	—	—	—	—	—	

※公猪用 M、母猪用 F 表示。

②生长性能测定记录（表 8）。

表 8　生长性能测定记录表

| 字段 | 个体号 | 达 50kg | | 达 100kg | | | | 30～100kg 饲料转化率 | 备注 |
		称重日期	体重	测定日期	体重	膘厚	眼肌厚度/面积	仪器 B 超		
									FCR	NOTE
类型	字符	日期	数字	日期	数字	数字	数字	字符	数字	备注
长度	15	8	5	8	6	5	5	1	4	—
小数位	—		2		2	2	2		2	

③屠宰测定记录（表 9）。

表 9　屠宰测定记录表

字段	个体号	屠宰日期	宰前重	胴体组成性状				肉质性状				备注
				胴体重	后退比例	膘厚※	眼肌面积	pH	肉色	滴水损失	大理石纹	
名称	ID	SDATE	SWT	CWT	HAM	CFAT	CLMA	PH	COLOR	DRIP	MARBL	NOTE
类型	字符	日期	数字	数字	数字	数字	数字	数字	数字	数字	数字	
长度	15	8	5	5	5	5	5	4	3	5	3	——
小数	—	—	2	2	2	2	2	2	1	2	1	

※膘厚为 3 点平均膘厚，按国标执行。

④母猪繁殖性能记录（表 10）。

表 10　母猪繁殖性能记录表

字段	个体号	配种日期※	公猪号※	配种方式※※	胎次	产仔记录						寄养情况		21日龄		备注
						日期	总产仔	活仔数	死胎	畸形	木乃伊	寄出	寄入	头数	窝重	
名称	ID	MDATE	BOAR	TYPE	PARITY	FDATE	TNB	NBA	SBN	ABN	MUM	OUT	IN	LN21	LWT21	NOTE
类型	字符	日期	字符	字符	数字	日期	数字	数字	数字	数字	数字	数字	数字	数字	数字	备注
长度	15	8	16	1	2	8	2	2	2	2	2	2	2	2	5	—
小数	—	—	—	—	—	—	—	—	—	—	—	—	—	—	—	2

※以最终配上的日期和公猪为准。
※※配种方式中，A 为人工授精，N 为自然交配，B 为同一情期同时使用人工授精和自然交配。

⑤体尺外貌测定记录（表 11）。

表 11　体尺外貌测定记录表

字段	个体号	日期	品种	达 100kg			
				日龄	体长	体高	胸围
名称	ID	MDATE	BREED	FDATE	BL	BH	HG
类型	字符	日期	字符	日期	数字	数字	数字
长度	15	8	2	8	6	6	6
小数	—	—	—	—	2	2	2

⑥胴体长及其他性状测定记录（表 12）。

表 12　胴体长及其他性状测定记录

字段	个体号	日期	品种	胴体长		背最长肌	
				胴体直长	胴体斜长	长度	重量
名称	ID	MDATE	BREED	SLC	TLC	LENGTH	WC
类型	字符	日期	字符	数字	数字	数字	数字
长度	15	8	2	6	6	6	6
小数	—	—	—	2	2	2	2

三、种猪测定与记录方法

1. 测定：

（1）场内测定。主要是场内自行测定。市遗传评估中心对场内测定进行指导和监督。

①仔猪断奶测定。在仔猪断奶时，每窝至少挑出 2 ♂ 和 3 ♀ 参加测定，详细记录个体数据。

②80～105kg 猪的终末测定。在 80～105kg 时进行空腹称重，分别计算或估算 100kg 时日龄。50kg 测定方法参照 80～105kg 的测定。

③背膘和眼肌厚度测定。受测猪 80～105kg 时，使用 B 超扫描测定倒数第 3～4 肋骨间距背中线 5cm 处的背膘厚和眼肌厚度（或眼肌面积）。为保证瘦肉率指标的真实性，背膘厚和眼肌厚测定缺一不可。

④胴体品质测定（选测）。受测猪 100kg 时，停食 24h 后称重屠宰，测定其屠宰率、眼肌面积、后腿比例等胴体性能。

⑤肌肉品质（选测）。参照全国遗传评估性状测定规程进行测定，重视劣质肉（PSE 和 DED）及应激敏感基因的出现。

A. 肌肉 pH：在屠宰后 45～60 分钟内测定，采用 pH 计。将探头插入倒数第 3～4 肋间处的眼肌内，待读数稳定 5 秒以上，记录 pH。

B. 肌肉颜色：在屠宰后 45～60 分钟内测定，以倒数第 3～4 肋间处眼肌横切面用五分制目测对比法评定。

C. 滴水损失：在屠宰后 45～60 分钟内取样，切取倒数第 3～4 肋间处眼肌，将肉样切成 2cm 厚的肉片，修成长 5cm、宽 3cm 的长条，称重后用细铁丝钩住肉条的一端，使肌纤维垂直向下，悬挂于塑料袋中（肉样不得与塑料袋壁接触），扎紧袋口后吊挂于冰箱内，在 4℃ 条件下保持 24h，取出肉条称重，按下式计算结果：

滴水损失＝（吊挂前肉条重－吊挂后肉条重）/吊挂前肉条重×100％

D. 大理石纹：以倒数第 3～4 肋间处眼肌为代表，用五分制目测对比法对一块肌肉范围内可见脂肪的分布情况进行评定。

为保证种猪测定结果的一致性，提高基础数据的可靠性，项目的组织单位将逐步为参加单位统一配置测定仪器，统一培训，并组织有关专家对场内测定数据和录入进行初步评价，剔除无效数据。

（2）测定站测定。市级测定站和场内测定站测定统一纳入遗传评估中心管理轨道。具体性状测定要求如下：

①受测猪 25kg 左右进入测定站后，进行观察、检疫和预饲，体重达到 30kg 时开始测定，80～105kg 时结束测定。其中 30、80～105kg 时空腹称重，计算 30～100kg 阶段日增重及饲料转化率；

②受测猪 80～100kg 时，用 B 超扫描测定倒数第 3～4 肋骨处的背膘厚和眼肌厚度，并依据有关校正公式，校正 100kg 时背膘厚和眼肌厚；

③采用自动计料系统，准确记录每头猪饲料消耗量；

④对受测猪健康水平进行监测。受测猪必须保证健康无病或病后经治疗迅速恢复健康者。参加遗传评估的场必须定期送检随机抽取测定猪的血样，进行抗体监测。受测猪患病须

及时治疗，生长发育受阻要立即淘汰，并称重和结料，若出现死亡做好尸体剖检记录。

2. 测定记录与数据录入：为遗传评估提供原始数据信息，关系到估计育种值的真实性。要确保场名、品种等基本情况记录齐全，系谱、耳号、日期、性状性能、疫病处理等现场记录及时、全面、字迹清晰工整、准确无误。减少或避免数据录入误差。

3. 有效数字的字段长度：以头数、次数（如胎次等）为计量单位的取整数；以 kg 为计量单位的末尾保留两位小数；以 g 为计量单位的末尾取整数；以 cm 为计量单位的末尾保留两位小数；以 mm 为计量单位的（如背膘厚度）末尾保留取整数。

4. 在测定与记录过程中，如发生技术问题，要及时纠偏，保证数据质量。

四、数据交流与管理

北京市种猪遗传评估体系内，承担各自任务的种猪性能测定站、核心育种场、原种猪场等，与北京市种猪遗传评估中心进行数据交流。形成上报交流的制度，以利于统一评估和进行全市育种值排序，有效促进育种工作的开展。

1. 数据上报：参与本市种猪遗传评估的种猪场、种猪性能测定站，定期（每月）将所测定采集的有关种猪性能数据按统一格式，及时上报到北京市种猪遗传评估中心。测定数据截止日期为每个月的 25 日，上报日期为 30 日以前。

2. 处理与发布：遗传评估中心运用 GBS 软件对现场测定数据进行处理，获得综合育种值，并定期发布遗传评估工作动态信息和育种资料数据信息。

3. 信息交流：参与种猪遗传评估的种猪场、种猪性能测定站、人工授精站，可随时向市种猪遗传评估中心查询本场（群）种猪个体育种值。市种猪遗传评估中心负责向社会发布评估结果，向全国主管部门与单位上报本市种猪遗传评估资料；并组织开展省市间或国际间的交流与协作。

4. 数据应用：北京市种猪遗传评估中心，根据综合评估结果，确定颁发种猪合格证；在发布遗传评估总体信息和提供个体咨询的基础上，根据评估结果向人工授精站推荐优秀种公猪，根据需要在专家组指导下修正有关种猪技术参数。

5. 数据管理：场（站）测定记录资料，由专人按技术档案标准进行管理；北京市遗传评估中心建立全市种猪遗传评估数据库，优秀种猪个体资料保留 10 年，统计分析数据资料、总体排序等文本资料长期存档。

北京种畜遗传评估中心

北京市畜牧兽医总站

二〇〇三年五月十二日

根据 2003 年 4 月 19~21 日遗传评估数据交流技术规范研讨会意见修改

附录五 北京市关于印发《关于加强种畜禽生产经营管理的意见》的通知

京农发〔2010〕104号

各区县农业局、动物卫生监督管理局：

为贯彻落实《农业部关于印发〈关于加强种畜禽生产经营管理的意见〉的通知》（农牧发〔2010〕2号）精神，进一步规范种畜禽生产经营市场秩序，推进种畜禽产业持续健康发展，维护广大养殖场户的合法权益，我局制订了《关于加强种畜禽生产经营管理的指导意见》，现印发给你们，请认真贯彻执行。

二〇一〇年五月十七日

北京市农业局

关于加强种畜禽生产经营管理的意见

种畜禽作为现代畜牧业发展的重要物质基础，在推进种畜牧业持续健康发展过程中发挥着十分关键的作用。加强种畜禽生产经营管理，规范种畜禽生产经营许可证的审批，是深入贯彻实施《中华人民共和国畜牧法》的重要内容，对于推进依法治牧进程，规范市场经营秩序，完善畜禽良种繁育体系，提高种畜禽质量安全水平，维护畜牧生产者合法权益有十分重要的意义。

一、强化种畜禽生产的规划布局

各区县要根据都市型现代畜牧业发展的实际需求，结合区域优势、资源条件和产业基础，科学规划本区域今后一个时期畜禽良繁体系建设重点，既要满足地区发展的实际需要，又要防止重复建设造成资源的浪费。市畜牧兽医总站要根据畜牧法的规定，组织开展种畜优良个体登记工作，制订细化登记方案，建立健全优良种畜登记数据库管理平台，向社会推荐优良种畜。

二、规范种畜禽生产经营许可

（一）启用新版《种畜禽生产经营许可证申请表》（附件1）。我局对原有申请表格式和内容进行了修改完善，从即日起启用。

（二）启用新版种畜禽场验收标准。为了进一步提升种畜禽场生产经营水平，提高种畜禽质量，我局组织各专业的专家、学者和技术人员重新修订了北京市种猪场、种牛场、肉种鸡场、蛋种鸡场、种鸭场等五项验收标准（试行）（附件2），其余品种的验收标准将陆续制订。

（三）规范种畜禽场现场验收程序。种畜禽场现场验收由市农业局从北京市种畜禽场验收专家库中随机抽取专家组成"专家验收小组"，依据种畜禽场验收标准到现场进行实地检查，并现场填写《北京市种畜禽场验收报告》，并附验收打分表（附件3）。我局根据场现场验收情况作为种畜禽生产经营许可的审批条件。

（四）取消企业送样检测疫病的制度。取消现行种畜禽生产经营许可审批事项中，申请材料和申请书示范文本第四条所规定的内容："申请单位到经市农业局认可的具有相应资质、资格的畜禽疫病检验机构，对一、二类畜禽烈性传染病和国家规定的其他疫病进行检验，并由畜禽疫病检验机构向北京市农业局提供检验结果。"

自 2010 年开始，我局将种畜禽场动物疫病检测工作纳入每年的常规监测计划，由北京市兽医试验诊断所对全市所有种畜禽场进行疫病动态监测，并每月将监测结果报市农业局备案。监测结果将作为种畜禽场生产经营证核发的重要参照依据。

三、加大种畜禽市场监管力度

种畜禽执法是畜牧法执法工作的关键环节。我局将定期、不定期组织开展种畜禽生产经营专项执法检查。各区县畜牧兽医主管部门要加大种畜禽执法检查力度，组织开展种畜禽生产经营专项检查，加大对伪造种畜禽生产经营许可证、无证经营、超范围经营、违法广告宣传、销售假劣种畜禽等违法行为的查处力度。各区县要实行种畜禽场常态化监管，注重对种畜禽场资质的复检，加强对种畜禽场销售种畜禽出具的种畜禽合格证明、检疫合格证明和家畜系谱"三证"的查验。要随时掌握到期种畜禽场情况，及时督促进行申请换证，否则，按无证处理。换发证必须按照有关要求在到期前 60 天进行申请办理。

四、稳步推进种畜禽生产性能测定

生产性能测定是种畜禽选育的基础，是提升种畜禽质量的重要手段。鼓励种畜禽场根据选育计划的要求，制订生产性能测定方案，系统地测定与记录种畜禽生产性能指标，确保测定数据的准确性和完整性。自 2009 年开始，本市已经启动了种猪活体质量监测、种猪精液质量检测、奶牛生产性能测定等工作。今后将扩展到种禽和其他畜种，并逐步将生产性能测定结果作为种畜禽场生产经营许可证核发的重要参照依据。

五、加强种畜禽进出口审批

引进种畜禽有助于提高我国畜禽生产水平，丰富育种素材、加快育种进程，提升优良种畜禽的市场竞争力。但是，种畜禽引进应与畜牧业发展实际需要相适应，既要保证种畜禽质量，又要避免盲目引进。种畜禽进口坚持"谁饲养，谁申请"的原则。各种畜禽场每年 11 月 10 日前应向我局畜牧管理处申报下一年种畜禽进口计划，申报数量应与种畜禽场实际生产能力相适应。区县畜牧兽医行政主管部门要按照国家相关规定，认真审查申请进口种畜禽企业的资质，对相关申报材料的完整性和填报数据的准确性、真实性负责，跟踪评价引进种畜禽的生产性能，防止低水平重复引进种畜禽。

六、加强种畜禽场疫病净化工作

动物疫病是影响现代畜牧业发展的重要制约因素之一。种畜禽疫病净化工作是动物防疫的重要基础性工作，我局将依据动物疫情监测计划，加强对种畜禽场猪瘟、禽白血病等主要动物疫病的动态监测。依据监测结果，组织种畜禽场开展主要动物疫病净化工作，从生产源头提高畜禽生产健康安全水平。

七、加快畜禽品种改良步伐

畜牧良种补贴政策是加快畜禽品种改良的重要抓手。各区县畜牧兽医主管部门要强化监督管理，进一步完善项目实施方案和资金管理办法，建立健全畜禽良种推广网络体系，加快普及人工授精配种技术，确保广大养殖场户受益。市畜牧兽医总站要继续组织开展家畜繁殖员、家禽繁殖员等的培训与职业技能鉴定，提高专业技术人员的生产操作技能。种畜禽场要强化售后服务工作，加强对畜禽养殖场（小区）和散养农户在畜禽品种改良方面的技术支持和服务，帮助解决生产中遇到的技术难题。

附件：1 北京市种畜禽生产经营许可证申请表（表1）

2 北京市种种畜禽场验收标准（部分略）

3 北京市种畜禽场现场验收表（略）

表1 北京市《种畜禽生产经营许可证》申请表

填表日期： 年 月 日

申请单位（盖章）			法定代表人		
详细地址			邮政编码		
联系人			传真		
			电子信箱		
种畜禽品种			引进畜禽来源		
生产范围			种畜禽来源场名称		许可证编号
技术力量	初级：人 中级：人 高级：人				
现有数量（头、只）	存栏总数：	其中：公：	母：		
	核心群			公：	母：
				公：	母：
				公：	母：
				公：	母：
	繁殖群			公：	母：
				公：	母：
				公：	母：
领取动物防疫合格证情况	发证单位		编号		
	有效期	自 年 月 日至 年 月 日			
区县畜牧部门初审意见					盖章
	负责人签字		年 月 日		
许可证编号及有效期	许可证编号	（ ）编号：京牧			
	有效期	自 年 月 日至 年 月 日			

北京市种猪场验收标准

一、基本条件

1. 申请验收的种猪场应取得工商行政管理部门核发的营业执照和动物防疫条件合格证。

2. 首次申报验收的种猪场应当提交工商行政管理部门核发的企业名称预先核准通知书原件及复印件。

二、人员条件

1. 企业负责人

为独立法人代表或法人授权的独立经营的企业负责人，具有一定的从业经验和组织管理能力。

2. 技术负责人

1名以上，具有畜牧兽医专业大专以上学历或具有本专业中级以上技术职称，从事种猪生产管理3年以上，有一定的组织管理能力。

3. 畜牧技术人员

1名以上，具有畜牧兽医专业大专以上学历，或具有技师或中级以上技术职称，熟悉种猪繁育、饲养管理、饲料营养技术。

4. 兽医技术人员

1名以上，具有畜牧兽医专业大专以上学历，或具有技师或中级以上技术职称，熟悉动物防疫、疫病控制等技术。

5. 从业人员

饲养人员经过饲养管理、环境控制、人工授精、设备使用等相关知识培训；兽药的采购、出入库管理人员经过兽药相关知识培训，熟练掌握药品的安全使用。

6. 其他要求

其他专业技术工种应经过相关技术培训后上岗，应取得相应的职业资格证书。企业每年应制订详细的培训计划并按照计划对员工进行培训和管理。患有相关人畜共患传染病的人员不得从事动物饲养工作。

三、选址条件

1. 距离生活饮用水源地、动物饲养场、养殖小区、种畜禽场和城镇居民区、文化教育科研等人口集中区域及公路、铁路等主要交通干线1 000米以上。

2. 距离动物隔离场所、无害化处理场所、动物屠宰加工场所、动物和动物产品集贸市场、动物诊疗场所3 000米以上。

四、布局条件

1. 场区周围建有围墙；

2. 场区出入口处设置与门同宽，长4米、深0.3米以上的消毒池；

3. 生产区与生活办公区分开，并有隔离设施；

4. 生产区入口处设置更衣消毒室，各栋舍出入口设置消毒池或消毒垫；

5. 生产区内清洁道、污染道分设；

6. 生产区各栋舍之间距离在5米以上或者有隔离设施；

7. 设立独立的产房和仔猪培育区。

五、设施设备条件

1. 场区入口处及生产区设置消毒池、配备消毒机具等设备；

2. 生产区有良好的采光、通风、饮水喂料、降温采暖、灭火等设施设备；

3. 圈舍地面和墙壁选用适宜材料；

4. 具有必要的防鼠、防鸟、防虫设施或者措施；

5. 密闭式猪舍，且具备与饲养量相符的圈舍；

6. 设有储物间、办公室、休息室、洗澡更衣室等辅助设施；

7. 设置单独的兽医室，配备必要的诊断、监测仪器设备，能够开展常见疫病的抗体监测和常规化验；

8. 具备专用药房，配备疫苗冷冻（冷藏）设备、能保证药物储存所需的环境要求；

9. 种猪场应配备与种猪性能测定相适应的计算机、电子秤、B超、GBS软件等育种设施设备；

10. 有相对独立的引入动物隔离舍和患病动物隔离舍；有与生产规模相适应的无害化处理、污水污物处理设施设备；

11. 所有设施设备应处于良好状态。

六、管理制度

1. 具有防疫、生产、技能培训、饲养管理、环境控制、饲料管理、设备管理等规章制度和操作规程；

2. 具有国家规定的疫病净化、疫情报告制度；疫病监测结果符合国家和北京市的相关规定；

3. 具有明确的防疫程序，按照程序进行免疫、监测和消毒，建立并留存相关记录；

4. 建立养殖档案并留存2年，具体包括检疫、免疫、消毒、发病、死亡和无害化处理等内容；

5. 具有完整的生产计划、生产管理统计报表等资料；

6. 具有完整的繁殖性能记录和统计分析资料。

七、种源条件

1. 生产经营的种猪为通过国家畜禽遗传资源委员会审定或鉴定的品种、配套系，或者是经过批准引进的品种、配套系；

2. 种源来源于有《种畜禽生产经营许可证》的种猪场，血缘清晰，应附有引种证明、种畜系谱、种畜禽合格证明和检疫合格证明；从境外引进的，应符合配套系固定的模式，附具农业部批准文件、进口报关单和出入境检疫合格证明；

3. 原种猪场不能超过两个品种（一个父系品种，一个母系品种），基础母猪总规模500头以上；种猪扩繁场基础母猪规模300头以上。每个品种的核心群应有5个以上的血统。

4. 种猪年更新率达 25% 以上。

八、种猪选育

1. 有科学的种猪选育方案并严格执行。

2. 按照《北京市种猪性能测定技术规程》开展种猪性能测定工作，测定性状至少包括总产仔数、达 100kg 体重日龄、100kg 活体背膘厚 3 个性状，且每年测定数量不少于基础母猪数量的 60% 以上；按照计划参加北京市种猪集中测定；测定数据每季度向北京市种畜遗传评估中心上报。

3. 有种猪选育工作年度总结或进展报告。

4. 按照《种猪登记技术规范》（NY/T 820）规定进行种猪登记。

九、种猪质量

1. 体型外貌

（1）纯种猪体型外貌符合本品种特征。

（2）种猪繁殖及泌乳系统发育正常，无遗传疾患和损征，有效乳头数 6 对以上。

2. 繁殖性能

总产仔数：母系品种（系）初产 9 头以上，经产 10 头以上；父系品种（系）初产 8 头以上，经产 9 头以上。

3. 生产性能

（1）达 100kg 体重日龄

在集中测定的条件下，原种场母本品种（系）为 160 天以下（北京黑猪为 200 天以下），父本品种（系）为 155 天以下；祖代场母本品种（系）为 165 天以下（北京黑猪为 200 天以下），父本品种（系）为 160 天以下。

（2）100kg 活体背膘厚

在集中测定的条件下，原种场母本品种（系）为 18mm 以下（北京黑猪为 25mm 以下），父本品种（系）为 15mm 以下；祖代场母本品种（系）为 20mm 以下（北京黑猪为 25mm 以下），父本品种（系）为 18mm 以下。

4. 疫病净化

口蹄疫、猪瘟、猪伪狂犬病、布病不得检出。

十、销售要求

1. 出售种猪必须附带种畜禽合格证明、种畜系谱、检疫合格证明和引种证明，并保存 2 年以内的销售记录，建立可追溯的档案体系；

2. 销售种猪的品种、配套系、代次均达到该品种、配套系、代次的合格标准；

3. 有售后服务措施和记录。

附录六 种猪登记技术规范（NY/T 820—2004）

前　言

本标准的附录 A、附录 B 为规范性附录。

本标准由中华人民共和国农业部提出并归口。

本标准主要起草单位：农业部种猪质量监督检验测试中心（广州）、农业部种猪质量监督检验测试中心（武汉）、广东省板岭原种猪场、广东省东莞食品进出口公司大岭山猪场。

本标准主要起草人：吴秋豪、倪德斌、刘小红、张国杭、李珍泉、李炳坤。

种猪登记技术规范

1　范围

本标准规定了种猪的系谱登记与性能登记项目、方法。

本标准适用于种猪的系谱登记与性能登记。

2　规范性引用文件

下列文件中的条款通过本标准的引用而成为本标准的条款。凡是注日期的引用文件，其随后所有的修改单（不包括勘误的内容）或修订版均不适用于本标准，然而，鼓励根据本标准达成协议的各方研究是否可使用这些文件的最新版本。凡是不注日期的引用文件，其最新版本适用于本标准。

种畜禽管理条例

3　术语与定义

下列术语和定义适用于本标准。

3.1
总产仔数 total number born
出生时同窝的仔猪总数，包括死胎、木乃伊和畸形猪在内。

3.2
产活仔数 number of born alive
出生时同窝存活的仔猪数，包括衰弱即将死亡的仔猪在内。

3.3
产仔间隔 farrowing interval
母猪前、后两胎产仔间隔的天数。

3.4
初产日龄 at first parity
母猪头胎产仔时的日龄。

3.5

初生重 weight at birth

仔猪初生时的个体重，在出生后 12h 内测定，只测定出生时存活仔猪的体重。全窝存活仔猪体重之和为初生窝重。

3.6

21 日龄窝重 litter weight at 21 days

21 日龄时的全窝仔猪体重之和为 21 日龄窝重，包括寄养进来的仔猪在内，但寄出仔猪的体重不应计在内。寄养应在 3d 内完成，注明寄养情况。

3.7

育成仔猪数 number of foster

21 日龄同窝仔猪的头数，包括寄入的在内，并注明寄养头数。

3.8

哺育率 percentage or foster

育成仔猪数占产活仔数的百分比。如有寄养情况，应在产活仔数中扣除寄出仔猪数，加上寄养进来的仔猪数，其计算公式为：

$$\text{哺育率（\%）} = \frac{\text{育成仔猪数}}{\text{产活仔猪数} - \text{寄出仔猪数} + \text{寄入仔猪数}} \times 100\% \cdots\cdots (1)$$

3.9

达目标体重日龄 age to target live weight

控制测定的后备种公、母猪的体重在一定范围，称重前停料 12h 以上，记录测定日期，并转换成达目标体重日龄。

3.10

日增重 average daily gain

测定期间的日均增重，用克（g）表示。其计算公式为：

$$\text{日增重} = \frac{\text{终测体重} - \text{开测体重}}{\text{测定期天数}} \cdots\cdots\cdots\cdots\cdots\cdots (2)$$

3.11

饲料转化率 feed conversion ratio

测定期间每单位增重所消耗的饲料量，计算公式为：

$$\text{饲料转化率} = \frac{\text{饲料总消耗量}}{\text{总增重}} \cdots\cdots\cdots\cdots\cdots\cdots (3)$$

3.12

活体背膘厚 backfat at live body

测定垂直于背部皮下脂肪的厚度，以毫米（mm）为单位。可采用 A 超或 B 超进行测定。

3.13

活体眼肌面积 loin eye area at live body

测定垂直于背部背最长肌的横断面面积，以平方厘米（cm²）为单位。可采用 B 超进行测定。

3.14

体长 body length

枕骨脊至尾根的距离，用软尺沿背线紧贴体表量取。

3. 15

体高 body width

鬐甲至地面的垂直距离，用硬尺量取。

3. 16

胸围 girth or chest

切于肩胛软骨后角的胸部垂直周径，用软尺紧贴体表量取。

3. 17

腿臀围 girth of ham

自左侧膝关节前缘，经肛门，绕至右侧膝关节前缘的距离，用软尺紧贴体表量取。

3. 18

管围 circumference of cannon bone

左前肢管部最细处的周径，用软尺紧贴体表量取。

3. 19

胸深 depth or chest

切于肩胛软骨后角的背至胸部下缘的垂直距离，用硬尺或测杖量取。

3. 20

胸宽 width of chest

切于肩胛后角胸部左右两侧之间的水平距离，用硬尺或测杖量取。

3. 21

腹围 girth or paunch

腹部最粗壮处的垂直周径，用软尺紧贴体表量取。

在种猪达到目标体重时测量体尺，种猪站立姿势应求端正，尤其测量体长时。

4　登记条件

根据《种畜禽管理条例》要求，具备种猪场资格登记种猪的后代，或经国家有关部门批准、引进的种猪，或为经国家相关部门认可的外国种猪协会出具血缘证明的猪只、精液或胚胎。

——符合本品种特征；

——系谱记录完整，个体标识清楚；

——健康、无遗传损征，具有种用价值。

5　个体编号与耳缺剪法

实行全国统一的种猪个体编号系统，见附录 A。

6　登记项目

6.1　系谱

登记种猪 3 代以上系谱。登记表格见附录 B 的表 B. 1。

6.2　基本信息

登记场名、地址、邮编、登记日期、种群代码、登记品种、性别、个体号、初生重。登记表格见附录 B 的表 B.1。

6.3　生长性能

登记达目标体重日龄、日增重、活体背膘厚、饲料转化率、体尺，体尺、活体眼肌面积、饲料转化率为可选登记项。登记表格见附录 B 的表 B.1。

6.4　繁殖性能

登记胎次、总产仔数、产活仔数、寄养情况、21 日龄窝重、育成仔猪数、哺育率。登记表格见附录 B 的表 B.2。

6.5　种猪登记的变更

登记种猪出现变更、残淘或死亡应向登记部门报告，并填写种猪变更登记表，表格见附录 B 的表 B.3。

附　录　A

（规范性附录）

种猪个体编号系统与耳缺剪法

A.1　种猪个体编号系统

个体号实行全国统一的种猪编号系统，编号系统由 15 位字母和数字构成，编号原则为：

——前两位用英文字母表示品种，如 DD 表示杜洛克，LL 表示长白，YY 表示大白，HH 表示汉普夏等，二元杂交母猪用父系＋母系的第一个字母表示；

示例：长大杂交母猪用 LY 表示。

——第三位至第六位用英文字母表示场号（由农业部统一认定）；

——第七位用数字或英文字母表示分场号（先用1～9,然后用 A～Z,无分场的种猪场用1）；

——第八位至第九位用公元年份最后两位数字表示个体出生时的年度；

——第 10 位至第 13 位用数字表示场内窝序号；

——第 14 位至第 15 位用数字表示窝内个体号；

——建议个体编号用耳标加刺标或耳缺做双重标记，耳标编号为个体号第三位至第六位字母，即场号，加个体号的最后六位。

A.2　耳缺剪法

耳缺剪法如图 1 所示，正对猪头左耳打孔表示场内窝号 4000，右耳打孔表示场内窝号

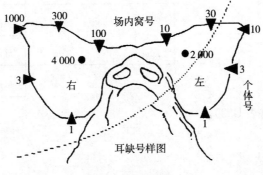

图 A.1　耳缺剪法

附 录 B

（规范性附录）

记录表格

B. 1. 1 基本信息表（表 B. 1）。

表 B. 1 种猪基本资料登记表

登记单位：＿＿＿＿＿＿＿＿＿＿＿＿

联系地址：＿＿＿＿＿＿＿＿＿＿＿＿

邮　　编：＿＿＿＿＿＿＿＿＿＿＿＿

电　　话：＿＿＿＿＿＿ 传　真：＿＿＿＿＿

电子邮箱：＿＿＿＿＿＿＿＿＿＿＿＿

登 记 号：＿＿＿＿＿＿＿＿＿＿＿＿＿＿

登记日期：＿＿＿＿＿＿＿＿＿＿＿＿＿＿

耳缺号		种群代码		出生日期		出生地点	
性　别		品　　种		品　系		近交程度	
初生重		乳头数	左　右	进场日期		离场日期	
离场原因							
外形特征							

B. 1. 2 系谱（表 B. 2）。

表 B. 2 系谱

	父：	父父：	父父父：
			父父母：
		父母：	父母父：
			父母母：
母：		母父：	母父父：
			母父母：
		母母：	母母父：
			母母母：

B. 1. 3 生长性能（表 B. 3）。

表 B.3　生长性能

目标体重 日龄 d	日增 重 g	体尺，cm							活体背膘厚，mm		活体眼肌 面积 cm²	饲料 转化率
		体长	胸围	腿围	管围	胸深	胸宽	腹围	A超	B超		

B.1.4　备注（表 B.4、表 B.5）。

表 B.4　种猪繁殖性能登记表

登记号：＿＿＿＿＿＿＿＿＿＿＿
登记日期：＿＿＿＿＿＿＿＿＿
个 体 号：＿＿＿＿＿＿＿＿＿
出生日期：＿＿＿＿＿＿＿＿＿

登记单位：＿＿＿＿＿＿＿＿＿
联系地址：＿＿＿＿＿＿＿＿＿
邮　　编：＿＿＿＿＿＿＿＿＿
电　　话：＿＿＿＿＿传真：＿＿＿＿
电子邮箱：＿＿＿＿＿＿＿＿＿

配种 日期	公猪号	配种 方式*	胎次	产仔记录						寄养情况		育成情况			哺育率
				日期	总仔数	活仔数	死胎	畸形	木乃伊	寄出	寄入	称重日期	头数	窝重	

*：A 为人工授精，N 为自然交配。

表 B.5　种猪变更登记表

登记单位：＿＿＿＿＿＿＿＿＿＿

联系地址：＿＿＿＿＿＿＿＿＿＿

邮　　编：＿＿＿＿＿＿＿＿＿＿

电　　话：＿＿＿＿＿＿　传真：＿＿＿＿＿＿

登 记 号：＿＿＿＿＿＿＿＿＿＿＿＿＿

电子邮箱：＿＿＿＿＿＿＿＿＿＿

个体号	变更日期	变更原因		
		转群	残淘	死亡

附录七　种猪生产性能测定规程
（NY/T 822—2004）

前　言

本标准的附录 A、附录 H 为规范性附录。

本标准由中华人民共和国农业部提出并归口。

本标准起草单位：全国畜牧总站、农业部种猪质量监督检验测试中心（武汉）、农业部种猪质量监督检验测试中心（广州）。

本标准主要起草人：刘海良、夏宣炎、吴秋豪、刘小红、张国杭、孙梅、薛明。

种猪生产性测定规程

1　范围

本标准规定了种猪生产性能中心测定的基本条件，受测猪的选择，测定项目、方法及结果的评定方法。

本标准适用于国家种猪测定中心和各级种猪测定中心（站）。

2　规范性引用文件

下列文件中的条款通过本标准的引用而成为本标准的条款。凡是注日期的引用文件，其随后所有的修改单（不包括勘误的内容）或修订版不适用于本标准，然而，鼓励根据本标准达成协议的各方研究是否可使用这些文件的最新版本。凡是不注日期的引用文件，其最新版本适用于本标准。

中华人民共和国动物防疫法基本条件

3　基本条件

3.1　选址合理，有相应的隔离猪舍与测定猪舍，严格的生物安全性措施，符合《中华人民共和国动物防疫法》的有关要求。

3.2　有必要的检测设备，如活体测膘仪（A 超或 B 超）、电子秤（磅秤）、肉质评定仪器设备等。出具数据的仪器设备应进行计量检定，达到规定的精度要求，并由专人负责管理和使用。

3.3　有合格的测定员和兽医人员。

3.4　测定饲料符合各品种猪营养需要，营养水平相对稳定，测定环境基本一致。

3.5　有完整的档案记录。

4　受测猪的选择

4.1　受测猪编号清楚，有三代以上系谱记录，符合品种要求，生长发育正常，健康状况良好，同窝无遗传缺陷。

4.2　送测猪场必须是近 3 个月内无传染病疫情，并出具县级以上动物防疫监督机构签发的检疫证明。

4.3　送测猪应在测前 10d 完成必要的免疫注射。

4.4　送测前 15d 将送测猪在场内隔离饲养，"中心"派员协同场内测定员每头猪血清采集 2mL，送省或省级以上动物防疫监督机构进行"中心"要求的血清学检查，根据检验结果确定送测猪。

4.5　送测猪在 70 日龄以内，体重 25kg 以内，并经 2 周隔离预试后进入测定期。

5　测定项目

——30～100kg 平均日增重（ADG，g）；

——活体背膘厚（BF，mm）；

——饲料转化率（FCR）；

——眼肌面积（LMA，cm²）；

——后腿比例（%）；

——胴体瘦肉率（%）；

——肌肉 pH；

——肌肉颜色；

——滴水损失（%）；

——肌内脂肪含量（%）。

6 测定方法

6.1 种猪收测在 2d 内完成，送猪车辆必须彻底清洗、严格消毒。"中心"接到送测猪后，重新打上耳牌，由测定员按规定进行以下各项检查：

——系谱资料；

——健康检查合格证和血清学抗体检验结果；

——场地检疫证明。

6.2 送测猪到"中心"后，以场为单位进入隔离舍观察 2 周，经兽医检查合格后进入测定。

6.3 送测猪隔离观察结束后随机进入测定栏，转入测定期。

6.4 在隔离期和测定期间均自由采食，可单栏饲养，也可群饲。

6.5 个体重达 27kg～33kg 开始测定，至 85kg～105kg 时结束。定时称重，同时记录称重日期、重量，每天记录饲料耗量，计算 30kg～100kg 平均日增重（校正方法见附录A.1）和饲料转化率。

6.6 终测时进行活体背膘厚测定。

测定部位：采用 B 超测定倒数第 3 肋～第 4 肋间左侧距背中线 5cm 处背膘厚（校正方法见附录 A.2）；采用 A 超测定胸腰椎结合处、腰荐椎结合处左侧距背中线 5cm 处两点背膘厚平均值。

6.7 送测猪患病应及时治疗，1 周内未治愈应退出测定，并称重和结料；若出现死亡，应有尸体解剖记录。

6.8 测定结束后，若屠宰应进行胴体测定和肉质评定。

6.8.1 眼肌面积：在测定活体背膘厚的同时，利用 B 超扫描测定同一部位的眼肌面积。在屠宰测定时，将左侧胴体（以下需屠宰测定的都是指左侧胴体）倒数第 3 肋～第 4 肋间处的眼肌垂直切断，用硫酸纸绘出横断面的轮廓，用求积仪计算面积。也可用游标卡尺度量眼肌的最大高度和宽度，按式（1）计算：

$$眼肌面积（cm^2）=眼肌高（cm）\times 眼肌宽（cm）\times 0.7 \cdots\cdots\cdots (1)$$

计算出的眼肌面积按式（2）进行校正：

$$眼肌面积(cm^2)=实际眼肌面积(cm^2)$$
$$+\frac{[100-实际体重(kg)]\times 实际眼肌面积(cm^2)}{实际体重(kg)+70} \cdots\cdots (2)$$

6.8.2　后腿比例：在屠宰测定时，将后肢向后成行状态下，沿腰荐结合处的垂直切线切下的后腿重量占整个胴体重量的比例。按式（3）计算：

$$后腿比例（\%）=实际眼肌面积（cm^2）+\frac{后腿重量（kg）}{胴体重量（kg）}\times100\cdots\cdots（3）$$

6.8.3　胴体瘦肉率：取左半胴体除去板油及肾脏后，将其分为前、中、后三躯。前躯与中躯以 6 肋～7 肋间为界垂直切下，后躯从腰椎与荐椎处垂直切下。将各躯皮脂、骨与瘦肉分离开来，并分别称重。分离时，肌间脂肪算做瘦肉不另剔除，皮肌算做肥肉亦不另剔除。按公式（4）计算：

$$胴体瘦肉率（\%）=\frac{瘦肉重（kg）}{皮脂重（kg）+骨重（kg）+肉重（kg）\times100}\cdots\cdots（4）$$

6.8.4　肌肉 pH：在屠宰后 45min～60min 内测定采用 pH 计，将探头插入倒数第 3～第 4 肋间处的眼肌内，待读数稳定 5s 以上，记录 pH_1，将肉样保存在 4℃冰箱中 24h 后测定，记录 pH24。

6.8.5　肌肉颜色：在屠宰后 45min～60min 内测定，以倒数第 3 肋～第 4 肋间眼肌横切面用色值仪或比色板进行测定。

6.8.6　滴水损失：在屠宰后 45min～60min 内取样，切取倒数第 3 肋～第 4 肋间处眼肌，将肉样切成 2cm 厚的肉片，修成长 5cm、宽 3cm 的长条，称重。用细铁丝钩住肉条的一端，使肌纤维垂直向下，悬挂于塑料袋中（肉样不得与塑料袋壁接触）。扎紧袋口后，吊挂于冰箱内，在 4℃条件下保持 24h，取出肉条称重。按式（5）计算：

$$滴水损失（\%）=\frac{吊挂前肉条（kg）-吊挂后肉条重（kg）}{吊挂前肉条重（kg）}\times100\cdots（5）$$

6.8.7　肌内脂肪含量：在倒数第 3 肋～第 4 肋间处眼肌切取 300g～500g 肉样，采用索氏抽提法进行测定。

7　评定方法

各中心可按各自实际情况制订相应的综合评定方法，并计算性能综合指数。

8　检测报告

测定结束后，以场为单位编制检测报告，一式三份，其中送测单位一份，"中心"保存一份，报当地畜牧行政主管部门一份。报告格式见附录 B。

附　录　A

（规范性附录）

30kg～100kg 平均日增重及背膘厚校正方法

A.1　30kg～100kg 平均日增重［式（A.1）］

$$30kg～100kg 日增重（g）=\frac{700\times1000}{校正达100kg 日龄（d）-校正达30kg 日龄（d）}\cdots\cdots（A.1）$$

A.1.1　达 30kg 日龄的校正方法［式（A.2）］

$$校正达30kg 日龄（d）=实测日龄（d）+[30-实测体重（kg）]\times b\cdots\cdots（A.2）$$

其中，杜洛克猪 b＝1.536，长白猪 b＝1.565，大约克夏猪 b＝1.550。

A.1.2　达 100kg 日龄的校正方法 [式（A.3）]

$$校正达 100kg 日龄（d）＝实测日龄（d）－\frac{实测体重（kg）－100}{CF} \quad\cdots\cdots（A.3）$$

其中，CF 计算公式见式（A.4）、（A.5）。

$$CF＝\frac{实测体重（kg）}{实测日龄（d）}×1.826040（公猪）\quad\cdots\cdots\cdots\cdots\cdots（A.4）$$

$$＝\frac{实测体重（kg）}{实测日龄（d）}×1.714615（母猪）\quad\cdots\cdots\cdots\cdots\cdots（A.5）$$

A.2　背膘厚校正方法

$$校正至 100kg 体重背膘厚（cm）＝实测背膘厚（cm）×CF$$

其中，CF 计算公式见（A.6）

$$CF＝\frac{A}{A＋B×[实测体重（kg）－100]}\quad\cdots\cdots\cdots\cdots\cdots（A.6）$$

式中 A、B 值见表 A.1。

表 A.1　A、B 值列表

品种	公猪		母猪	
	A	B	A	B
大约克夏猪	12.402	0.106 530	13.706	0.119 624
长白猪	12.826	0.114 379	13.983	0.126 014
汉普夏猪	13.113	0.117 620	14.288	0.124 425
杜洛克猪	13.468	0.111 528	15.654	0.156 646

附　录　B

（规范性附录）

检验报告格式

No. ××××××××

检验报告

产品名称：

受检单位：

检验类别：

×××××××中心

NY/T 822—2004

注意事项

1. 报告无"检验报1，专用章"或检验单位公章无效。

2. 复制报告未重新加盖"检验报告专用章"或检验单位公章无效。

3. 报告无制表、审核、批准人签章无效。

4. 报告涂改无效。

5. 对检验报告若有异议，应于收到报告之日起十五日内向检验单位提出，逾期不予受理。

6. 一般情况，委托检验仅对来样负责。

7. 未经本中心许可，不得做商业广告宣传用。

地　　址：×××××××

电　　话：×××××××

传　　真：×××××××

电子邮件：×××××××

邮　　编：×××××××

开户银行：×××××××

银行账号：×××××××

×××××××中心

检验报告

No. ×××××××

共×页　第×页

产品名称		型号规格	
		商标	
受检单位		检验类别	
生产单位		样品等级	
抽样地点		到样日期	

（续）

产品名称		型号规格	
		商标	
样品数量		送样者	
抽样基数		原编号或生产日期	
检验依据		检验项目	
所用主要仪器		试验环境条件	
检验结论			
备注			

签发日期××××年××月××日（盖章）

批准：　　　　　　　审核：　　　　　　　制表：

×××××××中心

检验报告

No.×××××××　　　　　　　　　　　共×页　第×页

检验内容	计量单位	标准值	实测值	结论

附录八　瘦肉型猪胴体性状测定技术规范
（NY/T 825—2004）

前　言

本标准由中华人民共和国农业部提出并归口。

本标准起草单位：广东省农业科学院、农业部种猪质量监督检验测试中心（广州）、华南农业大学。

本标准起草人：彭国良、刘小红、蔡更元、吴秋豪、陈赞谋、李剑豪。

瘦肉型猪胴体性状测定技术规范

1　范围

本标准规定瘦肉型猪胴体性状测定的方法。

本标准适用于瘦肉型猪胴体性状的测定。

2　术语和定义

下列术语和定义适用于本标准。

2.1

宰前活重 live weight at slaughter

猪在屠宰前空腹 24h 的体重。

2.2

胴体重 weight of carass

猪在放血、煺毛后，去掉头、蹄、尾和内脏（保留板油、肾脏）的两边胴体总重量。

2.3

屠宰率 dressing percentage

胴体重占宰前活重的百分比，计算方法如公式（1）

$$屠宰率（\%）= \frac{胴体中（kg）}{宰前活重（kg）} \times 100 \quad\cdots\cdots\cdots\cdots\cdots（1）$$

2.4

平均背膘厚 average backfat thickness

胴体背中线肩部最厚处、最后肋、腰荐结合处三点的平均脂肪厚度。

2.5

皮厚 thickness of skin

胴体背中线第 6 肋～第 7 肋处的皮肤厚度。

2.6

眼肌面积 loin eye area

胴体最后肋处背最长肌的横截面面积。

2.7

胴体长 length of carcass

胴体耻骨联合前沿至第一颈椎前沿的直线长度。

2.8

腿臀比例 percentage of ham

沿倒数第一腰椎与倒数第二腰椎之间垂直切下的左边腿臀重占左边胴体重的百分比，计算方法如公式（2）

$$腿臀比例（\%）= \frac{左边腿臀重（kg）}{左边胴体体重（kg）} \times 100 \quad\cdots\cdots\cdots\cdots（2）$$

3 测定前处理

3.1 测定猪空腹 24h，空腹期供给充足的饮水并避免打斗。

3.2 空腹后体重 95kg～105kg。

3.3 放血部位由猪咽喉正中偏右 3cm～3.5cm 刺入心脏附近，割断前腔动脉或颈动脉，但不刺穿心脏，保证放血良好。

3.4 烫毛水温控制在 62℃～65℃，烫毛时间 5min～7min。

3.5 胴体开膛劈半应左右对称，背线切面整齐。

4 测定方法

4.1 宰前活重

宰前空腹 24h 用磅秤称取，单位为千克（kg）。

4.2 胴体重

在猪放血、煺毛后，用磅秤称取去掉头、蹄、尾和内脏（保留板油、肾脏）的两边胴体重量，单位为 kg。去头部位在耳根后缘及下颌第一条自然皱纹处，经枕寰关节垂直切下。前蹄的去蹄部位在腕掌关节，后蹄在跗关节。去尾部位在尾根紧贴肛门处。

4.3 平均背膘厚

将右边胴体倒挂，用游标卡尺测量胴体背中线肩部最厚处、最后肋、腰荐结合处三点的脂肪厚度，以平均值表示，单位为毫米（mm）。

4.4 皮厚

将右边胴体倒挂，用游标卡尺测量胴体背中线第 6～7 肋处皮肤的厚度，单位为毫米（mm）。

4.5 眼肌面积

在左边胴体最后肋处垂直切断背最长肌，用硫酸纸覆盖于横截面上，用深色笔沿眼肌边缘描出轮廓，用求积仪求出面积，单位为平方厘米（cm²）。

4.6 胴体长

将右边胴体倒挂，用皮尺测量胴体耻骨联合前沿至第一颈椎前沿的直线长度，单位为厘米（cm）。

4.7 胴体剥离及皮率、骨率、肥肉率、瘦肉率的计算

将左边胴体皮、骨、肥肉、瘦肉剥离。剥离时，肌间脂肪算做瘦肉不另剔除，皮肌算做肥肉不另剔除，软骨和肌腱计作瘦肉，骨上的瘦肉应剥离干净。剥离过程中的损失应不高于 2%。

将皮、骨、肥肉和瘦肉分别称重，按公式（3）、（4）、（5）、（6）分别计算皮率、骨率、肥肉率和瘦肉率。

$$皮率（\%）=\frac{皮重}{皮重+骨重+肥肉重+瘦肉重}\times100 \cdots\cdots\cdots（3）$$

$$骨率（\%）=\frac{骨重}{皮重+骨重+肥肉重+瘦肉重}\times100 \cdots\cdots\cdots（4）$$

$$肥肉率（\%）=\frac{肥肉重}{皮重+骨重+肥肉重+瘦肉重}\times100 \cdots\cdots\cdots（5）$$

$$瘦肉率（\%）=\frac{瘦肉重}{皮重+骨重+肥肉重+瘦肉重}×100 \quad \cdots\cdots\cdots\cdots（6）$$

附录九　猪肌肉品质测定技术规范
（NY/T 821—2004）

前　言

本标准由中华人民共和国农业部提出并归口。

本标准起草单位：农业部种猪质量监督检验测试中心（武汉）、农业部种猪质量监督检验测试中心（广州）。

本标准主要起草人：倪德斌、熊远著、邓昌彦、刘望宏、胡军勇、雷明刚、刘小红、钱辉跃。

猪肌肉品质测定技术规范

1　范围

本标准规定了猪肌肉品质测定的指标、方法和条件等。

本标准适用于猪肌肉品质测定。

2　规范性引用文件

下列文件中的条款通过本标准的引用而成为标准的条款。凡是注日期的引用文件，其随后所有的修改单（不包括勘误的内容）或修订版均不适用于本标准，然而，鼓励根据本标准达成协议的各方研究是否可使用这些文件的最新版本。凡是不注日期的引用文件，其最新版本适用于本标准。

NY/T 825—2004 瘦肉型猪胴体性状测定技术规范

3　术语和定义

下列术语和定义适用于本标准。

3.1

肉色 meat color

肌肉横截面颜色的鲜亮程度。

3.2

肌肉 pH　muscle pH

宰后一定时间内肌肉的酸碱度，简称 pH。

3.3

系水力 water holding capacity，WHC.

离体肌肉在特定条件下，在一定时间内保持其内含水的能力。根据特定条件的不同，分别表述为系水潜能、可榨出水和滴水损失。

3.3.1

系水潜能 water holding potential

肌肉在一定时间内保持其内含水分的最大能力。

3.3.2

可榨出水 expressible moisture

肌肉在一定外力作用下，在规定时间内其内含水的榨出量。

3.3.3

滴水损失 drip loss

肌肉在不施加外力情况下，在规定时间内其内含水的外渗损失量。

3.4

肌内脂肪 intramuscular fat，IMF.

肌肉组织内的脂肪含量。

3.5

大理石纹 marbling

肌肉横截面可见脂肪与结缔组织的分布情况。

3.6

肌肉品质 meat quality

在由肌肉转化为食用肉的过程中，肌肉原有的各种理化特性与消费和流通有关的品质特性，如肉色、系水力、pH、风味等，简称肉质。

3.7

PSE　pale soft and exudative

宰后一定时间内，肌肉出现颜色灰白（Pale）、质地松软（soft）和切面汁液外渗（exudative）的现象。

3.8

DFD　dark firm and dry

宰后一定时间内，肌肉出现颜色深暗（dark）、质地紧硬（firm）和切面干燥（dry）的现象。

3.9

酸肉 acid meat

宰后 45min 内，肌肉 pH_1 维持 6.1 以上，但随后肌肉 pH 迅速下降，肌肉 pH_{24} 降至 5.5 以下的现象。

4　宰前处理与屠宰条件

按 NY/T 825—2004 执行。

5　取样

5.1　取样时间

猪停止呼吸 30min 内应取样完毕。

5.2　取样部位

5.2.1　在左半胴体倒数第 3～第 4 胸椎处向后取背最长肌 20cm～30cm。

5.2.2　贴标签于倒数第 3～第 4 胸椎端，标签上注明屠宰时间、取样时间、样号、样重和取样人。

5.2.3　置于有盖白方瓷盘中备测。

6　测定方法

6.1　肉色

6.1.1　测定方法

6.1.1.1　比色板评分法

a）测定时间：猪停止呼吸 1h～2h 内；

b）测定部位：胸腰椎结合处背最长肌；

c）将肉样一分为二，平置于白色瓷盘中，对照肉样和肉色比色板在自然光线下进行目测评分，采用 6 分制比色板评分：1 分为 PSE 肉（微浅红白色到白色）；2 分为轻度 PSE 肉（浅灰红色）；3 分为正常肉色（鲜红色）；4 分为正常肉色（深红色）；5 分为轻度 DFD 肉（浅紫红色）；6 分为 DFD 肉（深紫红色）；

d）宜在两整数间增设 0.5 分档，记录评分值。

6.1.1.2　光学测定法

a）测定时间和部位与 6.1.1.1 相同；

b）采用色差计测定，色差应配备 D65 光源，波长 400nm～700nm，如使用其他类型仪器测定，应说明方法与条件；

c）按仪器操作要求对肉样进行测定，并记录测定结果；

d）每个肉样测两个平行样，每个平行样测三点，两平行样测定结果之间的相对偏差应小于 5%，否则应立即重做。

6.1.2　测定结果的表述

6.1.2.1　比色板评分法结果的表述如式（1）：

$$肉色评分＝目测评分值 \cdots\cdots\cdots\cdots\cdots\cdots\cdots\cdots\cdots\cdots（1）$$

6.1.2.2　光学测定法结果的表述如式（2）：

$$色值＝（\textstyle\sum Ri/3＋\sum Rj/3）/2 \cdots\cdots\cdots\cdots\cdots\cdots（2）$$

式中：

$\sum Ri$、$\sum Rj$——分别为每片肉样三次测定读数之和；

　　　　　3——每片肉样的测定次数；

　　　　　2——肉片数。

6.1.2.3　测定结果保留至两位小数。

6.2　肌肉 pH

6.2.1　测定方法

6.2.1.1　测定时间：猪停止呼吸后 45min 内测定，记为 pH_1；猪停止呼吸后 24h 测定，记为 pH_{24}。

6.2.1.2　测定部位：倒数第 1～第 2 胸椎段背最长肌。

6.2.1.3　剔除肉样外周肌膜，切成小块置于洁净绞肉机中绞成肉糜状，盛入两个烧杯中待测。

6.2.1.4　采用 pH 计测定，pH 计应配备复合电极，精度要求 0.01pH；也可用直插式 pH 计，直接测定。

6.2.1.5　按仪器操作要求，先用 pH 4.00 和 pH 7.00 标准溶液进行校正，然后进行肉样测定，分别测定出 pH₁ 和 pH₂₄，记录测定结果。

<del>6.2.1.5</del>

6.2.1.6　每个肉样测定两个平行样，每个平行样测定两次。两平行样测定结果之间的相对偏差应小于 5%，否则应立即重测。

6.2.2　测定结果的表述

测定结果的表述如式（3）：

$$pH = (\textstyle\sum pHi/2 + \sum pHj/2)/2 \cdots\cdots\cdots\cdots\cdots (3)$$

式中：

$\sum pHi$、$\sum pHj$——分别为每个分肉样的 2 个测定值之和；

2——分别为肉样分数和每分肉样的测定次数。

测定结果以平均数表示，保留至两位小数。

6.3　系水力

6.3.1　测定方法

6.3.1.1　滴水损失法

a）测定时间：猪停止呼吸 1h～2h 内；

b）测定部位：倒数第 3～第 4 胸椎段背最长肌；

c）样品制备：剔除肉样外周肌膜，顺肌纤维走向修成约 4cm×4cm×4cm 肉条 4 根；

d）用天平称量每根肉条的挂前重，并编号记录之；

e）用吊钩挂住肉条的一端，放入编号食品袋内，使吊钩 1/2 露在食品袋外；充入氮气，使食品袋充盈，肉条悬吊于食品袋中央，避免肉样与食品袋接触，用棉线将食品袋口与吊钩一起扎紧，吊于挂架上，放入 2℃～4℃冰箱内保存 48h；

f）取出挂架，打开食品袋，取出肉条，用滤纸吸干肉条表面水分；然后，称量每根肉条的挂后重，并对号记录之。

6.3.1.2　压力法

a）测定时间和测定部位同 6.3.1.1；

b）样品制备：切取厚约 1cm 的肉片 2 块，用 φ2.523cm 的取样器于 2 块肉片的中部各取 1 个肉样；

c）用天平称肉样的压前重，并记录之；

d）将肉样置于 2 层纱布之间，上、下各垫 18 层滤纸和一块硬塑料板，置于压力仪的平台上，加压至 35kg，保持 5min 时撤除压力；

e）取出被压肉样，除去硬塑料板、滤纸、纱布后，称肉样的压后重，并记录之；

f）每个肉样测定两个平行样，两个平行样测定结果之间的相对偏差应小于 5%，否则应立即重做。

6.3.2　测定结果的表述

6.3.2.1　滴水损失法测定结果的表述如式（4）：

$$滴水损失（\%）=［（W_1-W_2）/W_1］\times 100\cdots\cdots\cdots\cdots\cdots（4）$$

式中：

W_1——肉样吊挂前重，单位为克（g）；

W_2——肉样吊挂后重，单位为克（g）。

6.3.2.2 压力法测定结果的表述如式（5）、式（6）、式（7）、式（8）：

$$系水力（\%）=［（肉样含水量-肉样失水量）/肉样含水量］\times100\cdots（5）$$

$$肉样含水量(g)=肉样压前重(g)\times该肉样水分(\%)(测定方法见6.5)\cdots（6）$$

$$肉样失水量（g）=肉样压前重（g）-肉样压后重（g）\cdots\cdots（7）$$

$$失水率（\%）=［（肉样压前重-肉样压后重）/肉样压前重］\times100\cdots（8）$$

6.3.2.3 测定结果以平均数表示，保留至两位小数。

6.4 肌内脂肪

6.4.1 测定方法

6.4.1.1 大理石纹评分法

a）测定时间：猪停止呼吸 24h 内；

b）测定部位同 6.1.1.1；

c）样品处理：将肉色评分样置于 0℃～4℃冰箱内保存 24h，取出后一分为二，平置于白色瓷盘中；

d）对照 10 分制大理石纹评分图，在自然光照条件下进行目测评分，并记录评分结果，宜在两整数间增设 0.5 分档。

6.4.1.2 肌内脂肪含量测定法

a）测定时间：宜在猪停止呼吸 1h～2h 内，如延后测定，应避免肉样水分损失和变质；

b）测定部位：腰椎处背最长肌；

c）样品制备：除尽外周筋膜，切成小块置于绞肉机中绞成肉糜待测；

d）用天平称量肉糜 10.000 0g±0.0500g，并记录之；

e）将肉糜置于广口瓶中，加入甲醇 60mL，盖好瓶盖，置于磁力搅拌器上搅拌 30min；

f）打开瓶盖加入三氯甲烷 90mL，盖好瓶盖搅拌至肉糜呈絮状悬浮于溶剂中，静置36h，静置期间应振摇 3～4 次；

g）将浸提液过滤于刻度分液漏斗中，用约 50mL 三氯甲烷分次洗涤残渣；

h）取下漏斗，加入 30mL 蒸馏水，旋摇分液漏斗静置分层，上层为水甲醇层，下层为三氯甲烷脂肪层，记录下层体积。缓慢打开分液漏斗阀弃去约 2mL 后，缓慢放出下层液于烧杯中；

i）取 4 个洁净的烧杯编号后烘干，称重，记录烧杯重；

j）用移液管移出 50.00mL 下层液于知重烧杯中，置于电热板上烘干液体，然后将烧杯置烘箱中，在 105℃±2℃条件下烘 1h，取出烧杯置于干燥器中冷却至室温，称重并记录之；

k）每个肉样做两个平行样，两个平行样测定结果之间的相对偏差应小于 10%，否则应重做。

6.4.2 测定结果的表述

6.4.2.1 大理石纹评分结果的表述如式（9）：

$$大理石纹=目测评分值\cdots\cdots\cdots\cdots\cdots\cdots\cdots\cdots（9）$$

6.4.2.2　肌内脂肪测定结果的表述如式（10）：

$$肌内脂肪（\%）=\left[（W_2-W_1）/（W_0×50/V_1）\right]×100 \quad\cdots\cdots（10）$$

式中：

W_0——肉样重，单位为克（g）；

W_1——烧杯重，单位为克（g）；

W_2——烧杯加脂肪重，单位为克（g）；

V_1——下层液总体积，单位为毫升（mL）；

50——取样量，单位为毫升（mL）。

6.4.2.3　测定结果以平均数表示，且保留至两位小数。

6.5　水分

6.5.1　测定方法

6.5.1.1　测定时间、测定部位及样品制备同 6.4.1.2。

6.5.1.2　取 2 个洁净的称量瓶编号后烘干，称重并记录称量瓶重。

6.5.1.3　取肉糜于称量瓶中，使肉糜高占称量瓶高的 2/3，整平称重，记为烘前重。

6.5.1.4　将称量瓶置于真空干燥中，打开称量瓶盖 1/3，在 60℃～65℃、0.25MPa～0.20MPa 条件下烘 24h。

6.5.1.5　升温至 102℃±2℃，在 0.25MPa～0.20MPa 条件下烘 2h，取出置于干燥器中冷却至室温，称重。重复此操作直至恒重（前后两次称重之差小于 0.01g）。

6.5.1.6　每个肉样测定两个平行样，两个平行样测定结果之间的相对偏差应小于 5%，否则应重做。

6.5.2　测定结果的表述

测定结果的表述如式（11）：

$$肌肉水分（\%）=\left[（W_1-W_2）/（W_1-W_0）\right]×100 \quad\cdots\cdots\cdots（11）$$

式中：

W_0——称量瓶重，单位为克（g）；

W_1——称量瓶和肉样烘前重之和，单位为克（g）；

W_2——称量瓶和肉样烘后重之和，单位为克（g）。

测定结果以平均数表示，保留至两位小数。

7　猪肌肉品质判定

7.1　判定原则猪肌肉品质

判定以肉色、pH 和系水力为主要依据，其他指标作为参考。

7.2　正常肉

7.2.1　色值

10%～25%；或肉色评分为 3 分～4 分。

7.2.2　pH

pH_1：5.9～6.5 或 pH_{24}：5.6～6.0。

7.2.3　滴水损失

2%～6%，或失水率 6%～15%，或系水力 80%～95%。

7.3　PSE 肉

7.3.1　色≥26%，或肉色评分为 1 分～2 分。

7.3.2　pH_1≤5.9，或 pH_{24}<5.5。

7.3.3　滴水损失>6.1%，或失水率>15.1%，或系水力小于80%。

7.4　DFD 肉

7.4.1　色值<10%，或肉色评分为 5 分～6 分。

7.4.2　pH_1>6.5，或 pH_{24}>6.0。

7.4.3　滴水损失<2%，或失水率<5%，或系水力>95%。

7.5　酸肉（RN）

当 pH_1 在 6.1 以上，而 pH_{24} 在 5.5 以下时，该肌肉可判定酸肉（RN）。

附录十　B 型超声诊断设备
（GB 10152—2009）

前　言

本标准的全部技术内容为强制性。

本标准代替 GB 10152—1997《B 型超声诊断设备》。

本标准与 GB1 0152—1997 相比的主要变化为：

——增加了 8 个新的定义；

——第 4 章"要求"中，增加了切片厚度、周长和面积测量偏差、M 模式时间显示误差、三维重建容积计算偏差、使用功能要求等五项技术指标；

——表 1 的技术要求是按照探头类型和标称频率，对设备技术性能的最低要求，制造商可在随机文件中公布优于上述指标的要求；

——第 5 章"试验方法"中，对增加的技术指标规定了对应的试验方法；

——简化了第 6 章"检验规则"，删除了出厂检验的内容；

——删除了原标准第 7 章"标志和使用说明书"的内容；

——全面贯彻通用安全标准 GB 9706.1，删除了原规范性附录 A"安全"，将原资料性附录 C"体模的技术要求"改为附录 A，并对其做了一定修改；

——删除了原规范性附录 B"B 型超声诊断设备的分档及性能要求"，增加了资料性附录 B"性能测试时的 B 超设置"。

本标准的附录 A、附录 B 为资料性附录。

本标准由国家食品药品监督管理局提出。

本标准由全国医用电器标准化技术委员会（SAC/TC 10）归口。

本标准由国家武汉医用超声波仪器质量监督检测中心起草。

本标准主要起草人：王志俭、忙安石。

本标准所代替标准的历次版本发布情况为：

——GB 10152—1988、GB 10153—1988；

——GB 10152—1997。

<h1 style="text-align:center">B 型超声诊断设备</h1>

1 范围

本标准规定了 B 型超声诊断设备（以下简称 B 超）的定义、要求、试验方法和检验规则。

本标准适用于标称频率在 1.5MHz～15MHz 范围内的 B 型超声诊断设备，包括彩色多普勒超声诊断设备（彩超）中的二维灰阶成像部分。

本标准不适用于眼科专业超声诊断设备和血管内超声诊断设备。

2 规范性引用文件

下列文件中的条款通过本标准的引用而成为本标准的条款。凡是注日期的引用文件，其随后所有的修改单（不包括勘误的内容）或修订版均不适用于本标准，然而，鼓励根据本标准达成协议的各方研究是否可使用这些文件的最新版本。凡是不注日期的引用文件，其最新版本适用于本标准。

GB 9706.1 医用电气设备　第 1 部分：安全通用要求（GB 9706.1—2007，idt IEC 60601—1：1988）

GB 9706.9 医用电气设备　第 2-37 部分：医用超声诊断和监护设备安全专用要求（GB 9706.9—2008，idt IEC 60601-2 -37：2001）

GB 9706.15 医用电气设备　第 1-1 部分：安全通用要求　并列标准：医用电气系统安全要求（GB 9706.15—2008，idt IEC 60601-1-1：2000）

GB/T 14710 医用电气设备环境要求及试验方法

YY/T 0108—2008 超声诊断设备 M 模式试验方法

YY/T 1142—2003 超声诊断和监护设备频率特性的测试方法

3 术语和定义

下列术语和定义适用于本标准。

3.1

轴向分辨力 axial resolution

在体模的规定深度处，沿超声波束轴能够显示为两个回波信号的两个靶之间的最小间距。

单位：毫米（mm）。

3.2

侧向分辨力 lateral resolution

在体模的规定深度处，扫描平面中垂直于超声波束轴的方向上，能够显示为两个清晰回波信号的两靶线之间的最小间距。

单位：毫米（mm）。

3.3

探测深度 depth of penetration

体模中能够明确成像的纵向线形靶群中最远靶线与声窗之间的距离。

单位：毫米（mm）。

3.4

盲区 dead zone

体模扫描表面（声窗）与最近的、能明确成像的体模靶线之间的距离。

单位：毫米（mm）。

3.5

切片厚度 slice thickness

在体模的规定深度处，垂直于扫描平面方向上显示声信息的仿组织材料的厚度。

单位：毫米（mm）。

3.6

标称频率 nominal frequency

设计者或制造商公布的系统超声工作频率。

3.7

扫描平面 scan plane

超声扫描线所在的平面。

3.8

体模 phantom

由仿组织材料和其中嵌埋的一组或多组靶结构所构成的 B 超性能检测装置。

3.9

体模扫描表面（声窗）phantom scanning surface

在测试期间，体模与探头耦合的表面。

3.10

仿组织材料 tissue mimicking material，TMM

在 0.5MHz～15MHz 频率范围内，其超声的传播速度（声速）、反射、散射和衰减特性类似于软组织的材料。

4　要求

4.1　安全要求

4.1.1　通用安全

B 超的通用安全应符合 GB 9706.1 的要求。

若 B 超为医用电气系统则同时应符合 GB 9706.15 的要求。

4.1.2　专用安全

B 超的专用安全应符合 GB 9706.9 的要求。

4.2　性能要求

4.2.1　声工作频率

声工作频率与标称频率的偏差应在±15％范围之内。

对宽频带探头，应给出中心频率和频率范围。

4.2.2　探测深度

探测深度应符合表 1 的要求，或制造商在随机文件中公布的指标。若探头的类型和标称频率不包括在表 1 列举的范围之内，则制造商应在随机文件中公布该探头的指标。

4.2.3 侧向分辨力

侧向分辨力应符合表 1 的要求，或制造商在随机文件中公布的指标。若探头的类型和标称频率不包括在表 1 列举的范围之内，则制造商应在随机文件中公布该探头的指标。

4.2.4 轴向分辨力

轴向分辨力应符合表 1 的要求，或制造商在随机文件中公布的指标。若探头的类型和标称频率不包括在表 1 列举的范围之内，则制造商应在随机文件中公布该探头的指标。

表 1　B 型超声诊断设备的基本性能要求

性能指标	探头类型和标称频率							
	2.0≪f＜4.0		4.0≤f＜6.0		6.0≤f＜9.0		f≥9.0	
	线阵，R≥60 凸阵	相控阵，机械扇扫，R＜60 凸阵	线阵，R≥60 凸阵	相控阵，机械扇扫，R＜60 凸阵	线阵，R≥60 凸阵	相控阵，机械扇扫，R＜60 凸阵	线阵，R≥60 凸阵	相控阵，机械扇扫，R＜60 凸阵
探测深度 mm	≥160	≥140	≥100	≥80	≥50	≥40	≥30	≥30
侧向分辨力 mm	≤3（深度≤80）≤4（80＜深度≤130）	≤3（深度≤80）≤4（80＜深度≤130）	≤2（深度≤60）	≤2（深度≤40）	≤2（深度≤40）	≤2（深度≤30）	≤1（深度≤30）	≤1（深度≤30）
轴向分辨力 mm	≤2（深度≤80）≤4（80＜深度≤130）	≤2（深度≤80）	≤1（深度≤80）	≤1（深度≤40）	≤1（深度≤50）	≤1（深度≤40）	≤0.5（深度≤30）	≤0.5（深度≤30）
盲区 mm	≤5	≤7	≤4	≤5	≤3	≤4	≤2	≤3
横向几何位置精度%	≤15	≤20	≤15	≤20	≤10	≤10	≤5	≤5
纵向几何位置精度%	≤10	≤10	≤10	≤10	≤5	≤5	≤5	≤5

注：1. 表中的技术指标是对 B 超的最低性能要求，在进行最低性能要求测试时，对体模的技术要求见附录 A。

2. 制造商可在随机文件中公布优于上述指标的要求。若制造商在随机文件中公布性能指标，则应同时公布进行性能指标测试时，所使用体模的规格型号和技术参数。

4.2.5 盲区

盲区应符合表 1 的要求，或制造商在随机文件中公布的指标。若探头的类型和标称频率不包括在表 1 列举的范围之内，则制造商应在随机文件中公布该探头的指标。

4.2.6 切片厚度

制造商应在随机文件中公布切片厚度的指标。

4.2.7 横向几何位置精度

横向几何位置精度应符合表1的要求，或符合制造商在随机文件中公布的指标。若探头的类型和标称频率不包括在表1列举的范围之内，则制造商应在随机文件中公布该探头的指标。

4.2.8　纵向几何位置精度

纵向几何位置精度应符合表1的要求，或符合制造商在随机文件中公布的指标。若探头的类型和标称频率不包括在表1列举的范围之内，则制造商应在随机文件中公布该探头的指标。

4.2.9　周长和面积测量偏差

周长和面积测量偏差应在±20％范围之内，或符合制造商在随机文件中公布的指标。

4.2.10　M模式性能指标

具有M模式的B超探头，应进行M模式时间显示误差的性能测试。

M模式的性能指标应符合制造商在随机文件中公布的指标。

4.2.11　三维重建体积计算偏差

配备有三维重建功能的B超，体积计算偏差应在±30％范围之内，或符合制造商在随机文件中公布的指标。

4.2.12　电源电压适应范围

在额定电压的±10％范围内，B超应能正常工作。

4.2.13　连续工作时间

B超的连续工作时间应大于8h。若B超为内部电源设备，则连续工作时间应符合制造商在随机文件中公布的指标。

4.3　外观和结构要求

4.3.1　外表应色泽均匀、表面整洁，无划痕、裂缝等缺陷。

4.3.2　面板上文字和标志应清楚易认、持久。

4.3.3　控制和调节机构应灵活、可靠，紧固部位无松动。

4.4　使用功能要求

B超应具备制造商在随机文件中规定的使用功能。

注：本条不涉及产品设计参数或无法通过直观的试验手段进行核实的功能项目。

4.5　环境试验要求

B超环境试验要求由制造商按GB/T 14710中的规定，根据产品预期使用环境确定气候环境试验的组别和机械环境试验的组别。试验时间、恢复时间及检测项目按表2的补充规定执行。

表2　环境试验补充规定

环境试验项目	试验要求			检测项目
	持续时间 h	恢复时间 h	负载状态	中间或最后检测
额定工作低温	1	—	额定工作	4.2.2，4.2.3，4.2.4
低温贮存	4	4	—	通电检查
额定工作高温	1	—	额定工作	4.2.2，4.2.3，4.2.4

（续）

环境试验项目	试验要求			检测项目
	持续时间 h	恢复时间 h	负载状态	中间或最后检测
高温贮存	4	4	—	通电检查
额定工作湿热	4	—	额定工作	4.2.2，4.2.3，4.2.4
湿热贮存	48	24	—	通电检查
振动	—	—	—	通电检查
碰撞	—	—	—	通电检查
运输	—	—	—	全项

注1：通电检查是在额定工作电压条件下，B超通电工作足够长时间，观察其各项功能是否正常。

　2：温湿度条件和振动、碰撞参数根据产品的气候环境试验组别、机械环境试验组别按 GB/T 14710 分别确定。

　3：运输试验带包装进行。

　4：移动式设备的振动、碰撞试验由制造商自行规定。

5　试验方法

5.1　测试设备

5.1.1　声工作频率测试设备

应符合 YY/T 1142 的规定。

5.1.2　仿组织体模

超声体模的技术要求见附录 A。

5.1.3　M 模式测试装置

应符合 YY/T 0108 的规定。

5.2　试验设置

5.2.1　概述

B超主机控制端的设置和探头有许多种组合，不可能对所有的组合状态进行试验。在本标准中，对每种主机和探头组合只在规定的设置下进行试验。

规定的设置模拟 B超在临床使用中最常用的状态，临床使用状态通常要求有较深的探测能力，超声波束的聚焦范围尽可能地扩展，对整个靶目标有最佳的平均分辨能力。

各项性能在探头的标称频率下进行试验。

对变频探头，按照使用说明书分别设置在不同的标称频率处，进行探头的性能指标试验。

对宽频带探头，探头的性能指标应符合探头中心频率所对应频段范围内的基本性能要求。

对变频探头或宽频带探头，若制造商在使用说明书中有特殊说明，则也可按照使用说明书的要求分别将探头频率设定在最佳状态下进行测试。

5.2.2　试验时 B超的设置

推荐性的试验设置见资料性附录 B。

本标准允许制造商自行规定性能试验时 B超的设置条件，但在试验报告中 B超的设置状态（聚焦、亮度、对比度、频率、抑制、输出功率、增益、TGC、自动 TGC 等）应随测试结果一起公布。

5.3　性能试验

5.3.1　声工作频率试验

声工作频率和频率范围的测量应按照 YY/T 1142 的规定执行。

5.3.2　探测深度试验

开启被测 B 超，将探头经耦合剂置于体模声窗表面上，对准纵向深度靶群，在规定的设置条件下，保持靶线图像清晰可见，微动探头，观察距探头表面最远处图像能被分辨的那根靶线，该靶线与探头表面之间的距离为该探头的探测深度。

5.3.3　侧向分辨力试验

开启被测 B 超，将探头经耦合剂置于体模声窗表面上，对准特定深度处的侧向分辨力靶群，在规定的设置条件下，保持靶线图像清晰可见，微动探头，可分开显示为两个回波信号的两靶线之间的最小距离，即为该深度处的侧向分辨力。

若侧向分辨力要求规定的深度范围内有多个靶群，应分别对各靶群进行测试，取测试结果的最大值作为该探头的侧向分辨力，同时记录该深度范围内所有靶群的检测数据。

5.3.4　轴向分辨力试验

开启被测 B 超，将探头经耦合剂置于体模声窗表面上，对准特定深度处的轴向分辨力靶群，在规定的设置条件下，保持靶线图像清晰可见，微动探头，可分开显示为两个回波信号的两靶线之间的最小距离，即为该深度处的轴向分辨力。

若轴向分辨力要求规定的深度范围内有多个靶群，应分别对各靶群进行测试，取测试结果的最大值作为该探头的轴向分辨力，同时记录该深度范围内所有靶群的检测数据。

5.3.5　盲区试验

开启被测 B 超，将探头经耦合剂置于体模声窗表面上，对准盲区靶群，在规定的设置条件下，保持靶线图像清晰可见，平移探头，观察距探头表面最近且其后图像能被分辨的那根靶线，该靶线与探头表面之间的距离为该探头的盲区。

5.3.6　切片厚度试验

开启被测 B 超，将探头经耦合剂置于体模声窗表面上，对准散射靶薄层，扫描平面垂直于超声体模窗口，扫描平面与体模窗口的交线平行于散射靶薄层，如图 1 所示。在规定的设置条件下，调整扫描平面和散射靶薄层的交线使之定位于特定深度，以电子游标测量散射靶薄层成像的厚度，并计算该深度处的切片厚度 t（图 1）。

针对配备的探头，若其探测深度为 d，则在 $d/3$、$d/2$、$2d/3$ 深度处分别进行切片厚度的测量，取特定深度处散射靶薄层切片厚度的最大值作为该探头的切片厚度。

5.3.7　横向几何位置精度试验

开启被测 B 超，将探头经耦合剂置于体模声窗表面上，对准横向线性靶群，在规定的设置条件下，保持靶群图像清晰可见，利用设备的测距功能，在全屏幕范围内按照横向每 20mm 测量一次距离，再按式（1）计算每 20mm 的误差（%），取最大值作为横向几何位置精度。

若探头的横向视野不大于 40mm，则在全屏幕范围内按照横向每 10mm 测量一次距离，再按式（1）计算每 10mm 的误差（%），取最大值作为横向几何位置精度。

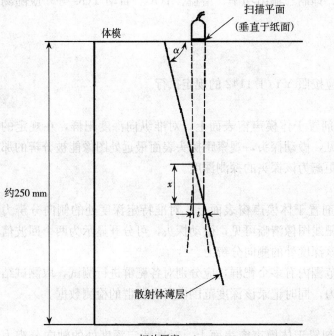

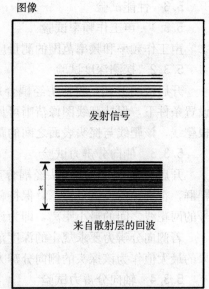

切片厚度 $t=x/\tan\alpha$

图1 切片厚度的测量和计算

$$G=\frac{M-T}{T}\times100\% \cdots\cdots\cdots\cdots\cdots\cdots\cdots\cdots\cdots\cdots\cdots\cdots (1)$$

式中：

G——几何位置精度；

M——测量值；

T——实际距离。

5.3.8 纵向几何位置精度试验

开启被测B超，将探头经耦合剂置于体模声窗表面上，对准纵向线性靶群，在规定的设置条件下，保持靶群图像清晰可见，利用设备的测距功能，在全屏幕范围内按照纵向每20mm测量一次距离，再按式（1）计算每20mm的误差（％），取最大值作为纵向几何位置精度。

若探头的纵向视野不大于40mm，则在全屏幕范围内按照纵向每10mm测量一次距离，再按式（1）计算每10mm的误差（％），取最大值作为纵向几何位置精度。

5.3.9 周长和面积测量偏差试验

开启被测B超，将探头经耦合剂置于体模声窗表面上，扫描横向和纵向线性靶群，在规定的设置条件下，保持靶群图像清晰可见。将靶群中心维持在视场的中央，在显示的中央近似等于75％视场范围的区域内绘制封闭的图形（长方形或圆形），测量周长和面积并计算百分比误差。

5.3.10 M模式性能试验

B超M模式的性能试验按照YY/T 0108的规定执行。

5.3.11 三维重建体积计算偏差

开启被测 B 超，将探头经耦合剂置于超声体模声窗表面上，扫描已知体积数值的卵形目标，在规定的设置条件下，按照三维重建体积步骤和体积的测量步骤，获得卵形目标的体积测量值，计算百分比误差，偏差应在±30％范围之内。

5.3.12　电源电压适应范围

将电源电压分别设定在额定值的 110％和 90％，设备应能正常工作。

5.3.13　连续工作时间

B 超处于扫描显示工作状态，连续开机 8h 后应能正常工作。

若 B 超为内部电源设备，则应按照制造商在随机文件中公布的指标进行连续工作时间试验。

若制造商在随机文件中规定了探头的运行要求，则连续工作时间试验期间，探头的运行持续率按照制造商的规定执行。

5.4　安全试验

B 超的通用安全要求按照 GB 9706.1 的规定执行。

若适用，B 超的系统安全要求按照 GB 9706.15 的规定执行。

B 超的专用安全要求按照 GB 9706.9 的规定执行。

5.5　外观和结构检查

通过目力观察和实际操作来核实。

5.6　使用功能检查

按照被测 B 超使用说明书的规定，对主要使用功能进行逐项检查，核实其能否正常工作。

注：使用功能检查不包括产品设计参数或无法通过直观的试验手段进行核实的功能项目。

5.7　环境试验

B 超的环境试验应按 GB/T 14710 规定的方法及程序执行，试验时间及条件应符合表 2 的补充规定。

6　检验规则

6.1　检验分类

产品检验分出厂检验和型式检验。

6.2　出厂检验

出厂检验的检验项目和判定规则由制造商自行规定。

6.3　型式检验

6.3.1　在下列情况之一时，应进行型式检验：

a）注册检验；

b）连续生产中每年不少于一次；

c）长期停产后再恢复生产；

d）在设计、工艺或材料有重大改变可能引起 B 超的安全或性能改变时；

e）国家质量监督检验部门提出要求时。

6.3.2　型式试验的项目为本标准的全部要求项目，型式试验的样本数量为一台。

6.3.3 型式试验判定规则

6.3.3.1 在检验项目中，若出现不符合要求的项目时，允许对不合格项进行修复。调整修复后，可能与不合格相关的项目，复测必须全部符合要求，否则判为不合格。

6.3.3.2 质量监督检验的检验项目和判定规则由质量监督机构另行规定。

附 录 A

（资料性附录）

体模的技术要求

A.1 对通用体模的技术要求

进行表1所列B超盲区、探测深度、轴向分辨力、侧向分辨力、纵向与横向几何位置精度试验时，检测所用体模的技术参数如下：

仿组织材料声速：1 540m/s±10m/s，23℃±3℃；

仿组织材料声衰减：0.7dB/（cm·MHz）±0.05dB/（cm·MHz），23℃±3℃；

尼龙靶线直径：0.3mm±0.05mm；

靶线位置公差：±0.1mm；

纵向线性靶群中相邻靶线间距：10mm；

横向线性靶群中相邻靶线间距：10mm或20mm；

分辨力靶群所在深度应能满足测试需要。

A.2 对切片厚度体模的技术要求

背景仿组织材料声速：1 540m/s±10m/s，23℃±3℃；

背景仿组织材料声衰减：0.7dB/（cm·MHz）±0.05dB/（cm·MHz），23℃±3℃；

散射靶片层厚度：不大于0.4mm。

A.3 对体积测量用体模的技术要求

背景材料声速：1 540m/s±10m/s，23℃±3℃；

卵形体材料声速：1 540m/s±10m/s，23℃±3℃；

至少应标注经校准的卵形体的体积数据。

A.4 关于超声体模的其他选择

为满足特定B超性能指标的测试要求，本标准允许制造商选用不同于上述技术参数的体模。使用特殊靶结构的试验体模，在声速、声衰减系数、靶的材料和直径等技术参数的选取不同于上述参数时，应在试验报告中注明。

制造商在随机文件中提供技术性能指标的数值时，建议一并提供试验用体模的规格型号、声速、衰减、靶的结构形状等技术参数和靶群分布图。

附 录 B

（资料性附录）

性能测试时的 B 超设置

B.1　试验设置

B.1.1　概述

B 超的设置和探头的许多种组合决定了不可能在所有的组合状态下进行测试，因此，对每一个探头只在规定的设置下进行测试。规定的设置类似于探头在临床使用中最常用的状态，模拟临床使用状态通常要求有较深的探测能力。B 超采用下列步骤进行设定，超声波束的聚焦范围尽可能地扩大，对整个靶目标有最佳的平均分辨能力，达到对常见的软组织结构所采用的最佳扫描状态。初始时，利用对软组织成像时的典型 B 超设置，对体模进行成像，按照 B.1.2～B.1.4 的步骤进行试验设置。

B.1.2　显示器的设置（聚焦、亮度、对比度）

亮度和对比度控制端调至最低，聚焦调至清晰，然后增大亮度直至在图像边缘的无回波区域变为最小可察觉的最低灰度，随后增大对比度使图像尽量包含最大灰度范围，最后再核实聚焦的清晰度。若需要进一步的调整，则重复整个步骤。

B.1.3　灵敏度的设置（频率、抑制、输出功率、增益、TGC、自动 TGC）

灵敏度的设置应符合下列要求：

a）注明 B 超探头的标称频率；

b）若有抑制或限制控制端，则加以调整使得能够显示最小的可能信号；

c）输出功率和增益应设定为最大值，以获取高衰减散射材料内最大深度处的回波信号，小的超声回波要能与电噪声相区分；

d）时间增益补偿（TGC）控制端近场增益级的调节，宜使得体模中初始的 1cm 或 2cm 范围内回波的信号显示为中等灰度级；

e）TGC 控制端位置的调整，宜使得中间范围内的信号显示为中等灰度级。

B.1.4　最终的优化

图像最终的优化可通过微调抑制电平、总增益或输出功率来达到。当 B 超具备自动增益控制（AGC）功能时，宜在该操作模式下进行测试。使用 AGC 功能对体模进行成像，利用仍能手控的任何控制端，如总增益或声输出功率使图像达到最佳。

B.2　B 超性能测试的经验性试验设置一览表

为便于测试人员进行试验设置，在表 B.1 中给出了经验性的试验设置一览表，其中涉及：

a）被测性能指标（9 项）：盲区、探测深度、轴向分辨力、侧向分辨力、切片厚度、横向几何位置精度、纵向几何位置精度、周长和面积测量误差、三维重建体积计算偏差；

b）显示器调节因素（3 项）：聚焦、亮度、对比度；

c）主机—探头组合调节因素（5 项）：声工作频率、声输出功率、波束聚焦位置、（总）

增益、TGC 或（STC）。

B.3 B超设置条件的公布

本标准允许制造商自行规定性能试验时 B 超的设置条件，但在试验报告中应随测试结果一起公布 B 超的设置状态（聚焦、亮度、对比度、频率、抑制、声输出功率、增益、TGC、自动 TGC 等见表 B.1）。

表 B.1　B超性能测试时的经验性试验设置一览表

| 性能指标 | 调节因素 | | | | | | | | 试验设置完成后屏幕显示的状态 |
| | 显示器的设置 | | | B超主机的设置 | | | | | |
	聚焦（若适用）	亮度	对比度	声频率设置（若适用）	声输出功率	波束聚焦位置	（总）增益	TGC 或（STC）	
盲区	清晰	中等	中等	置探头标称频率	可调者置最大	置最浅区段	低	与总增益配合	在靠近声窗的 10mm～20mm 区段内，隐没背景散射光点，并保持靶线图像清晰可见
探测深度	清晰	高，但不出现光晕散焦	高端	置探头标称频率	可调者置最大	置最深区段	最大	总增益为最大时，该调节不起作用	在深度方向获得最大范围图像，看到最多靶线，囊性仿病灶清晰且无充入现象
轴向分辨力	清晰	中等	中等	置探头标称频率	可调者置最大	靶群所在区段	低或中等	与总增益配合	隐没背景散射光点，并保持靶线图像清晰可见
侧向分辨力	清晰	中等	中等	置探头标称频率	可调者置最大	靶群所在区段	低或中等	与总增益配合	隐没背景散射光点，并保持靶线图像清晰可见
切片厚度	清晰	中等	中等	置探头标称频率	可调者置最大	d/3 d/2 2d/3	中等	与总增益配合	可见深度范围内背景呈现光点均匀的画面
纵向几何位置精度	清晰	中等	中等	置探头标称频率	可调者置最大	全程或最多区段	中等	与总增益配合	可见深度范围内呈现光点均匀、靶线图像清晰的画面
横向几何位置精度	清晰	中等	中等	置探头标称频率	可调者置最大	靶群所在区段	中等	与总增益配合	靶群所在深度附近区段内呈现光点均匀、靶线图像清晰的画面
周长和面积测量误差	清晰	中等	中等	置探头标称频率	可调者置最大	靶线所在区段	中等	与总增益配合	靶线所在深度区段内呈现光点均匀、靶线图像清晰的画面
三维重建体积计算偏差	清晰	中等	中等	置探头标称频率	可调者置最大	卵形块所在区段	中等	与总增益配合	卵形块及其周围呈现光点均匀、边界清晰的画面

附录十一　种猪外貌评定标准（试行）

前　言

本标准由北京市畜牧兽医总站提出。

本标准由北京市农业标准化技术委员会养殖业分会归口。

本标准起草单位：北京市畜牧兽医总站。

本标准主要起草人：王晓凤、肖炜、云鹏、杨宇泽、谷传慧、薛振华。

种猪外貌评定标准（试行）

1　范围

本标准规定了对种猪品种特征、头颈、前躯、中躯、后躯、生殖器官、四肢评定的技术要求。

本标准适用于种猪场的种猪外貌评定。

2　术语和定义

下列术语和定义适用于本标准。

2.1　外貌评定 appearance evaluation

外貌评定是根据品种特征和育种要求，对后备个体各部位进行外观评定的过程。

2.2　卧系 sleeping pastern

卧系指猪系部呈现过分倾斜或踏卧地面，悬蹄着地的现象。

2.3　有效乳头数 effective teat numbers

有效乳头数指母猪分娩后具有泌乳功能的乳头数，可以在断奶记录总乳头数时记录，但内翻乳头应计为有效乳头。

3　评定内容

种猪外貌评定包括品种特征、头颈、前躯、中躯、后躯、生殖器官和四肢共 7 项内容。

4　评定标准

采用评分评定，即根据评分表（表1）来评定种猪。

表 1　外貌评分标准

项目	理想要求	外形缺陷	公猪		母猪	
			给分	系数	给分	系数
品种特征	符合本品种（品系）外貌特征和选育要求	卷毛和非正常部位的螺旋毛，肿疖	5	4	5	4

（续）

项目	理想要求	外形缺陷	公猪		母猪	
			给分	系数	给分	系数
头颈	头大小中等，面目清秀，嘴筒齐，上下唇吻合好，耳型符合品种要求。颈长短适中，头颈、颈肩结合好。面部微凹，腮肉少	头过大或过小，嘴筒尖，吻合不齐，颈肩结合不良，肩后凹陷	5	1	5	1
前躯	鬐甲平宽，肩宽胸宽深，发育良好，肩胸结合好，肌肉丰满，肩后无凹陷	肩胸窄而浅，结合不良，肩后凹陷	5	2	5	2
中躯	背腰平直，宽而长，腹围中等，肋拱圆，体侧深，乳头排列均匀整齐，发育良好，有效乳头六对以上	背腰凹陷，过窄，前后结合不良，垂腹，瞎乳头	5	2	5	3
后躯	臀宽广，长短适中，后腿肌肉发达丰满，尾根粗，长短适中	斜尻、尖臀、尾根细、震颤	5	3	5	2
生殖器官	公猪睾丸发育均匀，公猪包皮无积尿。睾丸发育良好，距肛门距离适中。两侧对称、均匀外露。无单睾、隐睾。母猪阴户正常	公猪单睾、隐睾，大小不一。阴户小而上翘	5	4	5	4
四肢	四肢与前后躯衔接良好，跨步稳健有力，关节灵活适中，系部长短适中，有力，悬蹄位置大小适当	细弱，狭窄，肢势不正，八蹄，卧系，跛行，蹄裂	5	4	5	4

注：1. 完全符合理想要求的给5分；有问题的根据问题大小适当减分；有遗传缺陷的不给分。
2. 给分时可以保留到小数点后一位。

5 评定方法

评定时，人与被评定个体间保持一定距离，一般以3倍于猪体长的距离为宜。从猪的正面、侧面和后面进行一系列的观测和评定，再根据观测所得到的总体印象进行综合分析并评定优劣。

评定时主要看个体体型是否与选育方向相符，体质是否结实，整体发育是否协调，品种特征是否典型，肢蹄是否健壮，有何重要失格以及一般精神表现。再令其走动，看其动作、步态以及有无跛行或其他疾患。取得一个概况认识后，再走进畜体，对各部位进行细致审查，最后根据印象进行分析，评定优劣。

6 注意事项

6.1 评定时间
外貌评定应在性能测定时或之后进行。

6.2 种猪体重
进行外貌评定的种猪体重应达90～110kg。

6.3 评分小组
外貌评定时，每次评分小组人数不得少于3人。